Ferdinand Herz

Die Entstehung des Sonnensystems nach der Laplace´schen Hypothese

Eine mathematische Abhandlung

Ferdinand Herz

Die Entstehung des Sonnensystems nach der Laplace´schen Hypothese

Eine mathematische Abhandlung

ISBN/EAN: 9783955622596

Auflage: 2

Erscheinungsjahr: 2013

Erscheinungsort: Bremen, Deutschland

@ Bremen-university-press in Access Verlag GmbH, Fahrenheitstr. 1, 28359 Bremen. Alle Rechte beim Verlag und bei den jeweiligen Lizenzgebern.

Die Entstehung des Sonnensystems.

Nach

der Laplace'schen Hypothese,

in

verschiedenen neuen Richtungen ausgeführt.

Eine

mathematische Abhandlung.

Von

Ferdinand Herz,

Oberst und Commandeur

des

Großherzoglich Hessischen Gendarmerie-Corps.

Zweite, gänzlich neu bearbeitete Auflage.

Darmstadt, 1877.

Verlag von H. L. Schlapp.

Vorwort.

Wir haben bei Herausgabe der ersten Auflage dieser Schrift uns den Wunsch auszusprechen erlaubt, daß sie als ein **erster Versuch** betrachtet werden möge, die Laplace=sche Hypothese von der Entstehung des Sonnensystems als ein Theorem zu behandeln. Wir waren uns der Schwierigkeiten **bewußt**, welche mit diesem kosmogenischen Versuche verknüpft sind, aber wir hegten auch die Ueberzeugung, daß ein solcher überhaupt nur mit Erfolg auf **jener Hypothese** aufgebaut werden könne.

Zu dem Ende haben wir diese mit den eigenen mathematischen Untersuchungen von Laplace (in seiner Mécanique céleste) über das Verhalten einer sich um eine Axe drehenden Flüssigkeit von gleichartiger Beschaffenheit in

Verbindung gebracht. Laplace scheint indessen hierbei mehr eine bereits verdichtete, als eine in ungemein verdünntem Zustande sich befindende Masse im Auge gehabt zu haben; auch wurde bekanntlich nur ein Grenzellipsoid von ihm numerisch bestimmt, während die von ihm entwickelte Formel offenbar zwei Grenzellipsoide aufweist.

Da aber Kant und Laplace ihrer Entstehungshypothese des Sonnensystems eine ungemein dünne Flüssigkeit zu Grunde legen, so daß man deren Ausdehnung und Bewegung so zu sagen als ihre alleinigen Eigenschaften ansehen darf; so erschien der mathematische Weg als der einzig richtige, ja mögliche, das Verhalten und die Umwandlung dieser Masse während des Laufes der Zeit richtig zu beurtheilen, zu verfolgen und die Veränderungen, die ihre Formen zu erleiden hatten, festzustellen. —

Und in der That führte uns der mathematische Calcul, bei Betrachtung einer sich um eine Axe drehenden Flüssigkeit und der hieraus resultirenden beiden Grenzellipsoiden auf die Gesetzlichkeit von nahezu regelmäßigen Ablagerungen ihrer äußeren Theile, und durch den hierbei erfolgten Geschwindigkeitsverlust dieser abgelösten Theile — auf deren Verdichtung und Erwärmung, wodurch uns das Dunkel des

Ursprungs der sich im Sonnensystem bewegenden Himmelskörper aufgehellt wird.

Eine jede Rechnungsoperation, welche sich auf eine unrichtige Voraussetzung stützt, wird natürlich nur zu einem unrichtigen Resultate führen, und umgekehrt mußte man hier, wenn sich ein solches Resultat nicht mit den Erscheinungen vereinigen läßt, auf eine falsche Voraussetzung schließen.

In der ersten Auflage unserer Schrift hatten wir nun zum Theil solche Resultate erhalten, die mit den Erscheinungen nicht überall in Einklang zu bringen waren (Seite 155.) und weswegen wir uns genöthigt sahen, bei der hier gebotenen Umarbeitung andere Voraussetzungen zu unterstellen, die uns, wie wir glauben, der Wahrheit näher führten. Wir erlauben uns hier insbesondere auf den Abschnitt XXIV, der das Nähere der Abänderungen andeutet, Bezug zu nehmen.

Auch haben wir neue Hypothesen über die Natur der Feuermeteore aufgestellt. Wir bemerken hierbei, daß sie sich uns bei der Annahme eines plötzlichen Ueberganges der Materie aus dem äußerst verdünnten in den sehr verdichteten (feuer=) flüssigen Zustand gleichsam von selbst aufdrängten, wie dies auch durch die Annahme der Erzeugung von Rotation bei den Planetenhüllen durch die Nebelmasse des Sonnenellipsoides mit der Erkenntniß der Entstehung der Kometen der Fall war.

Obgleich das Detail unserer Ausführungen auch jetzt noch Manches zu wünschen übrig lassen und den aufmerksamen Leser zu Desiderien veranlassen mag, glauben wir doch der richtigen Erkenntniß der Entstehung des Sonnensystems auf Grund der Laplace'schen Hypothese bedeutend näher gerückt zu sein und haben die Zuversicht, daß das Mangelhafte unserer Darstellungsweise das Dargestellte in seinen Hauptzügen nicht abändern möge.

Darmstadt, im Mai 1877.

Der Verfasser.

Aebersicht.

		Seite
I.	**Die Laplace'sche Hypothese von der Entstehung des Sonnensystems.**	
	1. Vorbemerkungen	1
	2. Laplace'sche Hypothese	3
	3. Gewißheit einer gemeinschaftlichen Entstehungsursache der Planeten	5
	4. Weitere Ausbildung der Laplace'schen Hypothese	6
II.	**Das Bildungsgesetz der Planeten und Monde im Zusammenhange mit der Entfernung dieser Körper von ihrem Hauptkörper.**	
	5. Vorbemerkung	9
	6. Das kosmische Gesetz	10
III.	**Das Sonnenellipsoid.**	
	7. Seine Ausdehnung	12
	8. Seine Gestalt	12
	9. Seine Temperatur	13
	10. Die Centralkraft	14
	11. Abplattung	15
	12. Grenzverhältniß derselben	16
IV.	**Physikalische Sätze über die Bewegung.**	
	Die Centripetalkraft.	
	13. Vorbemerkungen	18
	14. Das Newton'sche Gravitationsgesetz	19
	15. Fortsetzung	21
	16. Der Fall der Körper an der Oberfläche der Erde	22
	17. Einige hierauf bezügliche Maßangaben	24
	18. Anwendung des Fallgesetzes auf andere Himmelskörper	26
	19. Die Centripetalkraft für verschiedene Halbmesser einer Himmelskugel	26

Die Centrifugalkraft.
20. Vorbemerkungen 28
21. Die Centrifugalkraft 29
22. Gesetze der Centrifugalkräfte 31

Centralbewegung.
23. Gleiche Centralbewegung 34
24. Die Centrifugalkraft im Vergleiche zur Centripetalkraft für einen beliebigen Breitegrad 35
25. Fortsetzung 36
26. Die Centripetalkraft unter dem Erdäquator, wenn keine Rotation der Erde stattfände 38
27. Bestimmung des Breitegrades für den Halbmesser des Erdellipsoides, der dem Halbmesser einer Kugel gleich ist, welche mit der Erde gleichen Inhalt hat 38
28. Fallgeschwindigkeit an der Oberfläche einer Kugel, welche mit der Erde gleichen Inhalt und gleiche Dichte hat . . 39
29. Anziehungskraft der Himmelskörper 40
30. Das dritte Keppler'sche Gesetz 41
31. Gleiche Centralbewegungen sind auf gleiche Ursachen zurückzuführen 42
32. Fortsetzung 44
33. Fortsetzung 46

V. Das sich um eine Axe drehende Ellipsoid von gleichartiger flüssiger Masse.
34. Vorbemerkungen 49
35. Auszug aus Laplace: Mechanik des Himmels 50
36. Fortsetzung 52
37. Fortsetzung 54
38. Die Grenzellipsoide und ihre Moduln λ und $\varkappa$ 56
39. Construction der Bedingungsgleichung für die Grenzellipsoide 57
40. Rückblicke auf die Ausführungen von Laplace 59
41. Das Gleichgewichts- und Erzeugungsellipsoid 62
42. Grundformeln für die Halbaxen der Grenzellipsoide . . 63
43. Relationen zwischen den Halbaxen und den Moduln . . 64
44. Relationen zwischen den Halbaxen unter sich 66
45. Die abgelöste Schale. Bestimmung des Schwerpunktes des halben Schalburchschnitts 66
46. Das Bewegungsgesetz für verschiedene Punkte eines und desselben Halbmessers des aufgelockerten Sonnenellipsoides 69

VI. Die Schalablagerungen.
47. Die Theorie der Schalablagerungen im Allgemeinen . . 71
48. Die Centralkraft übt auf die losen Planetenschalen eine Anziehung aus. Neigung der Planetenbahnen 72

		Seite
49.	Der Vorgang der Schalablagerung	75
50.	Ablagerung der Schalmasse in ihre Schwerpunktskreisebene	77
51.	Die abgelagerte Schalmasse	78
52.	Bildung von Ringströmen	80

VII. Zusammenfluß der Schalablagerungen zu einem Körper.

53.	Unterschied der Anziehung zwischen Masse in Ruhe und Masse in Bewegung	82
54.	Zusammenfluß der einzelnen Ringströme zu Kugeln	83
55.	Zusammenfluß dieser Kugeln zu einer einzigen Kugel	85
56.	Fortsetzung	86
57.	Schwerkreis. Dauerhaftigkeit der Ringströme	88
58.	Dr. W. F. A. Zimmermann's Hypothese über die Ursache der Rotation der Planeten	89
59.	Zusammentreffen der Planetenkugeln mit dem Sonnenellipsoide	91
60.	Die Planetenkugeln erhalten übereinstimmende Rotation mit der Rotation des Sonnenellipsoides	92
61.	Die Rotationsaxen der Planeten waren nahezu Tangenten an dem rotirenden Sonnenellipsoide	94
62.	Die Aequatorebene einer Planetenringschale	95
63.	Die Schiefe der Bahnebenen der Planeten	96
64.	Die Differenz der Bahnbewegung eines Planeten und der Rotationsbewegung des Sonnenellipsoides	98
65.	Dauerhaftigkeiten der Planetenringströme. Umlaufszeiten der Planeten	99

VIII. Vergleichung des sich um eine Axe drehenden Ellipsoides von gleichartiger flüssiger Masse mit dem Sonnenellipsoide.

66.	Vormerkungen	101
67.	Die Halbmesser der Schwerkreise	103
68.	Erklärung einzuführender Bezeichnungen	104
69.	Formel zur Bestimmung der Schwerkreishalbmesser	107
70.	Die Halbmesser der Schwerkreise der Planeten	109
71.	Die Halbmesser der Schwerkreise der Monden Saturns und Jupiters	109
72.	Bestimmung der theoretischen Aequator-Halbmesser der Grenzellipsoide für die Planeten	111
73.	Vergleichung der auf theoretischem Wege gefundenen Entfernungen der Planeten von der Sonne mit den wirklichen Entfernungen	112
74.	Bestimmung der theoretischen Aequatorhalbmesser der Grenzellipsoide für die Monde Jupiters	114

		Seite
75.	Bestimmung der theoretischen Aequatorhalbmesser der Grenzellipsoide für die Monde Saturns	115
76.	Erklärung der Tafeln II. und III.	116
77.	Reflexionen bezüglich der theoretischen und wirklichen Entfernungen der Nebenkörper von ihrem Hauptkörper	118
78.	Bestimmung der Halbaxen der wirklichen restirenden Sonnenellipsoide	119

IX. Die Massen der Sonnen- und Planetenellipsoide.

79.	Formel um die Centrifugalkraft für die Aequatorhalbmesser der Sonnenellipsoide, sowie der Planetenellipsoide: Saturns, Jupiters und der Erde zu finden	121
80.	Bestimmung der Massen des Sonnenellipsoides und der Planetenellipsoide aus den Centralkräften	122
81.	Massenwerthe der Sonnenellipsoide und der Planeten	123
82.	Anziehung an der Oberfläche Saturns, Jupiters und der Sonne	125
83.	Wahrscheinlichkeit, daß dem uns bekannten äußersten Monde Jupiters Schalablagerungen vorausgingen	127

X. Die mögliche Zahl der Schalablagerungen von Außen nach Innen.

84.	Grenze des Sinkens der Pole	129
85.	Formel zur Bestimmung der Zahl der Ringschalen von Außen nach Innen	130
86.	Bestimmung der Zahl der Planetenringschalen	132
87.	Bestimmung der Entfernungen der sechs theoretischen Planeten von der Sonne jenseits des Merkur	132
88.	Bestimmung der Zahl der theoretischen Monde für die Erde	135
89.	Bestimmung der Bahnhalbmesser der sechs theoretischen Erdenmonde	136
90.	Bestimmung der Zahl der theoretischen Monde für Jupiter	137
91.	Bestimmung der Zahl der theoretischen Monde für Saturn	139
92.	Der Ring des Saturn	139

XI. Der Contact der Nebenkörper mit ihrem Hauptkörper.

93.	Vorbemerkungen	142
94.	Das restirende Sonnenellipsoid	143
95.	Die bei dem Contacte zwischen dem restirenden Sonnenellipsoide und der Planetenkugel in Betracht kommenden Geschwindigkeiten	145
96.	Die mittleren Excentricitäten der Planetenbahnen des Saturn, Jupiter und der Erde	147
97.	Der Contact zwischen Sonnenellipsoid und Erdkugel. Hypothetische Abmessungen der Ersteren	148

		Seite
	98. Der Mond ist aus der ersten Schalablagerung des Erden-ellipsoides entstanden	151

XII. Zeitbestimmung der Schalablagerungen.

99.	Hemmung der Pole	153
100.	Latente Fallgeschwindigkeit	155
101.	Anfänglich gleichförmige Bewegung der Pole	157
102.	Entwickelung der Formeln zur Zeitbestimmung für das Sinken der Pole	157
103.	Fortsetzung	158
104.	Gesetz der Zwischenzeiten	161
105.	Der Werth von P.	162
106.	Der Werth von M als constant betrachtet	163
107.	Bestimmungen der Zwischenzeiten für die Ablagerungen der Planetenschalen nach deren theoretischen Entfernungen, den Werth von M als constant betrachtet	164
108.	Fortsetzung	165
109.	Bestimmung der Zwischenzeiten für die Ablagerung der Planetenschalen nach deren wirklichen Entfernungen, den Werth von M als veränderlich betrachtet	166
110.	Zeitbestimmung für das Sinken der Pole des Erdenellipsoides	168
111.	Zeitbestimmung für das Sinken der Pole des Jupiter-ellipsoides	169
112.	Zeitbestimmung für das Sinken der Pole des Saturn-ellipsoides	171
113.	Summenformel für die Bestimmung der Zeit der Ab-lagerung aller Ringschalen eines Hauptkörpers	172
114.	Anwendung derselben auf die Bestimmung der Gesammt-zeit der Ablagerungen der Planetenschalen	173
115.	Dauerzeit der Erbringströme bis zu ihrem Zusammenflusse zu einer Kugel	173
116.	Zeitberechnung des Sinkens der Pole von B₃ nach B und von B nach B.	175
117.	Dauerzeiten der Planetenringströme bis zu ihrer Ver-einigung zu einem Körper	176
118.	Rotation des Merkur	177
119.	Rotation des Mondes	179
120.	Wahrscheinlichkeit der in (97.) aufgestellten hypothetischen Abmessungen des restirenden Sonnenellipsoides	180

XIII. Dichte der Planeten.

121.	Betrachtungen über die Ursache der Dichte der Planeten	183
122.	Dichte der Planeten	185
123.	Verdichtung durch Abkühlung	186
124.	Dichte der Sonne	187
125.	Dichte des Jupiter und des Saturn	188

Seite

126. Einfluß der Quantität einer nicht in Bewegung befindlichen
Masse auf den Gang ihrer Verdichtung 189
127. Fortsetzung 190

XIV. Rotationszeiten der Planeten.
128. Vorbemerkungen 192
129. Bestimmung der ungefähren Umdrehungszeit eines Planeten
aus seiner Abplattung und Dichte 194
130. Fortsetzung 196
131. Annähernde Bestimmung der Rotationszeit des Uranus . 197
132. Die Elemente des restirenden Sonnenellipsoides wirkten
mit nahezu gleichen Geschwindigkeiten auf die Nebelmasse
einer Planetenkugel 199
133. Ursache des dritten Keppler'schen Gesetzes bei den Trabanten
der Planeten 201
134. Zweifel an der Ursache unserer Rotationstheorie . . . 203
135. Bestimmung der Centrifugalkraft für die Erde und die
Sonne, den Saturn und den Jupiter 204
136. Die Summe der Centrifugalkräfte an dem Merebian-
quadraten einer Kugel 205
137. Bestimmung der Centrifugalkräfte, welche von der rotirenden Nebelmasse an die nicht rotirende Kugel zur Erzeugung
von Rotation übergehen 206
138. Fortsetzung 208
139. Anwendung dieser Bestimmung auf die Rotation einiger
Himmelskörper 211
140. Das Rotationsgesetz der Himmelskörper 214

XV. Jupiter und die Planetoiden.
141. Die mögliche Zahl der Schalablagerungen eines Planeten
jenseits seines äußersten bekannten Mondes 216
142. Der Contact der Jupiterschalmasse mit dem Sonnenellipsoide 218
143. Fortsetzung 220
144. Eingreifen der Jupiternebelmasse in die Planetoidenschale 222
145. Die Planetoiden 223
146. Eingreifen der Saturnnebelmasse in die Jupiterschale . . 225

XVI. Die Mondbahnen.
147. Vorbemerkungen 227
148. Reflexionen über die Lage der Mondbahnebenen . . . 228
149. Fortsetzung 229
150. Die Mondbahnebenen des Jupiter, Saturn und Uranus 231
151. Geschwindigkeiten der Monde 232
152. Bahngeschwindigkeit des Erdenmondes 233

XVII. Schalrückstände.

153. Die Anziehung des Mittelpunktes wirkt widerstrebend bei Abschleuderung der Schalmasse 236
154. Die Elemente der Schalmasse erleiden durch das Losewerden von der Drehungsaxe Verlust an Geschwindigkeit . 238
155. Gleichung der Ellipse für Ordinaten aus dem Mittelpunkte. Bestimmung der äußeren und inneren Schalhalbmesser 240
156. Das sich um seine Axe drehende Ellipsoid mit „trichterförmiger" Vertiefung an den Polen 242
157. Bestimmung der Anfangsgeschwindigkeit, mit welcher sich die Elemente in der neuen Bahnebene bewegen 245
158. Der freie Fall der Körper aus großen Entfernungen . . 247
159. Allgemeine Bestimmung der Halbmesser, mit welchen sich die verdichteten Elemente um die Sonne bewegen . . . 249
160. Numerische Bestimmung dieser Halbmesser 251
161. Erklärung der Fig. 15 253
162. Die verdichteten Körper der Polargegenden der Schalmasse 255
163. Richtung ihrer Bewegung 257
164. Die Schneidungspunkte ihrer Bahnen mit den Planetenbahnebenen 258
165. Gruppen solcher Schneidungspunkte 260
166. Anwendung des Abgehandelten auf die Erde 263

XVIII. Die Sternschnuppen.

167. Die Sternschnuppen. Die Erdatmosphäre 266
168. Die wirklichen Geschwindigkeiten der Sternschnuppen . . 269
169. Ihre scheinbaren Geschwindigkeiten 270
170. Ihre Elongationswinkel 272
171. Ihre scheinbare Elongation und Geschwindigkeit im Vergleiche zu ihrer wahren 275
172. Ihre parabolischen Geschwindigkeiten 277
173. Graphische Darstellung einer Sternschnuppe im Raume .
174. Graphische Darstellung einer sichtbaren Sternschnuppenbahn 280
175. Geschwindigkeitsveränderung der Sternschnuppen durch ihre 278
  Bewegung in einem widerstehenden Mittel 283
176. Unterschied des Widerstandes zwischen einem stehenden und ruhenden Mittel 286
177. Anomale Bahnbewegungen der Sternschnuppen 290

XIX. Die Feuerkugeln und Meteoriten.

178. Die Erd-Sternschnuppen 293
179. Bahnhalbmesser der Erd-Sternschnuppen 294
180. Die Feuerkugeln und Meteoriten 295
181. Die Endgeschwindigkeiten freifallender Körper aus großen Entfernungen 297

		Seite
182.	Einfluß der Attraction auf die Geschwindigkeit der Sonnen-Sternschnuppen	299
183.	Die Endgeschwindigkeiten, mit welchen sich die Erd-Sternschnuppen als Meteoriten der Erde nähern	302

XX. Die Zodiakal- und Polarlichter.
184.	Rückstände der Schalmassen an deren Aequatoren	304
185.	Das Zodiakallicht	306
186.	Geometrische Darstellung des Zodiakallichtes	307
187.	Beobachtung des Zodiakallichtes	310
188.	Die Polarlichter	315

XXI. Die Kometen.
189.	Die Entstehung der Kometen	317

Die Kometenbahnen.
190.	Vorbemerkungen	319
191.	Kometenbahnen auf der Elliptik senkrecht stehend	321
192.	Abschleuderung der Nebelmasse in einem Knotenpunkte des Sonnenäquators	323
193.	Formel zur Bestimmung des Weges, welchen die abgeschleuderte Masse in gerader Linie zurücklegt, bis ihre Geschwindigkeit gleich Null wird	324
194.	Kometenbahnen in der Elliptik liegend	327
195.	Gegen die Elliptik geneigte Bahnen	328
196.	Entstehung der Kometen außerhalb des Perihels	330
197.	Ursprung der Kometen in Bezug auf einen bestimmten Planeten	331
198.	Vergleichung der Ellipse mit der Parabel	333
199.	Bestimmung der Ellipse durch die Entfernung eines ihrer Brennpunkte vom nächsten Scheitelpunkte und durch einen Punkt ihres Umfanges	335
200.	Ansichten, die unserer Theorie entgegenstehen	337
201.	Einfluß der Sternschnuppen auf den Lauf der Kometen	339

XXII. Die Oberflächen der Himmelskörper.
202.	Rückblicke	342
203.	Rückstände der Ringschalen	343
204.	Die Bahnen der Rückstände schneiden die Meridiane des Planeten unter allen Winkeln	345
205.	Die Oberfläche der Erde	346
206.	Die Oberfläche des Mondes	348

XXIII. Die Sonne.
207.	Ist die Sonne ein Planet höherer Ordnung?	350
208.	Hypothese über die Entstehung des Sonnenkörpers	353

Seite

XXIV. Vergleichende Rückblicke auf die erste Auflage dieser Schrift.
    209. Die Laplace'sche Hypothese 356
    210. Das Verhalten der Aequatorebene der rotirenden Nebelmasse bei dem Sinken der Pole 358
    211. Der Aequatorhalbmesser des Jupiterellipsoides ist in der ersten Auflage dieser Schrift zu groß gefunden. Die Hypothese über die Erkaltung der Zonen 360
    212. Schlüsse, die aus unserer Berichtigung zu ziehen sind . . 363
    213. Weitere Abänderungen 366
    214. Schlußbemerkungen 369

XXV. Anhang.
    215. Die s. g. Stoßhypothese zur Erzeugung der Bewegung der Himmelskörper 372
    216. Unsere Ausführungen werden von dieser Hypothese nicht berührt 378

Berichtigungen.

I.

Die Laplace'sche Hypothese

von der

Entstehung des Sonnensystems.

1.

Vorbemerkungen.

Es wird von uns keinem Zweifel unterzogen, daß das Sonnensystem nicht zu allen Zeiten sich in demselben Zustande befand, wie wir es gegenwärtig erblicken, daß vielmehr mit ihm Veränderungen vorgegangen sind, die wir mit der Entstehung, der Ausbildung und dem Vergehen alles Erzeugten in analoge Beziehung bringen können.

Denn wenn wir auch die Materie als mit dem Raume von Ewigkeit existirend annehmen, so müssen wir doch ihren Formen jene große Veränderlichkeit beilegen, wie wir sie bei allem Bestehenden beobachten.

Wir schließen hieraus ganz im Allgemeinen, daß die Materie unseres Sonnensystems einst wohl eine andere Gestaltung hatte, wie jetzt, daß die äußere Erscheinung desselben in einer längstvergangenen Zeit eine andere gewesen sei, wie gegenwärtig.

Man bezeichnet gewöhnlich etwas ungenau den Uebergang des Sonnensystems aus einer früheren Gestaltung in seine dermalige, als seinen Ursprung. Ueber dessen speciellen Vorgang sind dann bekanntlich verschiedene Hypothesen aufgestellt worden, unter welchen wir diejenige von

Burnet (Telluris theoria sacra, London 1681);
Descartes (Principia philosophiae. Amst. 1685);
Whiston (A new theory of the earth, London 1696, auch Cambridge 1708);
Scheuchzer (Biblia ex physicis illustrata, Wien 1731—35);
Lazzaro Moro (De' crostacei, Venezia 1740);
Leibnitz (Protogea, Göttingen 1749);
Buffon (Histoire naturelle générale et particulière, Paris 1749—88);
Kant (Allgemeine Naturgeschichte und Theorie des Himmels. Königsberg 1755, auch: Immanuel Kant's Werke. Achter Band. Leipzig 1838);
Silberschlag (Neue Theorie der Erde, Stendal 1764);
Pallas (Observations sur la formation des montagnes, Pétersbourg 1777);
Laplace (Exposition du système du monde. Paris an IV.
Bieberstein (Marschall von —) Ueber den Ursprung des Weltgebäudes, Gießen 1802);
Franklin (Mittheilungen von Lichtenberg),
  aus von Littrow's: „Die Wunder des Himmels" hier verzeichnen und denselben noch anfügen wollen:
Gruithuisen (Analekten für Erd- und Himmelskunde, München 1828), sowie
Zach, Freiherr von — in zerstreuten Aufsätzen.

Von allen diesen Hypothesen haben diejenigen von Kant und Laplace, welche im Wesentlichen mit einander übereinstimmen und aus der Beobachtung, daß sich alle zu dem Sonnensystem gehörigen Himmelskörper, mit Ausnahme einer großen Zahl von Kometen, in einerlei Weise von West über Süd nach Osten bewegen, eine gemeinschaftliche Entstehungsursache ableiteten, die meisten Ansprüche auf innere Glaubwürdigkeit. Wir wollen die Laplace'sche Hypothese wegen ihrer einfachen Darstellung in Nachstehendem folgen lassen.

2.
Laplace'sche Hypothese.

Laplace sagt in seiner „Exposition du système du monde"*):

„Obschon die Elemente des Planetensystems willkürlich „sind, so haben sie doch sehr merkwürdige Verhältnisse zu „einander, die uns über ihren Ursprung aufklären können.

„Wenn man es mit Aufmerksamkeit betrachtet, so erstaunt „man, alle Planeten von Westen gegen Osten, und beinahe „in einerlei Ebene um die Sonne, alle Trabanten nach einerlei „Richtung und beinahe in einerlei Ebene mit ihren Planeten, „um diese Planeten sich bewegen, endlich die Sonne, die Pla=„neten und Trabanten, deren Umdrehungsbewegungen man „beobachtet hat, in der Richtung und beinahe in der Ebene „ihrer Wurfsbewegungen um sich selbst drehen zu sehen.

„Eine so außerordentliche Erscheinung ist kein Werk des „Zufalls, sondern zeigt eine allgemeine Ursache an, die alle „diese Bewegungen bestimmt hat.

„Um eine Näherung von der Wahrscheinlichkeit zu erhalten, „womit diese Ursache angezeigt ist, wollen wir bemerken, daß „das Planetensystem, wie wir es heutzutage kennen, aus sieben „Planeten und vierzehn Trabanten besteht; die Umdrehungs=„bewegung hat man an der Sonne, an fünf Planeten, an dem „Monde, an dem Ringe des Saturns und an seinem letzten „Trabanten beobachtet; diese Bewegungen mit den Umlaufs=„bewegungen zusammengenommen, machen eine Summe von „dreißig Bewegungen, die nach einerlei Richtung vor sich gehen.

„Wenn man sich vorstellt, die Ebene einer rechtläufigen „Bewegung liege anfänglich in der Ekliptik, neige sich aber „in der Folge gegen diese letztere, und durchlaufe alle Grade „der Neigung von Null an bis zur halben Peripherie: so ist klar, „daß die Bewegung bei allen Neigungen, die unter hundert „Graden sind, rechtläufig, bei denen aber, die darüber sind,

---

*) In das Deutsche übersetzt von J. K. F. Hauff. Frankfurt a. M. 1797. II. Theil S. 522 u. ff.

„rückläufig seyn werde; so daß man bloß durch die Veränderun=
„gen der Neigung die rechtläufigen und rückläufigen Bewegun=
„gen darstellen kann.

„Aus diesem Gesichtspunkte betrachtet, zeigt uns also das
„Sonnensystem neunundzwanzig Bewegungen, deren Ebenen
„gegen die der Erde auf's höchste um den vierten Theil der
„Peripherie geneigt sind.

„Sagt man nun, ihre Neigungen seien das Werk des
„Zufalls gewesen, so hätten sie sich bis auf die halbe Peripherie
„erstrecken können, und die Wahrscheinlichkeit, daß eine von
„ihnen den vierten Theil derselben zum wenigsten übertroffen
„hätte wäre:

$$\left(\frac{2^{29}-1}{2^{29}}=\right)\frac{536870911}{536870912};$$

„es ist daher äußerst wahrscheinlich, daß die Richtung der
„Bewegungen der Planeten kein Werk des Zufalls ist; und
„dies wird noch wahrscheinlicher, wenn man bedenkt, daß die
„Neigung der meisten dieser Bewegungen gegen die Ekliptik
„sehr klein, und weit unter dem vierten Theil der Peripherie ist.

„Eine andere ebenso merkwürdige Erscheinung des Sonnen=
„systems ist die geringe Excentricität der Bahnen der Planeten
„und Trabanten, während die der Kometen sehr länglicht sind.

„Wir sind auch hier genöthigt, die Wirkung einer regel=
„mäßigen Ursache anzuerkennen: der bloße Zufall würde nicht
„den Bahnen aller Planeten eine beinahe kreisförmige Gestalt
„gegeben haben; die Ursache also, welche die Bewegungen
„dieser Körper bestimmt hat, muß sie beinahe kreisförmig
„gemacht haben, und zwar, was ganz außerordentlich ist,
„ohne einigen Einfluß auf die Richtungen ihrer Bewegungen.
„Denn wenn man die Bahnen der rückläufigen Kometen, als
„gegen die Ekliptik um mehr als hundert Grade, geneigt
„betrachtet, so findet man, daß die mittlere Neigung der Bahnen
„aller beobachteten Kometen der Größe von hundert Graden
„sehr nahe kommt; wie es seyn muß, wenn diese Körper auf's

„Blinde hin in den Weltraum geschleudert worden sind. 2c. 2c.

„Die wahre Ursache, welche die Bewegungen der Planeten „und Trabanten verursacht hat, muß, von welcher Beschaffen=„heit sie immer sein mag, alle diese Körper umfaßt haben, „und wegen der ungeheuren Entfernung dieser Körper von „einander kann sie nichts anders, als eine Flüssigkeit von „einer unermeßlichen Ausdehnung gewesen sein.

„Um ihnen eine beinahe kreisförmige Bewegung um die „Sonne nach einerlei Richtung geben zu können, mußte diese „Flüssigkeit die Gestirne wie eine Atmosphäre umgeben. Die „Betrachtung der Bewegungen der Planeten führt uns also „auf den Gedanken, daß, vermöge einer ausnehmend großen „Wärme die Atmosphäre der Sonne sich anfänglich über alle „Planetenbahnen hinaus erstreckt, und sich erst nach und nach „bis auf ihre jetzigen Grenzen zurückgezogen habe 2c. 2c.

„Man kann daher vermuthen, daß die Planeten an den „successiven Grenzen dieser Atmosphäre, durch die Verdichtung „der Zonen, welche sie bei ihrer Erkaltung und Verdichtung „auf der Oberfläche der Sonne, in der Ebene ihres Aequators „absetzen mußte, entstanden seien. Man kann auch vermuthen, „daß die Trabanten auf ähnliche Art aus den Atmosphären „der Planeten entstanden seien 2c. 2c.

Wir sehen, Laplace weist aus der Zahl der übereinstimmenden Bewegungen aller Planeten fast zur Evidenz nach, daß ihre Ent=stehung eine gemeinschaftliche Ursache umfasse, aber er stellt über die Art und Weise ihrer Entstehung nur eine Vermuthung auf, die er auf die Erkaltung der Zonen der Sonnenatmosphäre gründet.

3.

Gewißheit einer gemeinschaftlichen Entstehungsursache der Planeten.

Durch die Entdeckung vieler neuen Planeten zwischen Jupiter und Mars, lange nach erfolgter Aufstellung der Hypothese von

Laplace über die Entstehung des Sonnensystems, ist — selbst wenn man auch noch die Rotation der Planeten um ihre Axen und die Bahnbewegung der Monde, welche von vornherein betrachtet nicht nothwendig mit der Bahnbewegung der Planeten übereinstimmen müssen, nicht in Rechnung zieht — die hohe Wahrscheinlichkeit einer gemeinschaftlichen Entstehungsursache der Planeten geradezu zur vollen Gewißheit gesteigert worden.

Man kennt gegenwärtig 167*) kleinere Planeten zwischen Jupiter und Mars, welche sich alle in der Richtung von West nach Osten um die Sonne bewegen. Rechnet man hierzu die 8 größeren Planeten, so haben wir 175 Bahnbewegungen, welche alle in einerlei Richtung vor sich gehen.

Die Wahrscheinlichkeit, daß die Richtung der Bahnbewegungen der Planeten, oder, was dasselbe ist, die Entstehungsursache der Planeten kein Werk des Zufalles sei, formulirt sich also in dem Ausdruck:

$$\frac{2^{175}-1}{2^{175}} = \frac{478905 \cdot 10^{47}-1}{478905 \cdot 10^{47}},$$

der sich nicht mehr von der Einheit unterscheiden läßt. Dieser für die Wahrscheinlichkeit erhaltene Ausdruck muß aber mit der Entdeckung eines jeden weiteren Planeten nothwendig eine Verdoppelung erleiden und erhält durch die Rotation der Planeten nach einerlei Richtung hin eine weitere Vermehrung. Mithin ist die Behauptung, daß der Entstehung dieser Körper eine gemeinschaftliche Ursache zu Grunde liege, über jeden Zweifel erhaben.

4.

Weitere Ausbildung der Laplace'schen Hypothese.

Man hat die Laplace'sche Ansicht über die Entstehungsweise der Planeten, die er selbst „mit demjenigen Mißtrauen vorträgt,

---

*) Professor Peters vom Hamilton-College in Clinton hat, wie das atlantische Kabel meldete, zu Anfang September 1876 bereits den 166. und 167. (im Ganzen allein 26) dieser kleinen Planeten entdeckt.

welches Alles, was nicht ein Resultat der Beobachtung oder Rechnung ist, einflößen muß", weiter auszubilden versucht.

Laplace beschränkte sich auf die nahe Gewißheit einer gemeinschaftlichen Entstehungsursache hinzuweisen und verbindet damit die Vermuthung, daß die Planeten an den successiven Grenzen der Sonnenatmosphäre, und die Monde ebenso an den jeweiligen Grenzen der bezüglichen Planetenkörper entstanden seien.

Die Atmosphäre der Sonne, sagte man nun hieran anknüpfend, welche sich weit über den äußersten Planeten hinaus erstreckte, habe wegen der Umdrehungsbewegung des Sonnenkörpers die Gestalt eines Ellipsoides angenommen, und es haben sich in der Aequatorebene Theile dieser Sonnenatmosphäre als Ringe abgelagert, die sich aufrollten, zu Kugeln umformten, verdichteten und auf diese Weise die Planeten bildeten.

In ganz gleicher Weise seien die Monde aus der Atmosphäre ihrer zugehörigen Planeten entstanden, aber die Entstehungsweise der Kometen habe mit der der Planeten Nichts gemein. Man hielt sie deßhalb für kosmischen Ursprungs, nämlich für außerhalb unseres Sonnensystems entstandene und zum Theil in dieses übergegangene Weltkörper.

Die Ringablagerung in der Aequatorebene, welche der Kugelbildung bei den Planeten und Monden vorausgeht, ist also der Stützpunkt dieser weiteren Ausbildungsversuche der Entstehungs-Hypothese der Planeten und ihrer Satelliten und man fand in dem Ringe des Saturn den verkörperten Ausdruck derselben.

Auch für die Rotation der Planeten hatte man eine Erklärungsursache zu finden versucht und war zu einer Ansicht gelangt, auf welche wir später zurückkommen werden, nämlich daß die größere Bewegung der äußeren Ringtheile, vergleichsweise zu der der inneren, nothwendigerweise eine Rotation der Masse erzielen mußte.

Allein zum Erweise der Laplace'schen Vermuthung, daß die Planeten an den successiven Grenzen der Sonnenatmosphäre entstanden seien, und daß die Erkaltung der Zonen der Sonnenatmosphäre deren Verdichtung zu Planeten bewirkt habe, fehlte denn doch zu Vieles, um sie als Theorem betrachten zu dürfen.

Gegen die Theorie der Ringablagerungen in der Aequatorebene wendet man wiederum ein, daß sie die Erscheinungen der vielen Unregelmäßigkeiten nicht erkläre, die sich im Sonnensystem vorfinden; man sagt, daß sich nach ihr die Bahnebenen der Planeten genau in der Sonnenäquatorebene und die Bahnebenen der Satelliten in den Aequatorebenen der Planeten befinden müßten, während doch alle diese Ebenen, wenn auch unter kleinen Winkeln, gegen einander geneigt sind. Auch müßten sich nach der Theorie der Ringablagerungen die Planeten in vollkommenen Kreisen bewegen, während ihre Bahnen doch die Gestalt von Ellipsen haben; endlich ließe sich das Verhältniß der Dichtigkeiten der Planeten und der Sonne selbst nicht wohl mit ihr vereinigen, da diese Dichtichkeiten nach irgend einem Gesetze von der mittleren Entfernung der Planeten von der Sonne abhängen sollten, wenn sie in der That nach der erklärten Weise entstanden seien.

II.

Das Bildungsgesetz der Planeten und Monde

im

Zusammenhange mit der Entfernung dieser Körper von ihrem Haupt-Körper.

5.

Vorbemerkung.

Es ist wahrscheinlich, daß die meisten Fixsterne gleich der Sonne von Planeten umkreist werden, und möglich, daß viele derselben noch in der Bildung von Planetensystemen begriffen sind; aber es ist, der großen Entfernung dieser Gestirne wegen, unzulässig, diese Bildung der Beobachtung zu unterziehen.

Was wir dagegen in unserem Sonnen= oder Planetensystem der Beobachtung zu unterwerfen im Stande sind, ist die wirkliche Existenz von Planeten, und beziehungsweise sind es ihre Entfernungen unter sich und von der Sonne. Wir wissen, daß die Zwischenentfernungen der Planeten von der Venus nach dem Neptun hin beständig zunehmen, und wir können nicht umhin, in dieser Zunahme der Entfernungen ein Gesetz zu vermuthen, wenn uns dasselbe auch nicht alsbald klar entgegentritt. Aber offenbar hängt das Gesetz dieser Entfernungen genau mit dem Bildungsgesetze der Planeten und Monde zusammen, und es heißt die Wahrschein=

lichkeit der aufgestellten Entstehungsweise (daß sie nämlich an der jeweiligen Grenze des Sonnenkörpers entstanden seien) zur Gewißheit bringen, wenn die Rechnung diesen Zusammenhang nachzuweisen im Stande ist.

6.

Das kosmische Gesetz.

Wir werden bei dieser Betrachtweise unwillkürlich an das bekannte „kosmische Gesetz" oder die „Wurm'sche Reihe", auch die „Formel von Titius" erinnert, wonach die Entfernungen der Planeten von der Sonne — vom Merkur bis zum Uranus — in Verhältnißzahlen dargestellt sind und woraus man noch vor Entdeckung der Planetoïden auf das Vorhandensein eines weiteren Planeten zwischen Mars und Jupiter mit großer Zuversicht geschlossen hatte, weil sich zwischen beiden Gestirnen offenbar eine Lücke nachweisen ließ.

Dieses Gesetz, welches sich, wenn man die Entfernung Merkurs von der Sonne gleich 4 setzt, in folgender Weise anschreibt:

			Wirkliche Verhältnißzahlen.
Merkur	4	$= 4$	4
Venus	$4 + 3 \cdot 2^0$	$= 7$	$4 + 3 \cdot 2^{0,1217}$
Erde	$4 + 3 \cdot 2^1$	$= 10$	$4 + 3 \cdot 2^{1,0788}$
Mars	$4 + 3 \cdot 2^2$	$= 16$	$4 + 3 \cdot 2^{1,9700}$
Jupiter	$4 + 3 \cdot 2^4$	$= 52$	$4 + 3 \cdot 2^{4,0531}$
Saturn	$4 + 3 \cdot 2^5$	$= 100$	$4 + 3 \cdot 2^{4,9794}$
Uranus	$4 + 3 \cdot 2^6$	$= 196$	$4 + 3 \cdot 2^{6,0176}$

paßt übrigens nicht, rückwärts gelesen, für die Entfernung des Merkur; denn diese müßte folgerichtig sein:

$$4 + 3 \cdot 2^{-1} = 5\tfrac{1}{2}$$

Es läßt sich aber nach ihm auch nicht die Entfernung Neptuns bestimmen, denn für diesen müßte sich als Entfernung die Verhältnißzahl $\quad$ ergeben, während sie in Wirklichkeit nur

$$4 + 3 \cdot 2^7 = 388 \qquad 4 + 3 \cdot 2^{6,6751},$$

etwa $= 310$, ist.

Die Formel des Titius giebt demnach die Entfernung des nächsten Planeten von der Sonne zu klein, die Entfernung des bekannten äußersten Planeten aber zu groß, und läßt sich weder vor noch rückwärts fortsetzen.

Die Formel begründet zwar die Wahrheit, daß, von der Venus an gerechnet, die Entfernungen zweier nächsten Planeten von einander immer größer werden, je weiter sie selbst von der Sonne entfernt sind, und sie hat ferner das große Verdienst schon längst auf das Fehlen eines Planeten zwischen Mars und Jupiter mit Sicherheit hingewiesen zu haben, es geht ihr dagegen die Grundlage einer exacten Ableitung ab, sie basirt vielmehr einzig und allein auf dem Vorhandensein empirischer Resultate und das Bildungsgesetz der Planeten und Monde kann aus ihr nicht abgeleitet werden.

Kennen wir aber umgekehrt dieses Bildungsgesetz, so müssen sich aus ihm die Entfernungen der Nebenkörper unter sich und von ihrem Hauptkörper ableiten lassen, und dieses Bildungsgesetz ist es, das wir in Nachstehendem aufstellen und für dessen Prüfstein der Richtigkeit wir die Entfernungen der Planeten und Monde von ihren Hauptkörpern in Vergleichung bringen werden.

III.

Das Sonnenellipsoid.

7.

Seine Ausdehnung.

Sowohl nach der Kant'schen wie der Laplace'schen Hypothese über die Entstehungsweise der Planeten und Monde befanden sich diese früher in einem aufgelockerten Zustande und umgaben den Sonnenkörper als eine Atmosphäre, welche sich weit über die Grenzen des äußersten Planeten erstreckte.

Obgleich nun die Rechnung zeigt, daß wir es hier mit einer Materie zu thun haben, für deren geringe Dichte uns die Vorstellung mangelt — denn wir finden sie ungemein dünner wie die dünnste atmosphärische Luft — so vermögen wir doch in dieser Vorstellung nichts Paradoxes zu erkennen; die Physik setzt ihr keinen Widerspruch entgegen, und wir finden für sie in der geringen Dichte der Kometen und ihrer Schweife ein Analogon.

Nichtsdestoweniger werden wir annehmen müssen, daß diese dünne Masse allen physikalischen Gesetzen unterlegen habe, welche auf flüssige oder leicht verschiebbare Materien Anwendung finden.

8.

Seine Gestalt.

Denken wir uns nun diese Materie der Planeten und Monde als ein aufgelockertes Ganzes, eine Menge unzusammenhängender

Moleculen von ungemein geringer Elasticität, und die Größe der Ausdehnung noch weit über die Bahn des äußersten Planeten hinausreichend, so würden wir dieser lockeren und leicht verschiebbaren Materie oder diesem Urnebel, wenn wir von allen äußeren Kräften absehen und ihn überdies als ruhend annehmen dürften, in Folge seiner eigenen Molecularanziehung die Kugelgestalt beilegen müssen.

Da wir aber die Sonne sich um ihre Axe und die Planeten um die Sonne drehen sehen, die Elemente des Systems also in Bewegung finden, so sind wir genöthigt, wegen des Beharrungsvermögens, eine rotirende Bewegung dieses Urnebels zu unterstellen, und zwar um eine Axe, die mit der Sonnenaxe zusammenfällt, und in einer Richtung, die mit der Rotation des Sonnenkörpers und der Bahn der Planeten, also von West nach Osten übereinstimmt.

Die äußere Form dieses lockeren Balles konnte daher, wegen der ihm innewohnenden Rotation, nicht die Kugelgestalt sein, sondern mußte die Form eines an den Polen abgeplatteten Sphäroides haben, oder eines Ellipsoides, das man sich durch die Umdrehung einer Ellipse um ihre kleine Axe entstanden denkt.

9.

Seine Temperatur.

Es ist für unsere Untersuchung ganz gleichgültig, welche Temperatur wir für das um seine Axe rotirende Sonnenellipsoid ursprünglich annehmen. Die meisten Schriftsteller legen ihm einen außerordentlichen Hitzegrad bei, verursacht durch die Zusammenziehung der im weiten Weltraum zerstreuten Materie und den hierdurch erfolgten Umsatz ihrer Bewegung in Wärme.

Da aber nur gehemmte Bewegung Wärme erzeugt, so können wir uns der Ansicht nicht entschlagen, daß an der Grenze des Sonnenellipsoides die Temperatur desselben von der Temperatur des Raumes, in welchem es sich bewegte, nicht sonderlich verschieden gewesen sein mag. Es genügt vielmehr für unsere Untersuchung hinlänglich, wenn wir eine Wärmeentwicklung erst mit der von uns in Betracht gezogenen Verdichtung der Massen annehmen. Mit der Annahme jedoch, daß bereits eine Verdichtung der Masse in dem Centrum der Materie als Sonnenkern stattgefunden habe, müssen wir gerade dort, wegen dieser Verdichtung, eine ungemein große Wärme voraussetzen. Denn wir können die mehrfach aufgestellte Ansicht nicht gelten lassen, daß eine Masse deßhalb eine höhere Temperatur besitze, weil sie ausgedehnt, also weniger dicht werde. Zwar dehnt Wärme, in einen Körper hineingeleitet, diesen aus, aber nur dadurch, daß er auf ein kleineres Volumen gebracht, also dichter wird, wird Wärme in ihm erzeugt. Wäre dem nicht so, so müßte die lockere Kometenmasse höhere Temperatur besitzen, wie die weit dichtere Sonnenmasse.

10.

Die Centralkraft.

Auf dieses vorerst nur von unserer Einbildungskraft construirte Sonnenellipsoid müssen natürlich alle Lehrsätze, welche die Physik über die Bewegung der Körper überhaupt aufstellt, Anwendung finden.

Wenn wir daher unterstellen, daß die Sonne wie die Planeten, außer der Rotation um eine Axe, auch einer Bahnbewegung unterworfen ist, daß also eine äußere Kraft auf sie wirkt, die sie in ihrer Bahn erhält, d. h. von der geraden Richtung ablenkt, so sind wir auch genöthigt, uranfänglich diese äußere Kraft als wirkend anzunehmen.

Ob diese Kraft von einem besonderen Körper, der sogenannten Centralsonne, oder von dem gemeinschaftlichen Mittelpunkte, also dem Schwerpunkte eines Systems von Himmelskörpern, d. h. von einem virtuellen Mittelpunkte herrühre, ist für unsere Betrachtung ganz gleichgültig. In dem einen wie in dem andern Falle mußte diese Centralkraft auf die flüssigen Elemente der Oberfläche des Sonnenellipsoides die Wirkung äußern, wie wir sie in der Erscheinung von Ebbe und Fluth durch die Anziehungskraft der Sonne und des Mondes bei dem Meere wahrnehmen, und Ebbe und Fluth des Sonnenellipsoides mußten mit seiner jeweiligen Umdrehungszeit im Zusammenhange stehen.

11.

Abplattung.

So haben wir denn zur Lösung der gestellten Aufgabe ein sich um seine kleine Axe drehendes Ellipsoid von ungemein dünner, also leicht verschiebbarer Masse in Betracht zu ziehen, welches um den Sonnenkern rotirt.

Wir können einsehen, daß bei gleichem Bestreben eine flüssige Masse in Rotation zu versetzen, die Masse von geringerer Dichte eine stärkere Abplattung erleide, als die von größerer Dichte.

Wir folgern daraus, daß die Abplattung unter sonst gleichen Umständen bei zunehmender Dichte der Materie kleiner sei, und daß bei äußerster Verdichtung der Masse ihre Abplattung selbst auf Null reducirt werden könne.

Laplace hat die Gestalt einer flüssigen gleichartigen Masse, welche im Gleichgewichte ihrer Oberfläche sich befindet und eine Umdrehungsbewegung hat, in seiner „Mechanik des Himmels"[*]) bereits in so eingehender Weise behandelt, daß wir uns seiner Ausführung unbedingt anschließen werden.

---

[*]) Mechanik des Himmels von P. S. Laplace. Aus dem Französischen übersetzt von J. C. Burckhardt. Berlin bei F. T. La Garbe. 1802.

Wir wollen jedoch dabei nicht übersehen, daß Laplace bei seinen Entwickelungen, obgleich flüssige, dennoch zugleich verdichtete Massen in Betracht zieht, und daß das Verhalten flüssiger verdichteter Massen nicht nothwendig in allen Stücken mit dem Verhalten flüssiger noch unverdichteter Massen übereinstimmen muß. So wird bei einem etwaigen Zusammentreffen ersterer wohl eine Anhäufung der Massetheile stattfinden müssen, weil wegen ihrer geringeren Porosität ein gegenseitiges Durchdringen der Theile der einen Masse durch die Zwischenräume der andern nicht stattfinden kann; während es bei dem Contacte der letzteren wohl denkbar ist, daß sich die Theile der einen Masse in die Zwischenräume der andern gleichsam einschieben, sich also ein Durchgehen der einen Masse durch die andere denken läßt.

12.

Grenzverhältniß derselben.

Laplace kommt durch seine mathematischen Entwickelungen zu dem festen Schlusse, daß für die sichere Umdrehung einer Flüssigkeit um ihre Axe ein gewisses Grenzverhältniß zwischen dem Aequatorburchmesser und der Rotationsaxe nicht überschritten werden dürfe, und daß, sobald dies durch eine raschere Umdrehung geschähe, ein Zusammenhalt der Flüssigkeit nicht mehr bestehen könne. Der mathematische Ausdruck aber, den Laplace für dieses Grenzverhältniß findet, schließt einen zweiten Werth in sich ein, d. h. er bedingt ein zweites Grenzverhältniß zwischen Aequatorburchmesser und Rotationsaxe. Dieses deutet darauf hin, daß nicht alle Masse durch das zuerst betrachtete Grenzverhältniß ihren Zusammenhang verliere, sondern daß sich an dem flüssigen Ellipsoide äußerlich gleichsam nur eine Schale ablöse, während der übrige Theil die Form eben dieses zweiten Grenzellipsoides annehme und seine Rotation fortsetze.

Es ist aber die Molecularanziehung nicht allein, welche einen Zusammenhalt der Nebelmassetheile bei dem von uns in Betracht gezogenen Sonnenellipsoide verursacht, es ist auch die Kraft der Anziehung des Sonnenkörpers selbst, den wir gleichsam als eine pericentrische Verdichtung der Nebelmasse zu betrachten haben, welche den Zusammenhalt ihrer Elemente verstärkt.

Da die Eigenschaft der Schwere und was mit ihr im Zusammenhange steht, in gleicher Weise der unverdichteten, wie der flüssigen verdichteten Masse zukommt, so möchte es nicht unzweckmäßig erscheinen, daß wir, bevor wir auf die Ausführungen von Laplace zurückgreifen, einige Lehrsätze aus der Physik über die Bewegung recapituliren, um nöthigenfalls auf sie kurzer Hand Bezug nehmen zu können.

IV.

Physikalische Sätze über die Bewegung.

Die Centripetalkraft.

13.

Vorbemerkungen.

Zu den Eigenschaften, welche allen Körpern zukommen, zählen wir die Trägheit oder das Beharrungsvermögen, d. h. die Gleichgültigkeit der Materie gegen Ruhe und Bewegung. Die Physik hat über die Gesetze der Bewegung folgende Sätze aufgestellt.

1) Ein Körper in Ruhe ist nicht im Stande durch sich selbst Bewegung anzunehmen, d. h. seine Stelle zu verlassen; ein Körper in Bewegung kann ebensowenig durch sich selbst in den Zustand der Ruhe übergehen.
2) Der Uebergang eines Körpers aus der Ruhe in Bewegung, und umgekehrt aus der Bewegung in Ruhe, wird immer durch eine äußere, einem fremden Körper innewohnende Kraft erzeugt, welche auf jenen Körper einwirkt, sei es durch den Stoß oder durch die Anziehung.
3) Alle Körper besitzen eine dieselben gegenseitig anziehende Kraft; die hierdurch erfolgte Ortsveränderung der angezogenen Körper erfolgt auf dem kürzesten Wege nach dem angezogenen Körper, d. h. in gerader Linie.

4) Je mehr materielle Theilchen, d. h. je mehr Masse der anziehende Körper gegenüber dem angezogenen enthält, desto schneller ist unter sonst gleichen Umständen die hervorgebrachte Bewegung oder die erzeugte Geschwindigkeit des angezogenen Körpers, oder einen desto größeren Weg legt der angezogene Körper in einem bestimmten Zeittheile zurück.

5) Unter Wirkung oder Größe der Bewegung versteht man das Produkt aus der Menge der in Bewegung gesetzten materiellen Theile, d. h. der Masse des bewegten Körpers, in seine Geschwindigkeit.

6) Je größer die Entfernung zweier Körper von einander ist, desto kleiner ist die gegenseitige Einwirkung des einen auf den andern, d. h. desto geringer die hervorgebrachte Bewegung oder die erzeugte Geschwindigkeit.

7) Ist von zwei Körpern, welche sich gegenseitig anziehen, der eine im Vergleich zum andern sehr groß, so kann man auch häufig die Einwirkung des kleineren Körpers auf den größeren ganz außer Betracht lassen.

8) Wirkt ein dritter Körper auf einen sich in geradliniger Bewegung befindlichen Körper ein, so wird dieser von seiner geradlinigen Richtung nach der Seite jenes Körpers jeden Augenblick abgelenkt und die geradlinige Bewegung geht dadurch in eine krummlinige über.

9) Die Masse eines Körpers können wir uns in seinem Schwerpunkte vereinigt denken, daher der Entfernung zweier Körper von einander einen präciseren Ausdruck verleihen, indem wir unter ihrer Entfernung diejenige ihrer Schwerpunkte verstehen.

14.

Das Newton'sche Gravitationsgesetz.

Wir können uns die Masse des anziehenden Körpers in dem Mittelpunkte eines Kreises vereinigt vorstellen, in dessen Peripherie sich der Schwerpunkt des angezogenen Körpers als ein Element dieser Peripherie befindet, das mit dem Mittelpunkte des Kreises durch einen Faden ohne Masse verbunden ist. Das Bestreben des Schwerpunktes des angezogenen Körpers, sich durch den gespannten Faden während eines gewissen Zeittheiles dem Mittelpunkte des Kreises zu nähern, heißt Schwere, auch Attractions-, Gravitations- oder Centripetalkraft.

Wir können auch die Peripherie des Kreises, in welchem wir uns den Schwerpunkt des angezogenen Körpers denken, als die größte Kreislinie einer Kugel betrachten, deren Mittelpunkt mit dem Schwerpunkte des anziehenden Körpers zusammenfällt.

Stellen wir uns dabei weiter vor, es liefen von allen Elementen des anziehenden Körpers Strahlen oder Fäden nach dem Mittel- oder Schwerpunkte des angezogenen Körpers aus, welche die Anziehung bewirkten, so begreift sich, daß die Stärke der Anziehung mit der Zahl der Fäden, d. h. mit der Masse des anziehenden Körpers — und zwar in dem entsprechenden Maße — wachsen wird. Denken wir uns aber alle diese Fäden in dem Mittel- oder Schwerpunkte des anziehenden Körpers vereinigt, und an dem auf sie senkrecht stehenden Durchschnitt des angezogenen Körpers gleichmäßig vertheilt, so kann dieser Durchschnitt als ein Theil einer Kugelschale betrachtet werden, und es wird, analog dem Gesetze über die Beleuchtung von Flächen durch die Strahlen eines Lichtes, die Anziehung im umgekehrten quadratischen Verhältniß mit dem Halbmesser der Kugel, d. h. der Entfernung beider Körper, zu- oder abnehmen.

Nach diesem von Newton*) entdeckten Gesetze verhält sich also die Quantität der Anziehungskraft, nämlich die Größe ihrer jedesmaligen Wirkung, direct wie die Masse des anziehenden Körpers, und umgekehrt wie das Quadrat der Entfernung des angezogenen Körpers von dem anziehenden.

---

*) Philosophiae naturalis principia mathematica; London 1687.

15.

Fortsetzung.

Wir erkennen die Anziehungs- oder Centripetalkraft nur aus ihrer Wirkung. Wir beobachten sie auf der Erde an der senkrechten Richtung freifallender Körper, sowie außerhalb der Erde an der Bewegung der Himmelskörper, wobei jedoch noch eine andere Kraft, die Centrifugalkraft, mitwirkt.

Auch sind wir nur im Stande die Größe der Centripetalkraft durch ihre Wirkung in der Zeit auszudrücken, denn nennen wir sie P (oder p), so verstehen wir unter dieser Bezeichnung den Weg, welchen der angezogene Körper am Ende eines bestimmten Zeittheiles zurücklegt, oder auch die Geschwindigkeit, welche er am Ende dieses Zeittheiles erlangt hat.

Es enthält also die Bezeichnung P (oder p) den Begriff von Raum und Zeit, und es ist nothwendig, daß man sich über die Einheiten beider Größen verständige.

Man ist dahin übereingekommen, für gewöhnlich den durchlaufenen Raum des angezogenen Körpers in Pariser Fußen oder auch in Metern auszudrücken, und für die Zeit die Dauer einer Secunde zu wählen. Für sehr große Himmelskörper mit relativ sehr geringer Masse kann es nothwendig sein, andere Größen zu substituiren, und etwa die Zeit auf die Dauer eines Jahres auszudehnen und den zurückgelegten Weg oder den Fallraum in Meilen auszudrücken. Immerhin wird dann aber eine Vergleichung mit dem freien Falle der Körper auf unserer Erde stattfinden müssen.

Die Centripetalkraft P (oder p) formulirt sich, nach (14), bei einer Masse M (oder m) des anziehenden Himmelskörpers und einer Entfernung R (oder r) des anziehenden Körpers von dem angezogenen durch den Ausdruck

1) $\qquad P = \dfrac{M}{R^2} \qquad$ oder $\qquad p = \dfrac{m}{r^2}.$

Hieraus ergiebt sich

2) $\qquad\qquad P : p = \dfrac{M}{R^2} : \dfrac{m}{r^2},$

d. h. die Centripetalkräfte P und p verhalten sich bei zwei anziehenden Massen M und m wie die Massen, dividirt durch das Quadrat der zugehörigen Entfernung von den angezogenen Körpern.

Ist M = m, so folgt:

3) $$P : p = r^2 : R^2,$$

d. h. die Centripetalkräfte verhalten sich bei einer und derselben anziehenden Masse wie die Quadrate ihrer bezüglichen Entfernungen von den angezogenen Körpern, verkehrt genommen.

4) Beziehen wir die Formeln 1) auf die Anziehung irgend eines Punktes der Oberfläche einer Himmelskugel, so können wir sagen:

Eine Kugel zum Halbmesser R (oder r), deren Masse M (oder m) ist, wirkt auf die Punkte ihrer Oberfläche mit einer gegen ihren Mittelpunkt gerichteten Kraft, welche gleich ist der Masse der Himmelskugel, dividirt durch das Quadrat ihres Halbmessers.

16.

Der Fall der Körper an der Oberfläche der Erde.

Wird ein Körper von einem andern Körper angezogen, so ist die Bewegung des angezogenen keine gleichmäßige, sondern eine gleichförmig beschleunigte. Das Gesetz, nach welchem diese Bewegung stattfindet, nennen wir das Gesetz des freien Falles, weil es mit dem des freien Falles der Körper an der Oberfläche der Erde übereinstimmt.

Wir wollen dasselbe in Nachstehendem kurz darlegen:

Ein freifallender Körper habe am Ende eines bestimmten Zeittheiles, etwa am Ende einer Secunde, eine Fallgeschwindigkeit erlangt, die wir f nennen wollen; so ist der in dieser Zeit zurückgelegte Weg derselbe, den er mit der mittleren Geschwindigkeit, $\frac{1}{2}$ f beschrieben hätte, folglich mit der Zeit 1 multiplicirt, ebenfalls gleich $\frac{1}{2}$ f.

Die Zunahme der Fallgeschwindigkeit in der zweiten Secunde ist von f bis 2f, die mittlere daher $\frac{3}{2}$ f; in der dritten geht sie von 2f bis 3f, also im Mittel $\frac{5}{2}$ f, u. s. w., und in der z. Secunde erreicht sie das Mittel zwischen $(z-1).f$ und $z.f$, mithin

$$\frac{2z-1}{2}.f.$$

Die in den einzelnen Secunden zurückgelegten Wege sind daher:

Secunden: 1.   2.   3.   4.   z.

Einzelne Fallräume: $\frac{f}{2}$, $\frac{3f}{2}$, $\frac{5f}{2}$, $\frac{7f}{2}$, ... $\frac{2z-1}{2}.f$;

also ist die Endgeschwindigkeit g nach z Secunden:

$$g = f.z.$$

Hieraus ergeben sich, wenn man die einzelnen Fallräume nach und nach summirt und die zurückgelegten Wege mit w bezeichnet:

am Ende der   1.   2.   3.   4.   z. Sec.

ganze Fallräume $w = \frac{f}{2}$, $\frac{4f}{2}$, $\frac{9f}{2}$, $\frac{16f}{2}$, ... $\frac{z^2.f}{2}$.

Sind von den 4 Größen: f, g, z, w zwei bekannt, so lassen sich stets die beiden andern durch sie ausdrücken. Man erhält:

           I.   II.   III.

1) $\quad f = \frac{g}{z} = \frac{g^2}{2w} = \frac{2w}{z^2}$;

2) $\quad g = f.z = \sqrt{2fw} = \frac{2w}{z}$;

3) $\quad z = \frac{g}{f} = \sqrt{\frac{2w}{f}} = \frac{2w}{g}$;

4) $\quad w = \frac{g^2}{2f} = \frac{f}{2}.z^2 = \frac{g}{2}.z$.

Aus I. 2) folgt, bei derselben Fallgeschwindigkeit f am Ende der ersten Secunde, für eine Zeit Z und eine Endgeschwindigkeit G:

5) $\qquad\qquad G : g = Z : z,$

d. h. bei derselben Anfangsgeschwindigkeit verhalten sich die Endgeschwindigkeiten wie die zugehörigen Zeiten.

24

Ebenso folgt, aus II. 4), für eine Zeit Z und einen Fallraum W:

6) $$W : w = Z^2 : z^2$$

d. h. bei derselben Anfangsgeschwindigkeit verhalten sich die zurückgelegten Fallräume oder Wege wie die Quadrate der zugehörigen Zeiten.

Obige Gleichungen bleiben richtig, wie klein man auch immer die Zeiteinheit z wählen möge. Formel I. 1) drückt uns die Endgeschwindigkeit f am Ende der ersten Secunde stets als das Verhältniß der Endgeschwindigkeit zur verflossenen Zeit aus. Für einen unendlich kleinen Zeittheil dz wird mithin dieses Verhältniß sein:

7) $$f = \frac{dg}{dz}.$$

Anmerkung. Diese Betrachtungen setzen voraus, daß die Anziehungs- oder Schwerkraft der Erde eine **unveränderliche** Kraft sei, so lange sich der fallende Körper ihrer Oberfläche nähert. Es ist dieses ohne merklichen Fehler richtig, wenn der fallende Körper nur so große Räume durchläuft, wie sie bei unseren Beobachtungen auf der Erde erkennbar sind. Wenn sich dagegen der Körper von sehr großen Höhen zur Erde herabbewegt, so wird die Bewegung des Körpers, indem er sich dem anziehenden Körper mehr und mehr nähert, auch stärker beschleunigt. Wir werden bei den Meteoriten auf diesen Gegenstand zurückkommen.

17.

Einige hierauf bezügliche Maßangaben.

Durch Versuche hat man unter dem 45° der nördlichen Breite den Werth von f bestimmt, und daraus die Werthe von f_0 für den Aequator und von f_{90} für die Pole berechnet.

Dem Kalender für Vermessungskunde auf das Jahr 1876 (herausgegeben von Dr. W. Jordan, Professor der Vermessungskunde am Gr. Polytechnikum zu Karlsruhe), entnehmen wir nachstehende Maßangaben, welche sich auf unsere Erde beziehen.

Drückt f die **Geschwindigkeit** eines freifallenden Körpers am Ende der ersten Secunde aus, und bezeichnen die diesem Buchstaben beigesetzten Zahlen Breitegrade, so ist:

1) $\quad f_0 = 9{,}7808$ Meter; $\qquad \log f_0 = 0{,}9903744$
2) $\quad f_{35} = 9{,}7974$ „ $\qquad \log f_{35} = 0{,}9911108$
3) $\quad f_{45} = 9{,}8060$ „ $\qquad \log f_{45} = 0{,}9914919$
4) $\quad f_{90} = 9{,}8313$ „ $\qquad \log f_{90} = 0{,}9926109$

Bedeutet aber f den Fallraum eines Körpers an der Oberfläche der Erde am Ende der ersten Secunde, so ist:

5) $\quad f_0 = 4{,}8904$ Meter; $\qquad \log f_0 = 0{,}6893444$
6) $\quad f_{35} = 4{,}8987$ „ $\qquad \log f_{35} = 0{,}6900808$
7) $\quad f_{45} = 4{,}9030$ „ $\qquad \log f_{45} = 0{,}6904619$
8) $\quad f_{90} = 4{,}9156$ „ $\qquad \log f_{90} = 0{,}6915809$

Weitere Maßangaben, demselben Kalender entnommen, auf welche wir öfters zurückzugreifen haben, mögen hier eine Stelle finden:

9) 1 Geog. Meile $= 7420{,}44$ Meter; $\log$ (1 M. in M.) $= 3{,}8704297$
10) 1 Meter $= 0{,}0001347629$ g. Meilen;
$\qquad \log$ (1 M. in M.) $= 0{,}1295703 - 4$
11) 1 Meter $= 3{,}078444$ Parif. Fuß;
$\qquad \log$ (1 M. in P. F.) $= 0{,}4883313$
12) 1 Par. F. $= 0{,}3248393$ Meter;
$\qquad \log$ (1 P. F. in M) $= 0{,}5116687 - 1$

Aequatorhalbmesser der Erde.

13) $\quad a = 6377397$ Meter; $\qquad \log a = 6{,}8046435$
14) $\quad a = 859{,}4366$ g. Meilen; $\qquad \log a = 2{,}9342138$

Halbe Rotationsare der Erde.

15) $\quad b = 6356079$ Meter; $\qquad \log b = 6{,}8031893$
16) $\quad b = 856{,}5637$ g. Meilen; $\qquad \log b = 2{,}9327596$

Halbmesser einer Kugel, welche mit der Erde gleichen Inhalt hat.

17) $\quad r = 6370283$ Meter; $\qquad \log r = 6{,}8041588$
18) $\quad r = 858{,}4780$ g. Meilen; $\qquad \log r = 2{,}9337291$

nämlich

19) $$r = \sqrt[3]{a^2 b} \; .$$

18.

Anwendung des Fallgesetzes auf andere Himmelskörper.

Betrachten wir die Erde als eine Kugel, ist m ihre Masse, und r ihr Halbmesser, ist ferner p (= f in 16.) die Geschwindigkeit, welche ein freifallender Körper am Ende der ersten Secunde an ihrer Oberfläche erlangt, so findet sich die Geschwindigkeit P, welche ein freifallender Körper am Ende der ersten Secunde an der Oberfläche eines anderen Himmelskörpers erlangt, dessen Masse M und dessen Halbmesser R ist, aus (15. 2.), nämlich:

1) $$P = \frac{p\, r^2}{R^2} \cdot \frac{M}{m}.$$

Setzen wir die Masse der Erde gleich 1, so ist also:

2) $$P = \frac{p\, r^2 \cdot M}{R^2}.$$

19.

Die Centripetalkraft für verschiedene Halbmesser einer Himmelskugel.

Aus (15.) geht hervor, daß man bei einer Himmelskugel von gleichartiger Masse jede der Formeln, in (15.), zwar auf einen Punkt ihrer Oberfläche, also auf den einen Endpunkt eines Halbmessers beziehen kann, nicht aber auf jeden Punkt desselben.

Denn da für jeden andern gedachten Punkt eines Halbmessers eine Anziehung nicht allein nach dem Mittelpunkte hin, sondern, je nach der Nähe dieses Punktes am Mittelpunkte der Kugel selbst, auch eine größere oder kleinere Anziehung in entgegengesetzter Richtung durch die Masse stattfindet, so muß hierdurch die Anziehung nach dem Mittelpunkte hin stets eine um so größere Verminderung erleiden, je näher der gedachte Punkt am Mittelpunkte der Kugel liegt.

Die Centripetalkraft p jedes Punktes des Halbmessers R einer Kugel von der Masse M, dessen Entfernung von dem Mittelpunkte gleich r ist, formulirt sich in dem Ausdrucke:

1) $$p = \frac{r \cdot M}{R^3} {}^*)$$

Für $r = R$ gehe p in P über, so ist:

2) $$P = \frac{M}{R^2},$$

mithin übereinstimmend mit (15. 1.); und für $r = 0$ wird aus 1)

3) $$p = 0.$$

Es erscheint also für alle Punkte der Kugel die Anziehungskraft im Mittelpunkte der Kugel am kleinsten (nämlich gleich Null), während dieselbe mit der Entfernung des Punktes vom Mittelpunkte wächst und sich an der Oberfläche der Kugel als am größten ergiebt.

Bringt man die Formel 1) mit 2) in Verbindung, so folgt:

4) $$P : p = R : r$$

d. h. bei einer Himmelskugel von gleicher Dichte verhalten sich die Centripetalkräfte für verschiedene Punkte der Kugelmasse wie deren Entfernungen vom Mittelpunkt.

---

*) Siehe Laplace: M. d. H. B. II S. 14; daselbst p für A, r für a, R für K geschrieben und $\lambda = 0$ gesetzt.

Die Centrifugalkraft.

20.

Vorbemerkungen.

Unter den Bewegungen, welche den Himmelskörpern zukommen, beobachten wir, außer den Bahnbewegungen, auch eine Umdrehungsbewegung um eine Axe, die wir Rotation nennen und über welche wir nachstehende Sätze anführen wollen:

1) Nach dem allgemeinen Trägheitsgesetze kann sich kein Körper aus sich selbst Bewegung verschaffen, folglich auch keine rotirende. Finden wir daher bei irgend einem Körper eine Umdrehungsbewegung vor, so dürfen wir mit Sicherheit annehmen, daß ihm dieselbe durch eine äußere Kraft mitgetheilt worden ist.

2) Ein fester Körper erhält Rotation um eine Axe durch den Stoß eines anderen Körpers, doch nur, wenn die Richtung des Stoßes nicht durch den Schwerpunkt des gestoßenen Körpers geht. Der stoßende Körper kann hierbei selbst ebensowohl fest wie flüssig sein.

3) Denken wir uns einen festen Körper in Kugelgestalt, allenthalben von einer Flüssigkeit umgeben, welche von dem festen Körper Anziehung erleidet, und welche selbst eine Umdrehungsbewegung hat, so wird sie dieselbe auch dem festen Körper mittheilen, d. h. die feste Kugelmasse wird gleichfalls Umdrehung erhalten.

4) Wir können daher als Ursache der Rotation der Himmelskörper zwei verschiedene Hypothesen aufstellen:

a) Die Himmelskörper erhielten durch den excentrischen Stoß eines andern Himmelskörpers Rotation um eine Axe, oder

b) die Himmelskörper waren von einer flüssigen Masse umgeben, welcher selbst eine rotirende Bewegung inne wohnte, und welche sich nach und nach, in Folge der Anziehung, an den festen Körper anlagerte und hierdurch dessen Rotation verursachte.

Wir werden im Verlaufe unserer Abhandlung diese zweite Hypothese als die wahrscheinlichste darzustellen versuchen.

Was die erste anlangt, so wird sie zwar von den Astronomen als Nothbehelf gebraucht, um die Ursache der Rotation der Himmelskörper zu erklären, in der That aber nicht ernstlich geglaubt. Wir werden sie daher im Nachstehenden nicht besonders in Betracht ziehen.

21.

Die Centrifugalkraft.

Die materiellen Punkte eines rotirenden Körpers streben, je nach Maßgabe der Stärke ihrer Rotation, sich in einer Ebene, welche durch sie auf der Drehungsaxe senkrecht stehend gedacht wird, von dieser Drehungsaxe zu entfernen, und zwar in der Richtung der Tangente des Kreises, den sie bei der Umdrehung beschreiben. Die Kraft, welche diese Bewegung veranlaßt, wird Schwung-, Centrifugal- oder auch Tangentialkraft genannt und ist ein Ausfluß des Beharrungsvermögens. Da sie der Centripetalkraft gerade entgegen wirkt, so vermindert sie dieselbe. — Bei einer sich um eine Axe drehenden Kugel wirkt die Centrifugalkraft auf ihre verschiedenen Punkte in den Ebenen der zu diesen Punkten gehörigen Parallelkreise, wir können daher zu ihrer Erkenntniß auch blos eine Kreisebene in Betracht ziehen.

Wir vermögen übrigens die Schwungkraft, wie die Schwerkraft, nur durch ihre Wirkung auszudrücken und wissen, daß die

Rotation ihre Ursache ist, sowie daß sie fortwährend wirkt, so lange diese besteht. Denken wir uns nun die Sache umgekehrt, nehmen wir an, die Tangentialkraft sei nicht die Wirkung, sondern die Ursache der Axendrehung, diese sei vielmehr die Wirkung; so werden wir zu der Vorstellung gelangen, es seien in den Punkten des Umfanges eines Kreises Kräfte thätig und in der Richtung der Tangenten wirkend, welche den Kreis um seinen festen Mittelpunkt zu drehen versuchen.

In diesem Falle würde die Stärke dieser Kräfte abhängen von der Größe des zu drehenden Kreises, also von dem Halbmesser des Kreises, ferner von der Menge der Kreiselemente, die sie zu drehen haben, also von der Dichte, und endlich von der Zeit, in welcher die Drehung zu vollführen ist. Wir könnten demzufolge einsehen, daß diese Kräfte auf die Peripherie des Kreises, in welcher wir sie uns wirkend denken, einen Druck ausüben, und daß sie mittelst desselben die Punkte des Umfanges, auf die derselbe wirkt, in der Richtung des Drucks von dem Umfange entfernen müssen, wenn die thätigen Kräfte zu groß sind. Weil diese Punkte der Peripherie aber auch durch die Centripetalkraft Anziehung erleiden, so darf zwischen dieser Kraft und der Centrifugalkraft zur Erhaltung der Festigkeit ein gewisses Verhältniß nicht überschritten werden, welches seinerseits von dem Zusammenhange der materiellen Punkte der Kreisebene bestimmt wird.

Zur Versinnlichung der Centrifugalkraft können wir uns anstatt der vorstehenden Betrachtungsweise auch vorstellen, es sei die Kraft nur in einem einzigen Punkte des Umkreises angebracht und verursache die Drehung des Kreises. Oder wir können auch die Kreisfläche selbst als ruhend betrachten und einen Punkt in der Peripherie des Kreises in Bewegung annehmen, und so den Umkreis beschreibend und einen Druck auf ihn ausübend.

Alle diese Vorstellungen werden uns die Centrifugalkraft gleich deutlich veranschaulichen.

22.

Gesetze der Centrifugalkräfte.

1) Ein Punkt, der sich in einer Kugelfläche bewegt, beschreibt die Peripherie eines größten Kreises.
2) Der von einem Punkte durch seine Bewegung in einer Kugelfläche ausgeübte Druck ist gleich dem Quadrate seiner Geschwindigkeit, dividirt durch den Halbmesser.*) Man kann sich hierbei zur Versinnlichung vorstellen, der Punkt sei am Ende eines Fadens ohne Masse befestigt, und das andere Ende des Fadens halte im Mittelpunkte der Kugel fest. Es ist augenscheinlich, daß dann der Druck, welchen dieser Punkt gegen den Umkreis ausübte, der Spannung gleich wäre, welche der Faden erfahren würde, falls der Punkt nur durch ihn zurückgehalten würde. Das Bestreben des Punktes, den Faden zu spannen und sich vom Mittelpunkte des Umkreises zu entfernen, drückt also die Centrifugalkraft aus.

Ist nun der Halbmesser einer Kugel gleich R (ober r) und die Geschwindigkeit ihrer Drehung, oder eines Punktes ihres Aequators, gleich G (ober g), so erhalten wir als Ausdruck für die Centrifugalkraft C (ober c)

3) $\quad C = \dfrac{G^2}{R} \quad$ ober $\quad c = \dfrac{g^2}{r}.$

Beschreibt ein Punkt in der Zeit T (ober t) den Kreis, so ist:

4) $\quad G = \dfrac{2\,R\,\pi}{T} \quad$ ober $\quad g = \dfrac{2\,r\,\pi}{t};$

daher

5) $\quad C = \dfrac{4\,\pi^2}{T^2} \cdot R \quad$ ober $\quad c = \dfrac{4\,\pi^2}{t^2} \cdot r\,.$

---

*) Huygens; auch Laplace: M. b. H. B. I. S. 28.

Hieraus folgt:

6) $$C : c = \frac{R}{T^2} : \frac{r}{t^2}$$

d. h. die Centrifugalkräfte am Aequator verhalten sich bei zwei verschiedenen Kugeln wie ihre Halbmesser, dividirt durch die Quadrate der bezüglichen Umlaufszeiten.

Sind die Umlaufszeiten einander gleich, ist also $T = t$, so folgt:

7) $$C : c = R : r,$$

d. h. für Punkte von gleichen Umlaufszeiten verhalten sich die Centrifugalkräfte wie die Entfernungen dieser Punkte von der Drehungsaxe oder wie ihre Entfernungen vom Mittelpunkte des zu drehenden Kreises.

Aus 4) können wir auch folgern:

8) $$G : g = \frac{R}{T} : \frac{r}{t};$$

oder mit Worten: Es verhalten sich die Geschwindigkeiten, wie die bezüglichen Kugelhalbmesser, dividirt durch die bezüglichen Umlaufszeiten.

Weil für die Punkte eines und desselben Meridians einer Kugel von fester Masse gleiche Umlaufszeiten stattfinden, so kann uns auch, wenn R den Aequator-Halbmesser bedeutet, r, in 7), den Halbmesser eines beliebigen Parallelkreises zur Breite α ausdrücken.

Wir können dann sagen, die Centrifugalkräfte oder die Geschwindigkeiten nehmen im Verhältniß der Halbmesser der Parallelkreise ab, sie sind also am Aequator am größten, werden nach den Polen hin kleiner, und für die Pole selbst besteht, — weil für sie dann wegen $r = 0$ auch $c = 0$ ist, — keine Centrifugalkraft.

Zur Erkenntniß der Centrifugalkraft ziehen wir daher (mit 21) am einfachsten die Aequatorebene in Betracht, und können, wenn wir schlechthin von der Centrifugalkraft eines um eine Axe rotirenden Körpers sprechen, hierunter jedesmal diejenige seines Aequators verstehen.

Die Centrifugalkräfte C und c, in 7), wirken begreiflich in den Ebenen der bezüglichen Parallelkreise. Da nun für die Kugel $r = R \cdot \cos \alpha$ ist, so ist auch

9) $$c = C \cdot \cos \alpha$$

die Kraft, welche auf irgend einen Punkt der Oberfläche einer rotirenden Kugel unter der Breite α **in der Ebene des Parallelkreises** centrifugal einwirkt.

Die Formel 7) ist auch gültig für ein sich um seine Axe drehendes Ellipsoid. Wenn wir A den Aequatorhalbmesser und a den Halbmesser eines Parallelkreises nennen, so ist

10) $$c = C \cdot \frac{a}{A}$$

oder — bedeutet ϱ den Halbmesser eines Ellipsoides zur Breite α, wegen $a = \varrho \cdot \cos \alpha$, auch

11) $$c = \frac{\varrho}{A} \cdot C \cdot \cos \alpha$$

Die Formeln 10) und 11) sind selbstredend sowohl für alle Punkte eines Ellipsoides von fester Masse, wie auch für alle Punkte der Oberfläche eines Ellipsoides von flüssiger Masse von Gültigkeit.

Centralbewegung.

23.

Gleiche Centralbewegung.

Jede krummlinige Bewegung eines Körpers um einen bestimmten Punkt, welche durch die vereinte Thätigkeit der Centripetal- und Centrifugalkraft bewirkt wird, nennen wir Centralbewegung.

Wenn sich ein Körper in einem Kreise zum Mittelpunkte P, Fig. 1, mit gleichbleibender Geschwindigkeit herumbewegt, so würde er vermöge seiner Trägheit in jedem Punkte R des Kreises seine Bewegung nach der Tangente R F fortsetzen, wenn ihn nicht immerfort die Centripetalkraft (P) von dieser geraden Richtung ablenkte und nach dem Mittelpunkte P des Kreises hintriebe. Da aber der bewegte Körper ein beständiges Bestreben äußert, sich vermöge der Centrifugalkraft (C) vom Mittelpunkte zu entfernen, so muß für seine Bewegung in einer Kreislinie auch beständig Gleichheit zwischen Centripetal- und Centrifugalkraft stattfinden. Die Werthe von P und C müssen daher für die Bewegung des Körpers in einem Kreise einander vollkommen gleich sein. Nennen wir das Product aus der Centrifugal- oder auch der Centripetalkraft in den Inhalt des beschriebenen Kreises die Größe der Centralbewegung, so sagen wir: zwei Kreise zu den Halbmessern R und r, deren Centrifugalkräfte C und c, oder deren Centripetalkräfte P und p sind, haben gleiche Centralbewegung, wenn

1) $$CR^2 = cr^2 \quad \text{oder} \quad PR^2 = pr^2$$

ist.

Für gleiche Centralbewegung haben wir daher:

2) $\qquad P : p = r^2 : R^2$

3) $\qquad C : c = r^2 : R^2$

4) $\qquad P : p = C : c.$

24.

Die Centrifugalkraft im Vergleiche zur Centripetalkraft für einen beliebigen Breitegrad.

Da bei der Rotation eines Körpers die Anziehungskraft durch die Centrifugalkraft eine Verminderung erleidet, so muß auch diese von jener abgezogen werden, um die wirkliche Einwirkung der Schwere für einen gegebenen Punkt zu erhalten. Bezeichnet demnach p die Centripetalkraft für irgend einen Punkt der Oberfläche eines Himmelskörpers, der sich um eine Axe dreht, p' aber die Centripetalkraft für denselben Punkt, wenn dem Körper die Axendrehung mangelte, und ist c' die Centrifugalkraft für den betreffenden Punkt, so werden wir haben:

1) $\qquad p = p' - c'.$

Nach Formel (22. 9) wirkt die Centrifugalkraft c in der Ebene eines Parallelkreises zur Breite α (wenn C die Centrifugalkraft unter dem Aequator bedeutet), mit einer Kraft, welche ausgedrückt wird durch

2) $\qquad c = C \cdot \cos \alpha.$

Nun werden aber die Punkte eines Parallelkreises nicht in der Richtung seiner Ebene angezogen, sondern in der Richtung nach dem Mittelpunkte der Kugel. Mithin wirkt hier auch nicht die volle Centrifugalkraft der Schwere entgegen. Die Richtungen beider Kräfte bilden vielmehr einen Winkel, der dem Breitegrade α entspricht. Es ergiebt sich daher bei der Kräftezerlegung ein rechtwinkeliges Dreieck, dessen einer spitze Winkel α ist, so daß wir um die der Schwere entgegenwirkende Centrifugalkraft c' zu erhalten, die in der Ebene des Parallelkreises thätige Centrifugalkraft c mit cos α zu multipliciren haben.

Hiernach ist also die Kraft, welche die Schwere in irgend einem Punkte der Oberfläche einer Kugel vermindert

3) $$c' = c \cdot \cos \alpha = C \cdot \cos^2 \alpha,$$

d. h. wir haben die Centrifugalkraft C des Aequators mit dem Quadrate des Cosinus der Breite des Punktes zu multipliciren, um diejenige zu erhalten, welche der Schwere unter dieser Breite entgegenwirkt.

In gleicher Weise erhalten wir bei einem sich um seine Axe drehenden Ellipsoide, wenn der Aequatorhalbmesser A, der Halbmesser eines Parallelkreises a, und die diesem entsprechende (wahre) Breite α ist, nach (22. 10.)

4) $$c' = c \cdot \cos \alpha = \frac{a}{A} \cdot C \cdot \cos \alpha.$$

Bezeichnet ϱ den Halbmesser des Ellipsoides für die Breite α, so wird, weil $\cos \alpha = \frac{a}{\varrho}$ ist:

5) $$c' = \frac{\varrho}{A} \cdot C \cdot \cos \alpha^2 = \frac{a^2}{\varrho \cdot A} \cdot C.$$

25.

Fortsetzung.

Es sei für irgend einen Punkt P der Oberfläche eines nichtrotirenden Himmelskörpers zum Mittelpunkte M die Centripetalkraft p'. Der Himmelskörper erhalte nunmehr Rotation und es sei dann für denselben Punkt die Centripetalkraft p; die in der Ebene des Parallelkreises, für welche P ein Punkt der Peripherie ist, wirkende Centrifugalkraft sei c, die in der Richtung PM wirkende Centrifugalkraft aber sei c′, so haben wir, nach (24. 1.), p′ um c′ zu vermindern, um p zu erhalten. Prüfen wir indessen, ob wir einen Fehler (c — c′) begehen, wenn wir, anstatt c′ von p′ abzuziehen, p′ um c verkleinern.

Es ergiebt sich, aus (22. 10 u. 24. 5.) alsbald:

1) $$c - c' = \frac{a}{A} \cdot C \left(1 - \frac{a}{\varrho}\right),$$

und es folgt: Sowohl für $a = \varrho$ als auch für $a = 0$ wird:

2) $$c - c' = 0.$$

Es fallen aber, für $a = \varrho$, beide Größen a und ϱ mit dem Aequatorhalbmesser A, und, für $a = 0$, der Halbmesser ϱ mit der halben Rotationsaxe B zusammen.

Indem wir daher für diese Fälle die Punkte des Aequators und die beiden Pole in Betracht ziehen, so ergiebt sich für den Aequatorhalbmesser und die Rotationsaxe allerdings kein Fehler. Denn es erleidet das Verhältniß der halben Rotationsaxe zum Aequatorhalbmesser (durch die Verminderung der Anziehung p um die Größe c anstatt c′) keine Aenderung.

Für alle übrigen Punkte der Oberfläche des Ellipsoides wird sich aber ein Fehler ergeben. — Differenzirt man den Ausdruck in 1) und setzt dann $da = 0$, so findet sich das Maximum des Fehlers für $\varrho = 2a$, also für einen Breitewinkel $\alpha = 60°$.

Für diesen Fall ist alsdann:

3) $$c - c' = \frac{1}{2} \cdot \frac{a}{A} \cdot C.$$

Es geht hieraus hervor, daß man durch die Verminderung der Anziehung p eines jeden Punktes eines sich um eine Axe drehenden Ellipsoides, um die Größe c anstatt c′, einen Fehler begeht, der für den 60. Breitegrad am größten ist, von da aus aber, sowohl nach dem Aequator wie nach dem Pole hin, beständig abnimmt.

26.

Die Centripetalkraft unter dem Erdäquator, wenn keine Rotation der Erde stattfände.

Da die Centrifugalkraft c die Geschwindigkeit f (16.) eines freifallenden Körpers vermindert, so haben wir sie für jeden Breitegrad an der Oberfläche der Erde besonders zu bestimmen und der wirklichen Fallgeschwindigkeit zuzuzählen, um diejenige Fallgeschwindigkeit zu erhalten, die ohne die Rotation der Erde stattfinden müßte.

Bemerken wir, daß die wahre Rotationszeit der Erde 23st 56' 4", 091 beträgt, also

1) $t = 86164",091$ $\log t = 4,9353263$

ist, so berechnet sich die Centrifugalkraft c für den Erdäquator, nach (22. 5.), indem wir daselbst a für r schreiben:

$\log 4\pi^2 = 1,5963596$

$\log a = 6,8046435$ (17. 13.)

           $8,4010031$

$\log t^2 = 9,8706526$

2) $\log c = 0,5303505 - 2; \quad c = 0,033914$ Meter

Es ist, nach (17. 1.) $f_0 = 9,7808$ „

3) daher Anziehungskraft unter dem Aequator ohne Rotation der Erde $p_0 = 9,8147$ „

27.

Bestimmung des Breitegrades für den Halbmesser des Erdellipsoides, der dem Halbmesser einer Kugel gleich ist, welche mit der Erde gleichen Inhalt hat.

Denken wir uns bei dem Erdellipsoide den Halbmesser r der Kugel, welche mit ihm gleichen Inhalt hat, gezogen und bezeichnen wir den Winkel, welchen derselbe mit der Aequatorebene bildet, mit α, so finden sich mit Hülfe der bekannten Gleichung der

Ellipse, deren große Axe a und deren kleine b ist, wenn x die Abscissen und y die Ordinaten ausdrücken, nämlich aus:

1) $\quad y^2 = \dfrac{b^2}{a^2}(a^2 - x^2) \quad$ und aus: $\quad \begin{cases} r^2 = x^2 + y^2 \\ r^3 = a^2 b \end{cases}$

die Gleichungen:

2) $\sin\alpha = \dfrac{b}{r} \sqrt{\dfrac{(a+r)(a-r)}{(a+b)(a-b)}}, \quad \cos\alpha = \dfrac{a}{r} \cdot \sqrt{\dfrac{(r+b)(r-b)}{(a+b)(a-b)}}$

Führt man in sie die numerischen Werthe aus (17) ein, so ergiebt sich:

3) $\quad \log\sin\alpha = 9{,}7609310; \quad \log\cos\alpha = 9{,}9122080$

4) $\quad\quad\quad \alpha = 35^\circ\, 13'\, 1'',2.$

Nach dieser Rechnung werden wir annehmen dürfen, daß die Centripetalkraft unter diesem Breitegrade derjenigen einer Kugel sehr nahe komme, welche mit der Erde gleichen Inhalt und Dichte hat.

28.

Fallgeschwindigkeit an der Oberfläche einer Kugel, welche mit der Erde gleichen Inhalt und gleiche Dichte hat.

Wenden wir nun den Satz (24. 3.) auf die in (27.) gefundene Breite α an, um die Centripetalkraft p_α für dieselbe zu ermitteln, wenn keine Rotation des Erdkörpers stattfände.

Für die Geschwindigkeit f_α eines Körpers am Ende der ersten Secunde ergiebt sich leicht durch Interpolation (aus 17. zwischen 2. und 3.) für diesen Breitegrad der Werth 9,7975 Meter, daher erhalten wir:

$\log\ C\ = 0{,}5303500 - 2 \quad$ (26. 2.), daselbst C für c geschrieben.
$\log\cos^2\alpha = \underline{0{,}8244160 - 1} \quad$ (27. 3.)
$\quad\log\ c' = 0{,}3547660 - 2; \quad\quad c' = 0{,}0226$ Meter.

Es ist:

1) also: $\quad \begin{cases} f_\alpha = 9{,}7975 \quad '' \\ \overline{p_\alpha = 9{,}8201} \quad '' \\ \log p_\alpha = 0{,}9921159 \end{cases}$

Bedeutet aber p_a nicht die Geschwindigkeit, sondern den Fallraum am Ende der ersten Secunde, so ist

2) $\quad\begin{cases} p_a = 4{,}91005 \text{ Meter,} \\ \log p_a = 0{,}6910859 \end{cases}$

29.

Anziehungskraft der Himmelskörper.

Wir sind hiernach in den Stand gesetzt, den constanten Factor pr^2 ($= h$ oder h, gesetzt) in Formel (18. 2.) numerisch zu bestimmen, wenn wir daselbst p_a für p schreiben.

Wir erhalten dann zur Ermittelung der Fallgeschwindigkeit P am Ende der ersten Secunde für einen Körper, der durch eine Himmelskugel von der Masse M Anziehung erleidet, und dessen Entfernung von ihrem Mittelpunkte gleich R ist, — nachstehende Rechnung.

1) $\begin{array}{l} \log p = \log p_a = 0{,}9921159 \ (28.1.) \\ \log r^2 = 5{,}8674582 \ (17.18.) \\ \begin{cases} \log h = 6{,}8595741 \\ h = 7237258 \end{cases} \end{array}$ $\quad\begin{array}{l} \log h = 6{,}8595741 \\ \log (1 \text{ M. in } \underline{\text{M.}}) = 3{,}8704297 \\ \log h, = 2{,}9891444 \\ h, = 975{,}3136 \end{array}$

Also ist die Fallgeschwindigkeit am Ende der ersten Secunde

in Metern $\qquad\qquad$ in g. Meilen

2) $\quad P = \dfrac{hM}{R^2} \qquad\qquad P = \dfrac{h,M}{R^2}.$

Bedeutet dagegen p den Fallraum und bezeichnen wir den constanten Factor pr^2 mit $\mathfrak{h}$ und beziehungsweise $\mathfrak{h},$, so ist:

3) $\quad\begin{cases} \mathfrak{h} = 3618629 \\ \log \mathfrak{h} = 6{,}5585441 \end{cases} \quad\begin{array}{l} \mathfrak{h}, = 487{,}6568 \\ \log \mathfrak{h}, = 2{,}6881144 \end{array}$

nämlich der Fallraum am Ende der ersten Secunde

4) $\quad P = \dfrac{\mathfrak{h} M}{R^2} \quad \Big| \quad P = \dfrac{\mathfrak{h}, M}{R^2}$

in Metern. $\quad\quad$ in g. Meilen.

30.

Das dritte Keppler'sche Gesetz.

Nach dem dritten Keppler'schen Gesetze verhalten sich bekanntlich bei den Planeten (sowie ihren Satelliten) die Quadrate ihrer Umlaufszeiten wie die Würfel ihrer mittleren Entfernungen.

Bezeichnen nämlich T und t die Umlaufszeiten, R und r die Entfernungen, so ist:

1) $\quad T^2 : t^2 = R^3 : r^3.$

Nun folgt, aus (22. 5.)

2) $\quad T^2 : t^2 = \dfrac{R}{C} : \dfrac{r}{c}$

daher ist auch:

3) $\quad R^3 : r^3 = \dfrac{R}{C} : \dfrac{r}{c}$

oder

4) $\quad C : c = r^2 : R^2.$

Für die Planeten (und ihre Satelliten) findet also, nach (23. 3.), gleiche Centralbewegung statt.

Drücken wir die Centrifugalkräfte C und c durch die bezüglichen Geschwindigkeiten G und g aus, so ergiebt sich, aus (4) u. 22. 3.)

5) $\quad G : g = \sqrt{r} : \sqrt{R}.$

Wenn wir von der Rotation der Planeten um ihre Axen absehen und denselben eine Bewegung um die Sonne in derselben Weise wie dem Monde um die Erde beimessen, nämlich indem sie dem Hauptkörper wie jener immer dieselbe Seite zukehren, so bewegen sich dann alle ihre Elemente nach dem Gesetze in 1). Es liegt daher der Gedanke nahe, daß sich ihre Elemente schon vor erhaltener Rotation nach diesem Gesetze bewegt haben.

Da wir uns nun nach der Laplace'schen Hypothese alle Planeten in einer längstvergangenen Zeit in aufgelockertem, ihre ganzen Bahnen erfüllenden und einen einzigen Körper bildenden, Zustande vorstellen, und alle Ursache haben, diesen aufgelockerten Körper als ein sich um seine kleine Axe drehendes Ellipsoid zu betrachten, so werden wir annehmen dürfen, daß auch für die Elemente dieses Ellipsoides in der Aequatorebene bereits gleiche Centralbewegung stattfand, oder daß sie nach dem Keppler'schen Gesetze ihre Umläufe vollzogen.

Da gleiche Wirkungen auf gleiche Ursachen zurückzuführen sind, so müssen wir unterstellen, daß eine und dieselbe Ursache allen Elementen dieses Ellipsoides eine Bewegung um die gemeinschaftliche Axe mitgetheilt habe.

31.
Gleiche Centralbewegungen sind auf gleiche Ursachen zurückzuführen.

Um uns, im Hinblicke auf den Schlußsatz von (30) eine solche gemeinschaftliche Ursache zur Vorstellung zu bringen, wollen wir annehmen, es sei die Masse des in Betracht gezogenen Ellipsoides von höchst lockerer Materie und mit verdichtetem Kerne, v o r erhaltener Rotation (also in der Gestalt der Kugel) mit einem anderen Ellipsoide, von gleichfalls höchst lockerer Materie aber pericentrischer Verdichtung, dem bereits eine Rotation innewohnte, — in der Weise in Contact gerathen, daß irgend ein Durchmesser der Kugel Tangente an den Aequator dieses Ellipsoides geworden sei.

Wir werden dann einsehen, daß der zweite (rotirende) Körper dem ersteren gleichfalls eine Drehung um den fraglichen Durchmesser mittheilen mußte. In Folge dieser Drehung aber mußte auch die Nebelkugel in die Gestalt eines Ellipsoides übergehen, sich mithin die Aequatorebene desselben vergrößern, und der in Rede stehende Durchmesser als Rotationsare verkleinern.

Hierbei wäre zunächst das Verhalten der Aequatorebene in Betracht zu ziehen.

Denken wir uns zu dem Ende, es griffe eine aus leicht verschiebbaren Elementen von ungemein geringer Dichte bestehende Kreisebene zum Mittelpunkte P, Fig. 2, in eine andere ebenfalls aus leicht verschiebbaren und ungemein lockeren Elementen bestehende Kreisebene zum Mittelpunkte S, welche bereits Rotation um ihren festen Mittelpunkt habe, ein, und es läge hierbei der Mittelpunkt P in der Peripherie Z W der rotirenden Kreisebene S, so ist unverkennbar, daß die rotirende Kreisebene der nicht rotirenden das Bestreben zu rotiren mittheilen werde. Wird hierbei der Halbmesser des Kreises S ungemein groß gegen den Halbmesser des Kreises P gedacht, so ist ersichtlich, daß die Elemente des letzteren von denen des ersteren in gleicher Stärke und in parallelen Richtungen angegriffen werden. Es muß dann, wenn wir den Kreis S sich um seinen festen Mittelpunkt von W nach Z gedreht vorstellen und uns zugleich den Mittelpunkt des Kreises P als fest denken, die Drehung des Kreises P von w über R nach z erfolgen. Die entgegengesetzte Drehung von z über R nach w aber müßte sich ergeben, wenn wir den Kreis S als unbeweglich annehmen, und den Kreis P sich mit seinem Mittelpunkte von W nach Z bewegen lassen. Dasselbe Ergebniß würde stattfinden, wenn wir für den Kreis S eine Rotationsbewegung annehmen, die aber nach ihrem Umfange hin kleiner sei wie die Bahnbewegung des Kreises P.

Wir können dann auch annehmen, daß der Kreis S stillstehe, und der Kreis P sich mit der Differenz ihrer Geschwindigkeiten an ihm abrolle. —

Machen wir letzteren Fall nun zu unserer Voraussetzung:

Es wird dann einleuchten, daß wir einen Theil Z W W 3 des in Betracht kommenden Ringes des Kreises S als einen Parallelstreifen ansehen dürfen, dessen Elemente von der halben Kreisfläche des Kreises P durchzogen werden. Die Elemente der letzteren erhalten Anstoß in der Richtung von r nach q, parallel mit P W, d. h. sie erhalten das Bestreben, sich in der Richtung r q von ihrem Mittelpunkte P zu entfernen. Die Anziehung des Mittelpunktes wird diesem Anstoße indessen entgegenwirken und denselben nicht vollkommen zur Ausübung gelangen lassen.

Aber den contingirten Elementen des Halbkreises P R wird doch die Neigung mitgetheilt werden, sich um den Mittelpunkt P zu bewegen; sie werden hierdurch auf die nicht contingirten des Halbkreises P R durch Druck einwirken, und diese ebenfalls in Contact mit dem Parallelstreifen bringen. Bei diesem Vorgange muß sich die ursprüngliche Kreisfläche zum Mittelpunkte P erweitern, d. h. sich ihr Halbmesser vergrößern.

Es ist begreiflich, daß zu Anfang des Vorganges, und ehe noch alle Elemente des Kreises P den Impuls zur Bewegung um ihren Mittelpunkt erhalten haben, die Kreisfläche ihre Kreisgestalt verlieren und eine unregelmäßige Begrenzung erhalten wird, bis dann nach und nach allen Elementen das Bestreben zur Drehung um den Mittelpunkt P beigebracht ist, und sich wieder ein Zustand von Regelmäßigkeit für den gedrehten Kreis herstellt.

Da wir den Elementen des Parallelstreifens Z W W 3 relativ eine Bewegung nicht beimessen, so müssen wir die Möglichkeit annehmen, daß durch die in Folge der erhaltenen Drehung des Kreises P entstandene Centrifugalkraft, bei seinem Austritt aus dem Parallelstreifen in w, Elemente des letzteren abgerissen und in der, auf der Peripherie Z W senkrechten, Richtung w k abgeschleudert werden.

32.

Fortsetzung.

Unterstellen wir vorerst, es fände keine Ausdehnung der Elemente des Kreises P durch den Parallelstreifen statt und ziehen hierbei seinen Halbmesser (R P =) R, der ein Theil der Centrale P S ist, in Betracht, so wird für eine sehr kleine Zeiteinheit der

Punkt R der Peripherie durch den Widerstand, den er durch den Punkt R des Parallelstreifens erleidet, das Bestreben erhalten, den Weg (R N =) G zurückzulegen. Setzen wir nun voraus, die Anziehungskraft des Mittelpunktes, welche diesem Bestreben entgegenwirkt, hätte ihn in der Peripherie des Kreises erhalten und nach M gebracht, so würde dasselbe analog mit einem anderen Punkte r des Halbmessers R stattfinden müssen. Ihm wird durch den Punkt r des Parallelstreifens das gleiche Bestreben mitgetheilt, in derselben Zeiteinheit den Weg (r n = R N) = G zurückzulegen; die entgegenwirkende Anziehungskraft des Mittelpunktes aber würde ihn nach m bringen. Stehen nun M U und m u senkrecht auf dem Halbmesser R, so bezeichnen R U und r u die Sinusversus der Bögen R M und r m, und zugleich die Centripetalkräfte P und p.

Wir haben also, weil sich die Sinus versus sehr kleiner Winkel für gleiche Kreise wie die Quadrate der zugehörigen Bögen verhalten, wir aber hier Kreise von verschiedenen Halbmessern in Betracht ziehen, folgende Formeln:

1) $$\frac{(RU)}{R} : \frac{(ru)}{r} = \frac{(RM)^2}{R^2} : \frac{(rm)^2}{r^2},$$

d. h.

2) $$P : p = \frac{(RM)^2}{R} : \frac{(rm)^2}{r};$$

oder, weil (R M) = (r m) = G ist:

3) $$P : p = \frac{G}{R} : \frac{G}{r};$$

es würde sich also verhalten:

4) $$P : p = \frac{1}{R} : \frac{1}{r}.$$

Wir ersehen aus 3), daß, wären unsere Annahmen richtig, in Bezug auf den Kreis zum Halbmesser R, von der Kraft G der Theil $\frac{G}{R}$ und, in Bezug auf den Kreis zum Halbmesser r, von derselben Kraft G der Theil $\frac{G}{r}$ in Wirkung kommen würde.

Da aber, vermöge (15. 3.) die Proportion 4) nicht stattfinden kann, so ist ersichtlich, daß weder der Punkt R nach M, noch r nach m rücken können, sondern nur nach Punkten, die außerhalb der Peripherie der bezüglichen Kreise liegen. Es ist daher auch die Annahme, daß keine Ausdehnung der Elemente des Kreises P stattfände, eine unmögliche.

Da aber eine solche doch stattfindet, so kann sie, der gleichen widerstehenden Kräfte wegen, ebenfalls nur eine gleichmäßige sein und muß daher im Verhältniß der Halbmesser stehen.

Dann kommen aber auch für den Halbmesser R von der Kraft G der Theil $\frac{G}{R^2}$, und für den Halbmesser r von derselben Kraft G der Theil $\frac{G}{r^2}$ in Wirksamkeit.

Wir erhalten daher:

5) $$P : p = \frac{G}{R^2} : \frac{G}{r^2}$$

oder

6) $$P : p = \frac{1}{R^2} : \frac{1}{r^2}$$

d. h., im Hinblicke auf (23. 2.), gleiche Centralbewegung für alle Punkte des gedrehten Kreises.

33.

Fortsetzung.

1) Die Betrachtung, welche wir hier für die Aequatorebene der gedrehten lockeren Kugelmasse anstellten, können wir ebenso auf jede Parallelkreisebene, und zwar mit demselben Erfolge ausdehnen, woraus sich ergiebt, daß die Peripherien aller dieser Kreisebenen, nämlich alle Punkte der Kugeloberfläche,

also auch alle Punkte eines und desselben Meridians, gleichzeitige Umdrehung erhalten.

Bezüglich der Meridiane eines Ellipsoides von ungemein dünner Masse finden wir also dasselbe Verhalten, wie bei den Meridianen einer Kugel von fester Masse (22.)

2) Wir wollen noch erwähnen, daß die Drehung eines gleichartig flüssigen Körpers durch einen andern, in der betrachteten Weise offenbar nur dann stattzufinden vermag, wenn beide Körper von sehr geringer Dichte sind, und die Zwischenräume des einen Körpers die Durchlassung der Theile des andern gestatten. Auf gleichartige flüssige Körper, wenn sie schon verdichtet sind, kann demnach obige Betrachtung überhaupt keine Anwendung finden.

3) Wird, in 31., der Halbmesser des Kreises zum Mittelpunkte S in Bezug auf den Halbmesser des Kreises zum Mittelpunkte P nicht ungemein groß gedacht, und bestünde außerdem für die Rotation des ersteren Kreises selbst das Keppler'sche Gesetz, so könnten auch nicht alle Punkte des letzteren Kreises als von einer und derselben Ursache in Bewegung gesetzt gedacht werden. Es würde in diesem Falle den Punkten des Kreises S, je näher sie sich am Mittelpunkte S befinden, eine desto größere, und umgekehrt, je näher sie ihrer Peripherie liegen, eine desto geringere Kreisbewegung zukommen müssen.

Unterstellen wir nun für den Kreis P, dessen Mittelpunkt sich in der Peripherie des Kreises S bewegt, eine schnellere Bahnbewegung wie die Kreisbewegung, die jedem Punkte dieser Peripherie selbst zukommt, so werden zwar die Punkte in der Nähe des Mittelpunktes P eine Bewegung von z über R nach w erhalten und für einen bestimmten Halbmesser als von gleichen Kräften oder gleichen Ursachen in Bewegung gesetzt betrachtet werden können. Ueber diesen Halbmesser aber hinaus werden die Bewegungen der Elemente des Kreises S zunehmen und die Bahnbewegung des Kreises P übersteigen. Es wird dann von hier aus eine Drehung der Elemente des Kreises P in entgegengesetzter Richtung stattfinden müssen.

Wir können uns hiernach den Kreis P zerlegt denken

1) in eine Kreisscheibe zum Mittelpunkte P, (deren Halbmesser im Vergleiche zu dem Halbmesser des Kreises S als ungemein klein betrachtet werden kann, — deren Punkte also auch von gleichen Kräften oder Ursachen in Bewegung gesetzt sind, und nach dem Keppler'schen Gesetze rotiren) und

2) in einen Ring zum Mittelpunkte P (dessen Punkte verschiebene Kräfte oder Ursachen bewegen und mit der Kreisscheibe entgegengesetzt rotiren).

Die Kreisscheibe aber zum Mittelpunkte P wird allein so rotiren, als wären alle Punkte des Kreises zum Mittelpunkte P von gleichen Ursachen in Bewegung gesetzt, d. h. ihre Elemente werden gleiche Centralbewegungen haben.

V.

Das sich um eine Axe drehende Ellipsoid
von
gleichartiger flüssiger Masse.

34.

Vorbemerkungen.

Es kann zweckmäßig erscheinen, in die Gleichung der Ellipse, anstatt einer der Axen, das Verhältniß ihrer Excentricität zur kleinen Axe einzuführen.

Bezeichnen zu dem Ende A die halbe große, und B die halbe kleine Axe einer Ellipse, so sind, für rechtwinkelige Coordinaten aus dem Mittelpunkte und für Abscissen x und Ordinaten y, die bekannten Gleichungen.

1) $\quad y^2 = \dfrac{B^2}{A^2}(A^2 - x^2); \qquad x^2 = \dfrac{A^2}{B^2}(B^2 - y^2).$

Ist E die Excentricität der Ellipse, so ist

2) $\quad E^2 = A^2 - B^2.$ Es ist aber: $\dfrac{A^2}{B^2} = 1 + \dfrac{A^2 - B^2}{B^2};$

also auch

3) $\quad \dfrac{A^2}{B^2} = 1 + \dfrac{E^2}{B^2},$ oder $\dfrac{A}{B} = \sqrt{1 + \dfrac{E^2}{B^2}}.$

Bezeichnen wir das Verhältniß $\frac{E}{B}$ der Excentricität zur halben kleinen Axe mit λ, so wird:

4) $\quad A = B \cdot \sqrt{1 + \lambda^2}$; und $B = \dfrac{A}{\sqrt{1+\lambda^2}}$.

Führen wir den Werth von B in die Gleichungen 1) ein, so erhalten wir:

5) $\quad y^2 = \dfrac{A^2 - x^2}{1 + \lambda^2}$; $x^2 = A^2 - y^2 (1 + \lambda^2)$.

Bezeichnen x, y, z die rechtwinkeligen Coordinaten eines Ellipsoides (zur großen Halbaxe A und zur kleinen Halbaxe B) vom Mittelpunkt aus, und y die zur kleinen Axe parallelen Ordinaten, so ist die bekannte Gleichung der Oberfläche:

6) $\quad y^2 = \dfrac{B^2}{A^2} (A^2 - (x^2 + z^2))$.

Substituiren wir für A seinen Werth aus 4), so wird:

7) $\quad y^2 + \dfrac{x^2 + z^2}{1 + \lambda^2} = B^2$.

35.

Auszug aus Laplace: Mechanik des Himmels.

Es seien für ein sich um seine Axe drehendes Ellipsoid von flüssiger Masse zum Aequatorhalbmesser A und zur halben Rotationsaxe B (nach Formel (34. 4.) $A = B\sqrt{1 + \lambda^2}$ gedacht) die Aequatorebene und zwei, senkrecht auf einander stehende, durch die Rotationsaxe gelegte Ebenen die Coordinatenebenen; der Mittelpunkt des Ellipsoides sei der Anfangspunkt der Coordinaten. α, β, γ bezeichnen die Coordinaten irgend eines seiner Punkte (α parallel mit der Rotationsaxe, β und γ parallel mit der Aequatorebene· die beiden letzteren also in der durch den Punkt gelegten Parallelkreisebene liegend gedacht).

Ferner seien c die Centrifugalkraft des gedachten Punktes, zerlegt, parallel mit den Coordinaten, in die Kräfte P, Q, R, und p die Centripetalkraft desselben, zerlegt, ebenfalls parallel mit den Coordinaten, in die Kräfte P', Q', R'. Dann ist, wenn außerdem M die Masse des Ellipsoides bezeichnet, nach Laplace (M. d. H. B. II S. 14.):

1) $$P' = \alpha \cdot \frac{M}{B^3} \cdot \frac{3}{\lambda^3} (\lambda - \text{arc tg } \lambda);$$

2) $$Q' = \beta \cdot \frac{M}{B^3} \cdot \frac{3}{2\lambda^3} (\text{arc tg } \lambda - \frac{\lambda}{1+\lambda^2});$$

3) $$R' = \gamma \cdot \frac{M}{B^3} \cdot \frac{3}{2\lambda^3} (\text{arc tg } \lambda - \frac{\lambda}{1+\lambda^2});$$

und

4) $$p = \sqrt{P'^2 + Q'^2 + R'^2}.$$

Diese Formeln von Laplace beziehen sich auf ein Ellipsoid von durchaus gleichartiger flüssiger Masse, welches Umdrehung um eine Axe hat. Laplace zog übrigens bei ihrer Entwickelung eine bereits verdichtete Flüssigkeit in Betracht, deren Verhalten in vieler Beziehung demjenigen einer festen Masse gleichkommt. Er nimmt namentlich an, daß die Bewegung im Innern des Ellipsoides wie bei einer festen Masse erfolge, daß also die Geschwindigkeiten der Punkte im Innern sich wie ihre Entfernungen vom Mittelpunkte verhalten.

Wir werden finden, daß die von uns beurtheilten Ellipsoide hiermit nicht zusammentreffen, da wir bei ihnen eine ungemein geringe Dichtigkeit bei sehr verdichtetem Kerne voraussetzen, und wenn wir nichts desto weniger den Ausdruck „gleichartige flüssige Masse" beibehalten, so werden wir ihn doch stets nur auf eine Materie von außerordentlich geringer Dichtigkeit beziehen.

Obige Formeln können daher für uns nur dann in Betracht kommen, wenn wir sie entweder auf die Oberfläche unserer Ellipsoide beziehen, oder wenn wir Massen von durchaus gleicher Dichte, also ohne dichteren Kern, in Betracht nehmen.

36.

Fortsetzung.

Laplace verfährt nun, um bei einem sich um eine Axe drehenden Ellipsoide von flüssiger Masse einen Grenzwerth für λ zu erhalten (M. d. H. B. II, S. 61 u. ff.) in folgender Weise:

Bezeichnen wie in (35.) α, β, γ die drei rechtwinkeligen Coordinaten irgend eines Punktes der Oberfläche einer gleichartigen flüssigen Masse, welche eine Umbrehungsbewegung hat; P, Q, R die Kräfte, welche auf diesen Punkt parallel mit den Coordinaten wirken, so ist die Gleichung des Gleichgewichts:

1) $$0 = P \cdot d\alpha + Q \cdot d\beta + R \cdot d\gamma$$

Vergleicht man nun bei Bestimmung der Größen P, Q, R diese Gleichung des Gleichgewichts mit der Differentialgleichung der Oberfläche des Ellipsoides, so wird die erhaltene Gleichung dem Gleichgewichte mit der elliptischen Hypothese Genüge thun.

Die Gleichung für die Oberfläche des Ellipsoides ergiebt sich aus (34. 7.), wenn man daselbst α für x, β für x, und γ für z schreibt. Setzt man weiter die Masse M gleich dem Producte aus dem Inhalte des Ellipsoides in seine Dichte D, nämlich $M = \tfrac{4}{3} A^2 B \pi \cdot D$, und drückt, nach (34. 4.), A durch B und λ aus, so wird man erhalten:

2) $$M = \tfrac{4}{3} B^3 (1 + \lambda^2) \cdot \pi D.$$

Führt man diesen Werth von M in die Gleichungen (35. 1.—3.) ein, so ergeben sich als Coordinaten-Gleichungen der Anziehung:

3) $$P' = \alpha \cdot \frac{4\pi D \cdot (1 + \lambda^2)[\lambda - \operatorname{arc\,tg}\lambda]}{\lambda^3};$$

4) $$Q' = \beta \cdot \frac{4\pi D \cdot [(1 + \lambda^2) \cdot \operatorname{arc\,tg}\lambda - \lambda]}{2\lambda^3};$$

5) $$R' = \gamma \cdot \frac{4\pi D \cdot [(1 + \lambda^2) \cdot \operatorname{arc\,tg}\lambda - \lambda]}{2\lambda^3}.$$

Schreibt man zur Abkürzung:

6) $\quad P' = \alpha . P''; \quad Q' = \beta . Q''; \quad R' = \gamma . R'',$

und nimmt man nur auf die Anziehung der flüssigen Masse Rücksicht, so hat man:

7) $\quad P = \alpha . P''; \quad Q = \beta . Q''; \quad R = \gamma . R'' = \gamma . Q''.$

„Nennt man $\mathfrak{c}$ die Centrifugalkraft in der Entfernung 1 „von der Umdrehungsaxe, so wird diese Kraft in der Entfernung „$\sqrt{\beta^2 + \gamma^2}$ von derselben Axe, gleich $\mathfrak{c} . \sqrt{\beta^2 + \gamma^2}$ sein: zer= „legt man sie parallel mit den Coordinaten β und γ, so wird „daraus in Q das Glied $- \mathfrak{c} \beta$, in R das Glied $- \mathfrak{c} \gamma$ ent= „stehen; man erhält so, wenn man auf alle Kräfte, welche auf „die Theilchen der Oberfläche wirken, Rücksicht nimmt

8) $\quad P = \alpha . P''; \quad Q = \beta (Q'' - \mathfrak{c}); \quad R = \gamma (Q'' - \mathfrak{c}),$

„die vorhergehende Gleichung des Gleichgewichts 1) wird also:

9) $\quad 0 = \alpha . d\alpha + \dfrac{Q'' - \mathfrak{c}}{P''} (\beta . d\beta + \gamma . d\gamma).$

Die Differentialgleichung der Oberfläche des Ellipsoides ist:

10) $\quad 0 = \alpha . d\alpha + \dfrac{\beta . d\beta + \gamma . d\gamma}{1 + \lambda^2}.$

Die Vergleichung von 9) und 10) liefert:

11) $\quad P'' = (Q'' - \mathfrak{c})(1 + \lambda^2).$

Stellt man von P'' und Q'' die Werthe her, so erhält man:

12) $\quad 0 = \dfrac{9\lambda + 2 \cdot \dfrac{\mathfrak{c}}{\frac{4}{3}\pi D} \cdot \lambda^3}{9 + 3\lambda^2} - \text{arc tg } \lambda$

oder

13) $\quad \dfrac{\mathfrak{c}}{\frac{4}{3}\pi D} = q$

gesetzt:

14) $\quad 0 = \dfrac{9\lambda + 2q\lambda^3}{9 + 3\lambda^2} - \text{arc tg } \lambda.$

37.

Fortsetzung.

Wir wollen das, was Laplace über diese Formel, insbesondere die Werthe von λ und q sagt, möglichst wortgetreu hier folgen lassen:

„Bestimmt man nun λ durch diese Gleichung (sagt Laplace „Band II, S. 63), welche von den Coordinaten α, β, γ un„abhängig ist; so wird man die Gleichung des Gleichgewichts „mit der Oberfläche des Sphäroids in Uebereinstimmung „bringen.

„Es folgt hieraus, daß die elliptische Figur dem Gleich„gewichte Genüge thut, wenigstens dann, wenn die Umdrehungs„bewegung so beschaffen ist, daß der Werth von λ^2 nicht un„möglich ist, oder daß er, wenn er negativ ist, weder gleich „noch größer als die Einheit ist.

„Der Fall, wenn λ^2 unmöglich ist, würde einen unmög„lichen Körper geben; der Fall, wenn $\lambda^2 = 1$, würde ein „Paraboloid, und der, wenn λ^2 negativ und größer als die „Einheit ist, würde ein Hyperboloid geben.

„(S. 68.) Hätte die Gleichung (36. 14.) verschiedene „reelle Wurzeln, so würden mehrere Figuren des Gleichgewichts „zu derselben Umdrehungsbewegung gehören; wir wollen also „sehen, ob die Gleichung mehrere reelle Wurzeln hat. Wir „nennen hierzu φ die Funktion (36. 14.), welche, gleich Null „gesetzt, diese Gleichung (36. 14.) giebt.

„Man sieht leicht, daß der Ausdruck von φ, wenn man λ „von Null bis ins Unendliche wachsen läßt, am Anfang und „am Ende positiv ist; gedenkt man sich also eine krumme Linie, „wovon x die Abscisse und φ die Ordinate ist, so wird diese „krumme Linie ihre Axe schneiden, wenn $\lambda = 0$ ist; die Ordi„naten werden dann positiv sein und wachsen; wenn sie ihr „Maximum erreicht haben, so werden sie abnehmen; die Curve „wird ein Zweitesmal ihre Axe in einem Punkte schneiden,

„welcher den Werth von λ, der dem Zustand des Gleichgewichts
„der flüssigen Masse entspricht, bestimmen wird; die Ordinaten
„werden hiernach negativ werden, und da sie positiv sind, wenn
„λ = ∞ ist, so muß die krumme Linie ihre Axe ein Drittesmal
„schneiden; dies bestimmt einen zweiten Werth von λ, welcher
„dem Gleichgewichte Genüge thut. Man sieht so, daß es für
„denselben Werth von q oder für eine gegebene Umdrehungs=
„bewegung verschiedene Figuren giebt, mit welchen das Gleich=
„gewicht bestehen kann.

„Wir bemerken, um die Anzahl dieser Figuren zu be=
„stimmen, daß man

1) $$d\varphi = \frac{6\lambda^2 \cdot d\lambda \cdot [q\lambda^4 + (10q-6)\lambda^2 + 9q]}{(3\lambda^2+9)^2 \cdot (1+\lambda^2)}$$

„hat. Die Annahme $d\varphi = 0$ giebt:

2) $$0 = q\lambda^4 + (10q-6)\lambda^2 + 9q.$$

„Hieraus erhält man, wenn man nur die positiven
„Werthe von λ betrachtet:

3) $$\lambda = \sqrt{\frac{3}{q}-5 \pm \sqrt{(\frac{3}{q}-5)^2-9}}.$$

„Diese Werthe von λ bestimmen die Maxima und
„Minima der Ordinaten φ; es giebt also nur zwei solche
„Ordinaten auf der Seite der positiven Abscissen; dies er=
„fordert, daß die krumme Linie ihre Axe auf dieser Seite
„nur in drei Punkten schneide, den Anfangspunkt mit inbe=
„griffen; es giebt daher nur zwei Figuren, welche dem Gleich=
„gewichte Genüge thun.

(S. 70.) „Der Werth von q hat eine Grenze, außer=
„halb welcher das Gleichgewicht mit der elliptischen Figur
„nicht möglich ist. Denn man nehme an, daß die krumme
„Linie ihre Axe nur in ihrem Anfangspunkt schneide, und

"daß sie dieselbe sonst überall nur berühre; so hat man für "den Punkt des Contacts

$$\varphi = 0 \quad \text{und} \quad d\varphi = 0;$$

"der Werth von φ wird also niemals negativ sein auf der "Seite der positiven Abscissen, welche wir hier allein betrachten.

"Der Werth von q, welchen die zwei Gleichungen $\varphi = 0$ "und $d\varphi = 0$ bestimmen, wird die Grenze derjenigen Werthe "sein, mit welchen das Gleichgewicht bestehen kann, so daß ein "größerer Werth das Gleichgewicht unmöglich macht. Denn "nimmt man an, daß q um die Größe f zunimmt, so wird "die Funktion φ um das Glied $\dfrac{2 f . \lambda^3}{9 + 3 \lambda^2}$ vermehrt; da nun "der Werth φ, welcher q entspricht, niemals negativ wird, "was auch immer λ sei, so ist auch dieselbe Function, welche "q + f entspricht, beständig positiv und kann niemals Null "werden; das Gleichgewicht ist alsdann unmöglich. Es er= "hellet noch aus dieser Analysis, daß es nur einen einzigen "reellen und positiven Werth von q giebt, welcher den zwei "Gleichungen $\varphi = 0$ und $d\varphi = 0$ Genüge thut.

"Diese Gleichungen geben die folgenden:

4) $\quad q = \dfrac{6 \lambda^2}{(1 + \lambda^2) . (9 + \lambda^2)},$

5) $\quad 0 = \dfrac{7 \lambda^5 + 30 \lambda^3 + 27 \lambda}{(1 + \lambda^2)(3 + \lambda^2)(9 + \lambda^2)} - \text{arc tg } \lambda.$

(Laplace.)

38.

Die Grenzellipsoide und ihre Moduln λ und x.

Der Werth von λ, welcher der Gleichung (37. 5.) Genüge leistet, ist:

1) $\quad \lambda = 2{,}5293103; \qquad \log \lambda = 0{,}4030020.$

Substituirt man den Werth von λ in Gleichung (37. 4.) oder in (36. 14.), so ergiebt sich:

2) $\qquad q = 0{,}3369988; \qquad \log q = 0{,}5276283 - 1.$

Substituirt man den Werth von q in Gleichung (37. 3.), so findet sich für das obere, positive Zeichen unterhalb des Wurzelzeichens der Werth von λ wie in 1) und für das untere negative Zeichen findet sich, wenn man den gefundenen Werth mit ϰ bezeichnet:

3) $\qquad \varkappa = 1{,}186095; \qquad \log \varkappa = 0{,}0741196.$

Beide Werthe, ϰ und λ, sind demnach zusammengehörige Werthe; sie bezeichnen das Verhältniß der Excentricität zweier Grenzellipsoide zu einer und derselben kleinen Halbaxe.

Es bestehen mithin auch zwei Grenzellipsoide für den Zustand des Gleichgewichts an der Oberfläche der sich um eine Axe drehenden flüssigen Masse und wir können ϰ und λ die Moduln dieser Grenzellipsoide nennen.

39.

Construction der Bedingungsgleichung für die Grenzellipsoide.

Zur Versinnlichung der Werthe von ϰ und λ wollen wir die Gleichung (36. 14.)

$$\varphi = \frac{9\lambda + 2q\lambda^3}{9 + 3\lambda^2} - \text{arc tg } \lambda$$

wirklich der Construction unterziehen.

Es sei zu dem Ende, (Fig. 3.), O λ die Abscissenlinie und O der Anfangspunkt der Coordinaten.

Die construirte Curve erhält auf der Seite der positiven Abscissen zwei Biegungen und die Abscissenlinie selbst wird Berührungslinie an die zweite dieser Biegungen. Die Ordinaten sind daher auf der positiven Seite der Abscissenlinie (rechts oben) alle positiv. Das analoge Ergebniß erhalten wir auf der Seite der negativen Abscissen (links unten), nämlich ebenfalls zwei Biegungen (zu deren zweiten die Axe Tangente wird), aber nur negative Ordinaten. Gleichgroßen positiven und negativen Abscissen entsprechen also beziehungsweise gleich große positive und negative Ordinaten; die Aeste der Curve sind, vom Anfangspunkt gerechnet, einander congruent.

Die Abscissen (0 x =) x und (0 λ =) λ bezeichnen die Wurzeln der Gleichung (37. 3.), die Abscissen 0 und (0 λ =) λ die Wurzeln der Gleichungen (37. 5.) und (36. 14.); (m x) ist die größte und der Punkt λ die kleinste Ordinate der Curve, beziehungsweise deren Maximum und Minimum.

Da (0 λ =) λ eine Wurzel der Gleichung (36. 14.) ist, so findet in der Entfernung 0 λ vom Anfangspunkt 0 der Abscissen entweder ein **Durchschnitt** oder eine **Berührung** mit der Axe statt. (0 λ =) λ ist aber auch die Abscisse des Minimums der Curve, folglich findet eine **Berührung** der Curve mit der Axe in λ statt.

Wir werden daher das, was Laplace, in (37.), von φ sagt, in folgender Weise modificiren dürfen.

Man sieht leicht, daß der Ausdruck von φ, wenn man λ von Null bis ins Unendliche wachsen läßt, am Anfang und am Ende positiv ist; gedenkt man sich also eine krumme Linie, wovon $\dot{x}$ die Abscisse und φ die Ordinate ist, so wird diese krumme Linie ihre Axe schneiden, wenn $\lambda = 0$ ist; die Ordinaten werden dann positiv sein und wachsen. Wenn sie ihr Maximum (in m) erreicht haben, so wird die hierzu gehörige Abscisse (0 x =) x einen Werth bezeichnen, welcher einem Zustande des Gleichgewichts der flüssigen Masse entspricht; alsdann werden die Ordinaten abnehmen. — Die Curve wird dann ihre Axe in einem Punkte (λ) berühren und dessen Abscisse (0 λ =) λ einen zweiten Werth bezeichnen, der einen Zustand des Gleichgewichts der flüssigen Masse ausdrückt. Von hier an werden die Ordinaten wieder wachsen und bis zu ∞ zunehmen.

Man sieht hieraus, daß es für denselben Werth von q, oder für eine gegebene Umdrehungsbewegung nur zwei verschiedene Figuren giebt, mit welchen das Gleichgewicht bestehen kann.

Und weiter, nach Formel (37. 3.):

Diese Werthe von λ bestimmen die Maxima und Minima der Ordinaten φ; es giebt also nur zwei solche Ordinaten auf der Seite der positiven Abscissen. Dies setzt voraus, daß die krumme Linie ihre Axe auf dieser Seite entweder in drei Punkten schneide, den Anfangspunkt mit inbegriffen, oder daß sie die Axe bloß in dem Anfangspunkt schneide nnd in einem anderen Punkte berühre. Daß Letzteres der wirkliche Fall sei, haben wir bereits erörtert. Es giebt also unbedingt zwei Figuren, welche dem Gleichgewichte Genüge leisten.

Unzweifelhaft wurden auch von Laplace die sich aus Formel (37. 3.) für λ ergebenden zwei Werthe erkannt, aber wohl aus dem Grunde von ihm nur ein Werth (38. 1.) numerisch bestimmt, weil er seine Untersuchungen auf flüssige verdichtete und zwar durchaus gleichartige Massen, also auf Massen, denen eine größere pericentrische Verdichtung mangelt, beschränkte, für welche in der That nur eine Form des Grenzellipsoides zulässig sein möchte.

40.

Rückblicke auf die Ausführungen von Laplace.

Laplace sagt:

„Nennt man c die Centrifugalkraft in der Entfernung 1 von „der Umdrehungsaxe; so wird diese Kraft in der Entfernung $\sqrt{\beta^2 + \gamma^2}$ von derselben Axe, gleich $c \cdot \sqrt{\beta^2 + \gamma'^2}$ „sein."

Offenbar unterstellt er hier, daß die Umdrehung der flüssigen Masse nicht nach dem Keppler'schen Gesetze, sondern in der Weise von festen Massen stattfinde, nach welcher sich nämlich die Centrifugalkräfte wie die Halbmesser verhalten (22. 7.). Wir werden gegen diesen ausgesprochenen Satz nicht verstoßen, wenn wir uns unter 1 den Halbmesser des Aequators, und unter $\sqrt{\beta^2 + \gamma^2}$ den Halbmesser des Parallelkreises vorstellen, für welchen der von uns in Betracht gezogene Punkt ein Punkt der Peripherie ist. Der Satz ist dann im Einklange mit Formel (22. 10.), wenn wir daselbst c für C, 1 für A, und $\sqrt{\beta^2 + \gamma^2}$ für a schreiben.

Wir bemerken dabei nur, daß wir mit Laplace die in der Ebene des Parallelkreises wirkende Centrifugalkraft (— zerlegt in β c und γ c —) von den bezüglichen Coordinaten der Anziehung, nämlich von Q'' und R'', in (36. 8.), in Abzug bringen, denn wenn wir die zerlegte Kraft wieder zusammensetzen, so erhalten wir auch wieder die auf einen Punkt der Peripherie des Parallelkreises in dessen Ebene wirkende Centrifugalkraft c. — Im Hinblicke auf (24.) vermindern wir also die Anziehung p' des in Betracht gezogenen Punktes, um die volle, in der Ebene des Parallelkreises wirkende Centrifugalkraft c anstatt nur die reducirte Centrifugalkraft c' davon abzuziehen.

Dieser Umstand könnte unser Bedenken erregen, ob die Ausführungen zur Bestimmung des Axenverhältnisses bei dem Grenzellipsoide in der That „auf alle Kräfte, welche auf die Theilchen der Oberfläche wirken", Rücksicht nehmen.

Wir haben aber bereits, in (25.), erörtert, daß eine auf diese Weise entstehende Ungenauigkeit weder auf den Aequatorhalbmesser, noch auf die halbe Rotationsaxe, und mithin auch nicht auf deren Verhältniß zu einander von Einfluß ist. Da uns nun die Größen $\varkappa$ und λ solche Verhältnißzahlen ausdrücken, so können deren wahre Werthe durch jene Ungenauigkeit in keinem Falle alterirt werden.

Hätte übrigens Laplace nicht in der geschehenen Weise verfahren, sondern in der That die Anziehung p' um die Centrifugalkraft c' vermindert, so wären, wie man sich leicht überzeugt, die Coordinaten des in Betracht gezogenen Punktes nicht ausgemerzt worden, die Aufgabe würde also bezüglich des Axenverhältnisses des Grenzellipsoides ungelöst geblieben sein.

Das von uns in Betracht gezogene Nebelellipsoid stimmt also als Grenzellipsoid mit dem geometrischen Ellipsoide zwar in dem Axenverhältniß genau überein, weicht aber darin von diesem ab, daß der Umfang A J H B .... (Fig. 4.) seines Durchschnittes durch die Rotationsaxe nicht genau eine Ellipse, sondern eine an den Endpunkten der kleinen Axe eingedrückte Ellipse darstellt. Das Nebelellipsoid zeigt also an den Polen eine gleichsam trichterförmige Einsenkung. Dem Halbmesser dieser Einsenkung werden wir, im Hinblicke auf (25. 3.), eine solche Größe beimessen müssen, daß die gerade Verbindungslinie seines Endpunktes H mit dem Mittelpunkte S des Systems nach der Aequatorebene hin einen Winkel von 60°, also nach der halben Rotationsaxe einen solchen von 30° bildet.

Nichts desto weniger wollen wir bei Betrachtung des Nebelellipsoides, der Einfachheit wegen, an der Vorstellung des geometrischen Ellipsoides auf so lange festhalten, als sich dies für unsere Untersuchungen nicht als störend erweist.

Wären wir aber in der Lage den Durchschnitt des von uns bestimmten Grenzellipsoides mit den trichterförmigen Vertiefungen an den Polen construiren zu müssen, so hätten wir zuerst einfach die Ellipse zu den Grenzverhältnissen der Axen zu construiren, ferner je nach der bekannten Umdrehungszeit die Centrifugalkraft C am Aequator, aber dann auch noch die vernachlässigte Differenz $o - o'$ nach (25. 3.) von Winkel zu Winkel zu bestimmen, und diese den entsprechenden Halbmessern oder Radienvectoren wieder zuzusetzen.

Es ist bemerkenswerth, daß, wenn man von dem Mittelpunkte S aus einen Winkel $JSA = 30°$, Fig. 4, an die Aequatorebene A S legt, und auf diese Ebene in dem Aequator des Grenzellipsoides zum Modul x eine Senkrechte J A errichtet, der Schenkel J S jenes Winkels diese Senkrechte J A in einem Punkte J schneidet, der nahezu ein Punkt der Oberfläche des von uns construirten Grenzellipsoides mit trichterförmigen Vertiefungen an den Polen ist, so daß sich durch die Winkel von 30 zu 30° das Grenzellipsoid zum Modul λ gleichsam in drei Haupttheile zerlegt.

41.

Das Gleichgewichts- und Erzeugungsellipsoid.

Denken wir uns eine ungemein dünne und flüssige Masse, deren Molecularanziehung durch eine pericentrische Verdichtung eine weitere Verstärkung hat, in Rotation versetzt, so wird auch deren Verhalten offenbar demjenigen einer verdichteten Flüssigkeit gleich sein, d. h. es wird ihre ursprüngliche Kugelgestalt in die Form eines Ellipsoides übergehen. Die Rotationsaxe wird sich verkleinern, die Durchmesser seines Aequators aber werden größer werden. Tritt nach erhaltener Rotation endlich Gleichgewicht an der Oberfläche ein, so wird auch Gleichheit zwischen Centripetal- und Centrifugalkraft in der Aequatorebene stattfinden. Da aber unter den Polen die Centrifugalkraft gleich Null ist, so müssen diese dem Einflusse der Centripetalkraft unterliegen, sie müssen sich dem Mittelpunkte nähern und trichterförmige Vertiefungen, wie wir sie bei jeder kreisenden Flüssigkeit beobachten, werden sich an den Polen einstellen — die Rotationsaxe wird sich weiter verkürzen.

Bei der großen Porosität, die wir der rotirenden Masse beilegen, wird das Beharrungsvermögen der rotirenden Elemente der Aequatorebene gegen eine Vergrößerung dieser Ebene Widerstand leisten, und die rotirenden Elemente werden sich bei dem Sinken der Pole ineinander schieben, d. h. die rotirende Masse wird dichter werden. —

Nehmen wir dagegen die rotirende flüssige Masse nicht als von geringer Dichte an, sondern geben wir ihr etwa die Dichtigkeit des Wassers und denken wir uns weiter die pericentrische Verdichtung von der ungefähren Dichte des Quecksilbers, so möchte es keinem Zweifel unterliegen, daß sich durch das Verkleinern der Rotationsaxe in diesem Falle zugleich eine weitere Vergrößerung der Aequatorebene ergeben müsse, weil das Wasser einer weiteren Verdichtung nicht fähig ist.

Durch die Verkleinerung der Rotationsaxe wird aber das Axenverhältniß dem Modul λ näher gebracht, und wenn es denselben erreicht hat, so ist das für den Zusammenhalt der Masse nothwendige Verhältniß gestört, die äußeren Massetheile werden ihren Zusammenhang mit dem Ellipsoide verlieren, sie werden sich von der Drehungsaxe entfernen, und es wird sich der Rest des Ellipsoides zum Modul ϰ gestalten. Es wird sich also eine Ring=schale ablösen und der restirende Theil ein Grenzellipsoid zum Modul ϰ sein. Durch das weitere Verkleinern der Rotationsaxe wird das restirende Ellipsoid wieder zu einem solchen von dem Modul λ übergehen, sich abermals ein Ring ablösen, und das Spiel wird sich in dieser Weise so lange fortsetzen, bis die Pole der flüssigen Masse selbst Anlagerung an den pericentrischen Kern erhalten.

Wir wollen die Grenzellipsoide zum Modul ϰ auch schlecht=hin **Gleichgewichtsellipsoide**, und zum Modul λ, weil von ihnen ein Körper sich lostrennt, **Erzeugungsellipsoide** nennen, sowie uns das oben Gesagte durch eine Figur zu versinn=lichen versuchen.

42.

Grundformeln für die Halbaxen der Grenzellipsoide.

Es sei durch die Umdrehung einer, einen festen Kern S um=gebenden, Flüssigkeit von ungemein geringer Dichte ihre anfäng=liche Kugelgestalt in ein Ellipsoid, und dieses nach und nach durch das Sinken der Pole in ein Grenzellipsoid zum Modul ϰ überge=gangen und es stelle in Fig. 4 die Ellipse zum Quadranten A S B den Durchschnitt dieses Grenzellipsoides vor, (A S =) A sei dessen Aequatorhalbmesser, (B S =) B seine halbe Rotationsaxe. Durch das Sinken der Pole B bis 𝔅 sei das Ellipsoid ein Grenzellipsoid zum Modul a geworden, für welches, bei weiterem Sinken der Pole, Gleichgewicht an der Oberfläche nicht mehr bestehen kann. Eine Ringschale, deren Durchschnittsquadrant A 𝔄 𝔅 A ist, wird sich ablösen und ein Ellipsoid zum Modul ϰ, dessen Axen (𝔄 S =) 𝔄 und (𝔅 S =) 𝔅 sind, als Rest verbleiben. Ein weiteres

Sinken der Pole bis b und b wird stattfinden, wodurch das restirende Ellipsoid (zum Durchschnittsquadranten A S b) wieder ein Grenzellipsoid zum Modul λ wird, dessen Axen (A S =) A und (b S =) b sind. Es wird sich nunmehr eine zweite Ringschale ablösen und das restirende Ellipsoid wird wieder ein Grenzellipsoid zum Modul ϰ sein, dessen Halbaxen a und b sind. U. s. w.

Ist uns eine der Größen A, B, 𝔄, 𝔅, b u. s. w. bekannt, so können die übrigen durch Rechnung leicht aus ihr bestimmt werden.

Nach (34. 4.) ist:

1) $\quad A = \sqrt{1+\varkappa^2} \cdot B$

2) $\quad A = \sqrt{1+\lambda^2} \cdot \mathfrak{B}$

3) $\quad \mathfrak{A} = \sqrt{1+\varkappa^2} \cdot \mathfrak{B}$

4) $\quad \mathfrak{A} = \sqrt{1+\lambda^2} \cdot b$

5) $\quad a = \sqrt{1+\varkappa^2} \cdot b$

Wir wollen in nachstehender Tabelle jede der Größen A, B, 𝔄, 𝔅 durch die andere ausgedrückt, zusammenstellen.

43.

Relationen zwischen den Halbaxen A, B, 𝔄, 𝔅, und den Moduln ϰ und λ.

1) $A = \sqrt{1+\varkappa^2} \cdot B = 1{,}551393 \cdot B = \mathfrak{k} \cdot B; \quad \log \mathfrak{k} = 0{,}1907219$

2) $A = \sqrt{\dfrac{1+\lambda^2}{1+\varkappa^2}} \cdot \mathfrak{A} = 1{,}753145 \cdot \mathfrak{A} = \mathfrak{L} \cdot \mathfrak{A}; \quad \log \mathfrak{L} = 0{,}2438178$

3) $A = \sqrt{1+\lambda^2} \cdot \mathfrak{B} = 2{,}719817 \cdot \mathfrak{B} = \mathfrak{l} \cdot \mathfrak{B}$; $\log \mathfrak{l} = 0{,}4345397$

4) $B = \dfrac{1}{\sqrt{1+\varkappa^2}} \cdot A = 0{,}6445813 \cdot A = \mathfrak{l}^{-1} \cdot A$; $\log \mathfrak{l}^{-1} = 9{,}8092781$

5) $B = \sqrt{\dfrac{1+\lambda^2}{(1+\varkappa^2)^2}} \cdot \mathfrak{A} = 1{,}130045 \cdot \mathfrak{A} = \mathfrak{K} \cdot \mathfrak{A}$; $\log \mathfrak{K} = 0{,}0530959$

6) $B = \sqrt{\dfrac{1+\lambda^2}{1+\varkappa^2}} \cdot \mathfrak{B} = 1{,}753145 \cdot \mathfrak{B} = \mathfrak{L} \cdot \mathfrak{B}$; $\log \mathfrak{L} = 0{,}2438178$

7) $\mathfrak{A} = \sqrt{\dfrac{1+\varkappa^2}{1+\lambda^2}} \cdot A = 0{,}5704035 \cdot A = \mathfrak{L}^{-1} \cdot A$; $\log \mathfrak{L}^{-1} = 9{,}7561822$

8) $\mathfrak{A} = \sqrt{\dfrac{(1+\varkappa^2)^2}{1+\lambda^2}} \cdot B = 0{,}8849202 \cdot B = \mathfrak{K}^{-1} \cdot B$; $\log \mathfrak{K}^{-1} = 9{,}9469041$

9) $\mathfrak{A} = \sqrt{1+\varkappa^2} \cdot \mathfrak{B} = 1{,}551393 \cdot \mathfrak{B} = \mathfrak{f} \cdot \mathfrak{B}$; $\log \mathfrak{f} = 0{,}1907219$

10) $\mathfrak{B} = \dfrac{1}{\sqrt{1+\lambda^2}} \cdot A = 0{,}3676717 \cdot A = \mathfrak{l}^{-1} \cdot A$; $\log \mathfrak{l}^{-1} = 9{,}5654603$

11) $\mathfrak{B} = \sqrt{\dfrac{1+\varkappa^2}{1+\lambda^2}} \cdot B = 0{,}5704035 \cdot B = \mathfrak{L}^{-1} \cdot B$; $\log \mathfrak{L}^{-1} = 9{,}7561822$

12) $\mathfrak{B} = \dfrac{1}{\sqrt{1+\varkappa^2}} \cdot \mathfrak{A} = 0{,}6445813 \cdot \mathfrak{A} = \mathfrak{l}^{-1} \cdot \mathfrak{A}$; $\log \mathfrak{l}^{-1} = 9{,}8092781$

Drückt man die Differenz $B - \mathfrak{B} = W$ der halben Rotations= axen zweier aufeinanderfolgenden Gleichgewichtsellipsoide durch die halbe Rotationsaxe B und umgekehrt aus, so erhält man:

13) $W = (1 - \mathfrak{L}^{-1}) \cdot B = LB$; $\log L = 9{,}6330608$

14) $B = \dfrac{\mathfrak{L}}{1-\mathfrak{L}} \cdot W = L^{-1} \cdot B$; $\log L^{-1} = 0{,}3669392$

44.

Relationen zwischen den Halbaxen der Grenzellipse unter sich.

Da sämmtliche Grenzellipsoide desselben Moduls unter sich ähnliche Figuren sind, so müssen auch ihre homologen Abmessungen der Ordnung nach in einer zusammenhängenden Proportion stehen. Es wird also auch jede Abmessung mittlere Proportionalgröße sein zwischen ihrer vorhergehenden und ihrer folgenden. Hiernach läßt sich also weiter jede Halbaxe irgend eines Grenzellipsoides leicht durch die erste Halbaxe ausdrücken.

Schreiben wir demnach A_I für A, und A_{II} für $\mathfrak{A}$, u. s. w., und bezeichnen für das n^{te} Grenzellipsoid den Aequatorhalbmesser mit A_n, so findet sich, aus (43. 7.),

1) $\quad A_n = \mathfrak{L}^{1-n} \cdot A_I \ ; \quad \log \mathfrak{L}^{1-n} = (1-n) \cdot 0{,}2438178$

also

2) $\quad A_I = \mathfrak{L}^{n-1} A_n$.

Schreiben wir ebenso B_I für B, und B_{II} für $\mathfrak{B}$, u. s. w., und bezeichnen für das n^{te} Grenzellipsoid zum Modul $\varkappa$ die halbe Rotationsaxe mit B_n, so ist, nach (43. 11.)

1) $\quad B_n = \mathfrak{L}^{1-n} \cdot B$,

oder

2) $\quad B_I = \mathfrak{L}^{n-1} \cdot B_n$.

45.

Die abgelöste Schale. Bestimmung des Schwerpunktes des halben Schaldurchschnittes.

Die Größen $\varkappa$ und λ bezeichnen nach dem Abgehandelten auch die Moduln der abzulösenden Schale, $\varkappa$ für ihre innere und λ für ihre äußere Gestalt. Die Differenz der durch die Größen A und λ, $\mathfrak{A}$ und $\varkappa$ ausgedrückten Ellipsoide bezeichnet den cubischen Inhalt der abgelösten Ringschale.

Betrachten wir die Ringschale im Durchschnitt durch die Rotationsaxe, Fig. 5, so erkennen wir, daß deren Figur aus der Differenz zweier Ellipsen besteht, deren kleine Axen einander gleich sind, deren große Axen aber verschiedene Größen haben und daß ihre größte Ausdehnung in die Breite A𝔄 die Differenz der halben großen Axen bildet.

Ziehen wir den halben Schalburchschnitt B𝔄B𝔄B in Betracht, und nehmen an, x sei der Schwerpunkt dieses halben Schalburchschnitts, so nennen wir den Verbindungskreis der Schwerpunkte aller Schalburchschnitte den Schwerpunktskreis der Ringschale und die durch den Schwerpunktskreis gelegte Ebene die Schwerpunktskreisebene derselben.

Es läßt sich folgern, daß sich die Gestalt der Ringschale durch die Ablagerung nothwendig ändert und ihre Elemente das Bestreben erhalten, sich ihrer Schwerpunktskreisebene zu nähern.

Durch diese Bewegung der Massetheile nach der Schwerpunktskreisebene wird die Ringschale nicht allein ihre bisherige Gestalt, sondern auch ihre Dichte verändern, d. h. letztere wird größer werden.

Nachstehend wollen wir die Lage des Schwerpunktes des halben Schalburchschnittes oder den Halbmesser des Schwerpunktskreises bestimmen.

Zur Bestimmung der Entfernung (𝔛S =) 𝔛 des Schwerpunktes des halben Schalburchschnittes vom Mittelpunkte des Ellipsoides, Fig. 5, können wir auf folgende Weise verfahren:

Es sei (x'S =) x' die Entfernung des Schwerpunktes der halben Ellipse des Erzeugungsellipsoides vom Mittelpunkte; so ist der Weg, welchen der Schwerpunkt bei der Umdrehung der halben Ellipse um ihre kleine Axe zurücklegt, multiplicirt mit dem Flächeninhalte der halben Ellipse, gleich dem cubischen Inhalte des Ellipsoides, also:

1) $$\frac{1}{2} A \mathfrak{B} \pi \cdot 2 x' \pi = \frac{4}{3} A^2 \mathfrak{B} \pi.$$

Hieraus ergiebt sich:

2) $$x' = \frac{4}{3\pi} \cdot A.$$

Ebenso folgt für das Gleichgewichtsellipsoid, wenn wir die Entfernung des Schwerpunktes seiner halben Ellipse vom Mittelpunkte mit x" bezeichnen:

3) $$x'' = \frac{4}{3\pi} \cdot \mathfrak{A} \, ;$$

und folglich ist:

4) $$\mathfrak{X} = \frac{\frac{1}{2} A \mathfrak{B} \pi \cdot \frac{4 A}{3\pi} - \frac{1}{2} \mathfrak{A} B \pi \cdot \frac{4 \mathfrak{A}}{3\pi}}{\frac{1}{2} A \mathfrak{B} \pi - \frac{1}{2} \mathfrak{A} B \pi},$$

nämlich:

5) $\mathfrak{X} = \frac{4}{3\pi} (A + \mathfrak{A}) \, ;$ $\log \frac{4}{3\pi} = 0{,}6277889 - 1$

Da sich A durch $\mathfrak{A}$, und umgekehrt, ausdrücken läßt (43. 2) und 7), so geht die Gleichung 5), wenn man die constanten Factoren mit $\mathfrak{l}$ und beziehungsweise i bezeichnet, über in:

6) $\mathfrak{X} = \frac{4}{3\pi} (\mathfrak{L} + 1) \cdot A \, (= \mathfrak{l} \cdot \mathfrak{A}) = 1{,}168471 \cdot \mathfrak{A} \, ;$
$\log \mathfrak{l} = 0{,}0676180 \, ;$

7) $\mathfrak{X} = \frac{4}{3\pi} (1 + \mathfrak{L}^{-1}) \cdot A \, (= i \cdot A) = 0{,}666500 \cdot A \, ;$
$\log i = 9{,}8238002.$

Will man die Entfernung eines Schwerpunktskreises von dem Mittelpunkte des Systems unmittelbar aus der Entfernung des Schwerpunktskreises der vorhergehenden Schale oder umgekehrt bestimmen, also die Entfernung $(\mathfrak{X} + I)$ durch die vorhergehende $\mathfrak{X}$, oder die vorhergehende Entfernung $(\mathfrak{X} - I)$ durch die folgende $\mathfrak{X}$ ausdrücken, so findet sich leicht aus Obigem:

8) $(\mathfrak{X} + I) = \frac{i}{\mathfrak{l}} \cdot \mathfrak{X} \, (= \mathfrak{L}^{-1} \mathfrak{X}) = 0{,}5704035 \cdot \mathfrak{X} \, ;$
$\log \mathfrak{L}^{-1} = 9{,}7561822 \, ;$

9) $(\mathfrak{X} - I) = \frac{\mathfrak{l}}{i} \cdot \mathfrak{X} \, (= \mathfrak{L} \mathfrak{X}) = 1{,}753145 \cdot \mathfrak{X} \, ;$
$\log \mathfrak{L} = 0{,}2438178.$

Aus 7) findet sich:

10) $\qquad A - \mathfrak{X} = 0{,}3335000 \cdot A$;

also für $A = 1$,

11) $\qquad (A\,\mathfrak{X}) = 0{,}3335000$;

welcher Werth mit dem, in (38. 2), gefundenen Werthe für q nahe übereinstimmt, so daß wir bei dem Grenzellipsoide zum Modul λ die Entfernung des Aequators von dem Schwerpunktskreise der Schale annähernd als den construirten Werth von q betrachten können.

12) Die geringe Abweichung, $q - (A\,\mathfrak{X}) = 0{,}0019988$ beider Werthe von einander mag wohl von der, in (40.), näher erörterten Ungenauigkeit herrühren, da der von q gefundene Werth zwei Körpern entspricht, welche mit der Gestalt eines geometrischen Ellipsoides nicht genau übereinstimmen.

46.

Das Bewegungsgesetz für verschiedene Punkte eines und desselben Halbmessers des aufgelockerten Sonnenellipsoides.

Formel (22. 7.), welche bezüglich einer Kugel oder auch eines Ellipsoides von fester Masse für alle Punkte dieser Körper gültig ist, ist auch gültig für die Punkte der Oberfläche eines Ellipsoides von flüssiger Masse, weil, nach (33. 1.), alle Punkte eines und desselben Meridians gleiche Umlaufszeiten haben. Wir haben ferner in (32.) gefunden, daß für alle Elemente der Aequatorebene des aufgelockerten Sonnenellipsoides gleiche Centralbewegung stattgefunden. Es ist nun zu untersuchen, welches Bewegungsgesetz für die verschiedenen Punkte eines und desselben Halbmessers bestanden haben müsse.

Es sei zu dem Ende, in Fig. 6, $A\varrho B$ ein Meridianquadrant des Sonnenellipsoides zu den Halbaxen $(AS =)$ A und $(BS =)$ B: ϱ irgend ein Punkt desselben und $(\varrho S =)$ ϱ der zugehörige Halbmesser. Wir wollen für irgend einen Punkt r dieses Halbmessers, also für die Entfernung (r S =) r dieses Punktes vom Mittelpunkte, in Bezug auf den Halbmesser ϱ, die Umlaufszeiten in Proportion setzen.

Denken wir uns ein mit dem Sonnenellipsoid ähnliches Ellipsoid zum Meridianquadranten A r B construirt, für welches der Punkt r ein Punkt seiner Oberfläche ist, dessen Halbaxen also (A S =) A und (B S =) B sind, so werden wir, wenn wir die Umlaufszeit des Punktes A mit T, und diejenige des Punktes 𝔄 mit 𝔗 bezeichnen, haben:

1) $\qquad A^3 : \mathfrak{A}^3 = T^2 : \mathfrak{T}^2.$

Da aber der Punkt ϱ mit A und der Punkt r mit 𝔄 gleiche Umlaufszeiten haben, so ergiebt sich alsbald:

2) $\qquad \varrho^3 : r^3 = T^2 : \mathfrak{T}^2;$

so daß das Umlaufsgesetz, das für die Elemente des Aequatorhalbmessers besteht, auch für die Elemente eines jeden Halbmessers gültig ist.

Ist ϱ ein Punkt der Oberfläche des Ellipsoides, und ϱ K senkrecht auf dem Aequatorhalbmesser (A S =) A, so ist, weil ϱ mit A, als Punkte eines und desselben Meridians, gleiche Umlaufszeit zukommt, (wenn T die Umlaufszeit des Punktes ϱ und 𝔗 diejenige von K ausdrückt):

3) $\qquad T^2 : \mathfrak{T}^2 = A^3 : (KS)^3.$

Es ist also die Geschwindigkeit des Punktes K größer, wie diejenige des Punktes ϱ.

Es folgt hieraus leicht weiter:

4) Fällt man von irgend einem Punkte ϱ der Oberfläche des Ellipsoides auf die Aequatorebene eine Senkrechte ϱ K, so nehmen die Geschwindigkeiten der einzelnen Punkte dieser Senkrechten, von der Aequatorebene nach der Oberfläche hin, ab.

VI.

Die Schalablagerungen.

47.

Die Theorie der Schalablagerungen im Allgemeinen.

Wir wollen den Vorgang der Schalablagerung, wie wir ihn uns nach der Laplace'schen Hypothese zu denken vermögen, nachstehend kurz noch einmal im Allgemeinen zusammenfassen, um daran um so sicherer nachher unsere Detailuntersuchungen anzuknüpfen.

Wir unterstellten, daß in einer längstvergangenen Zeit der Stoff, aus welchem die Planeten bestehen, sich in aufgelockertem Zustande befunden, sich weit über die Bahn des äußersten Planeten ausgedehnt und gleichsam als Atmosphäre den Sonnenkörper umgeben habe. Wir schlossen aus der übereinstimmenden Bewegung sämmtlicher Planeten nach einer und derselben Richtung, von West nach Osten, daß auch bereits diesem aufgelockerten Stoffe oder Urnebel, als einer sehr leicht verschiebbaren Materie, diese Bewegung innegewohnt, und daß jedes Element derselben seine Bahn nach dem dritten Keppler'schen Gesetze zurückgelegt habe. —

Wir gelangten auf diese Weise zu der Ueberzeugung, daß die Form dieser lockeren Masse mit einem Ellipsoide übereinstimmte, dessen Drehungsaxe kleiner gewesen ist, wie seine Aequatorhalbmesser; ferner, daß für die Bewegung aller Elemente gleiche Cen=

tralbewegung stattfand und daher kein Element in seiner Bewegung durch die Bewegung eines andern eine Störung erleiden konnte. Weiter daß die Centrifugalkraft für die Elemente der rotirenden Aequatorebene an der Oberfläche des Sonnenkerns, also im innersten Ringschalkreise, am größten gewesen, und daß sie nach der Peripherie hin abnahm; sowie endlich, daß in der Aequatorebene der ungemein lockeren Masse wegen der gleichen Centralbewegung, keine Annäherung dieser nach dem Kerne hin stattfinden konnte.

Es mußte hiernach das ursprüngliche Verhältniß des Aequatorhalbmessers zur halben Rotationsaxe eine Aenderung erleiden, und auf diese Weise das Ellipsoid nach und nach in ein sogenanntes Grenzellipsoid zum Modul λ übergehen, für welches die Sicherheit der Umdrehung nicht mehr bestehen konnte.

An der Gestalt eines hierdurch entstehenden zweiten Grenzellipsoides zum Modul $\varkappa$, bei welchem für dieselbe Rotationsaxe ein anderes Verhältniß zum Aequatorhalbmesser stattfand, mußte Masse nach dem Aequator hin sich außerhalb niederschlagen und sich in der Schwerpunktskreisebene ablagern.

Bei weiterem Sinken der Pole erhielt das restirende Ellipsoid abermals die Form eines Grenzellipsoides, für welches die Sicherheit der Umdrehung wiederum nicht mehr bestehen konnte; und es mußte sich deshalb ein zweiter Niederschlag in der Schwerpunktskreisebene bilden, u. s. f.

48.

Die Centralkraft übt auf die losen Planetenschalen eine Anziehung aus. Neigung der Planetenbahnen.

Ehe wir die Vorgänge dieser successiven Ablagerungen der Planetenschalen näher zu erörtern versuchen, wollen wir in Erwägung ziehen, daß sie nicht in der Ebene des Sonnenäquators stattgefunden haben können, weil diese Ebene sonst mit den Aequatorebenen der Planeten zusammenfallen müßte. Wir wollen zur

Erläuterung dieses Gegenstandes eine ähnliche Erscheinung bezüglich unseres Erdenmondes unserer Betrachtung unterwerfen.

Denken wir uns das Erdenellipsoid zur Zeit der Ablagerung der Mondschale, so haben wir bezüglich der Ablagerungen der Planetenschalen ein Analogon.

Der Sonnenkörper, dessen Anziehung noch heute auf den festen Mond von so großem Einflusse ist, mußte die ungemein lockere Mondschale, die mit der Erdmasse nur noch einen gemeinschaftlichen Schwerpunkt hatte, aus der Erdäquatorebene herausdrehen und sie der Ekliptik näher bringen. Dieselbe Erscheinung finden wir mehr oder weniger bei den Mondbahnen anderer Planeten durch die Beobachtung bestätigt, und werden wir auf diesen Gegenstand weiter unten zurückkommen.

Nun hat auch die Beobachtung bereits längst festgestellt, daß der Sonne eine Bahnbewegung zukomme, und sogar die Richtung bestimmt, in welcher sie sich bewegt; sie hat aber bis jetzt noch nicht ermittelt, ob diese Richtung eine veränderliche oder unveränderliche sei? Im ersteren Falle würde die Einwirkung einer Kraft, die sie von der geraden Richtung ablenkt, mit Zuversicht erkannt werden müssen, und wir haben, in (10.), eine solche äußere, auf die Sonne einwirkende, Kraft angenommen, indem wir ihre Bahnbewegung stillschweigend, als eine von der geraden Richtung abweichende, unterstellten.

Die Kraft aber, welche im Stande ist, die Sonnenmasse von ihrer geraden Richtung abzulenken, muß auch auf die leichtflüssige Materie der losgelösten, freischwebenden Ringschale eine Anziehung ausüben, wie wir sie durch die Anziehungskraft des Mondes auf die viel dichtere Masse des Meeres wahrnehmen; sie wird, wenn sie nicht selbst in der Richtung der Sonnenäquatorebene thätig ist, die Schale aus dieser Ebene herausdrehen; d. h. es wird, weil die Schale und das Ellipsoid nothwendig ihren gemeinschaftlichen Schwerpunkt behalten, eine Drehung der Schwerpunktskreisebene der Schale um eine durch ihren Schwerpunkt S gedachte, in dieser Schwerpunktskreisebene liegende Axe erfolgen müssen, und die

Schwerpunktskreisebene der Schale wird alsdann mit der Aequator=
ebene der Sonne einen Winkel α bilden.

Es findet also der Gedanke gewiß Rechtfertigung, daß die
auf die Sonne wirkende und sie von der geradlinigen Bewegung
ablenkende Kraft, die Centralkraft, gleichzeitig auf die sehr dünne
und flüssige Materie der Planetenschalen eine wirksame Anziehung
ausübte, wodurch sie aus der Ebene des Sonnenäquators heraus=
gedreht wurden.

Diese Kraft, von deren Wirkung wir durch die Beobachtung
auf der Erde indessen keine Kenntniß haben, (denn bezüglich der
Ebbe und Fluth des Meeres sind die Anziehungskräfte der Sonne
und des Mondes die alleinigen bekannten Factoren, und auch auf
die Bahnen der Planeten übt sie keine bemerkbaren Störungen
aus), könnte vielleicht gerade in dem Herausziehen der flüssigen
Planetenschalen aus der Sonnenäquatorebene erkannt werden müssen.

Daß nicht alle Planetenbahnen genau unter einem und dem=
selben Winkel gegen die Sonnenäquatorebene geneigt sind, wird
nicht gegen diese Behauptung verstoßen, weil die Kraft der An=
ziehung nicht zu allen Zeiten dieselbe gewesen sein mag, so wie
auch die anziehende Kraft der Sonne auf die Planeten nicht stets
dieselbe ist, sondern mit ihrer Entfernung von den Planeten ab=
und zunimmt.

Wenn nun (nach Mädler) jene Centralkraft in der Plejaden=
gruppe ihren Sitz hat, so finden wir, weil diese Gruppe nur wenige
Grade von der Ekliptik abweicht, in diesem Umstande für die auf=
gestellte Behauptung eine Unterstützung.

Die Neigungen der Bahnebenen der Planeten gegen die Ebene
der Ekliptik sind bekanntlich veränderlich; sie betragen gegenwärtig

bei				bei			
Neptun	1°	47′	0″,9	Mars	1°	58′	3″,3
Uranus	0	46	29,9	Erde	0		
Saturn	2	29	28,1	Venus	3	23	34,8
Jupiter	1	18	40,3	Merkur	7	0	7,7

49.

Der Vorgang der Schalablagerung.

Den Vorgang der Ablagerung denken wir uns in folgender Weise. Sobald durch das weitere Sinken der Pole das Axenverhältniß des Grenzellipsoides zum Modul λ überschritten wird, verliert die Ringschale ihren Zusammenhang mit dem restirenden Ellipsoide zum Modul ϰ. Alle Schalelemente nämlich, welche sich vorher in Parallelkreisen um die Rotationsaxe gedreht hatten, verlieren plötzlich das Bestreben parallele Kreise mit der Aequatorebene zu beschreiben und erhalten dasjenige sich mit ihrer innehabenden centrifugalen Geschwindigkeit von ihrer Drehungsaxe zu entfernen. Die Anziehungskraft der pericentrischen Verdichtung aber wirkt dem entgegen und nöthigt die Elemente, eine Bewegung um den Mittelpunkt des Systems anzunehmen — die Kraft, welche vorher die Elemente gleichsam an einen Punkt der Rotationsaxe fesselte, erscheint also plötzlich im Mittelpunkte und zwingt sie nun, ihre Bewegung in einer Ebene fortzusetzen, die durch diesen Mittelpunkt selbst geht.

Die Elemente werden also von der ursprünglichen Richtung ihrer Bewegung gleichsam durch einen Stoß abgewiesen und genöthigt, eine andere anzunehmen. Diese **plötzliche** Ablenkung aber muß Verdichtung der Elemente unter Wärmeentwickelung erzeugen, und beide müssen von der Größe des Winkels abhängen, unter welchem die gedachte Ablenkung stattfindet.

Zur Versinnlichung des Gesagten sei, in Fig. 4., K irgend ein Schalelement eines Grenzellipsoides zum Modul λ. Dasselbe wird sich, vor dem Uebergange des Ellipsoides in den Grenzzustand, um die Rotationsaxe BB in einem Parallelkreise zum Halbmesser KM bewegt haben. Wir haben diesen Kreis in der Figur in die Verticalebene umgelegt.

Das Element K besaß also das Bestreben, sich nach der Richtung der an K gelegten Tangente KL centrifugal zu bewegen.

Bei erreichtem Grenzzustande aber wird sich dieses Bestreben ändern und in dasjenige übergehen, sich in der Richtung der Tangente K L' des (gleichfalls in die Verticalebene umgelegten) Kreises K S zu bewegen. Das Element K wird also jetzt nicht mehr den Parallelkreis zum Halbmesser K M, sondern einen Kreis zum Halbmesser K S beschreiben, dessen Ebene durch den Mittelpunkt S geht und, wie die Ebene des Parallelkreises, auf der Durchschnittsfläche durch die Rotationsaxe senkrecht steht.

Denkt man sich beide umgelegten Kreise wieder senkrecht auf die Papierfläche aufgestellt, so werden die Tangenten K L und K L' zusammenfallen.

Es geht hieraus hervor, daß der Winkel M K S, welchen irgend ein Halbmesser des Ellipsoides oder ein Theil K S eines solchen Halbmessers mit der Parallelkreisebene (zum Halbmesser M K), also auch mit der Aequatorebene bildet, derjenige ist, unter welchem ein Element K von seiner früheren Richtung abgelenkt wird.

Wie bereits erwähnt, nehmen diese Winkel von dem Aequator aus nach den Polen hin zu und Verdichtung und Wärmeentwickelung der Elemente wachsen mit diesen Winkeln, deshalb werden wir auch die **größere Verdichtung und Wärmeentwickelung — hervorgerufen durch den Effect der Ablenkung** — nach den Polen hin, die kleinere nach dem Aequator hin zu suchen haben.

Wenn wir den halben Durchschnitt der abzulösenden Schale in Betrachtung ziehen, so bemerken wir, daß ihre Masse oberhalb und unterhalb der Schwerpunktskreisebene theils in ununterbrochenem Zusammenhange zu einander steht, theils durch das folgende Grenzellipsoid zum Modul $\varkappa$ gleichsam flügelförmig von einander getrennt ist.

Wir können nun das oben erörterte Verhalten der losegewordenen Schalmaterie im Allgemeinen zwar allen Theilen beimessen, denjenigen aber, welche oberhalb und unterhalb der Schwerpunktskreisebene sich direct einander gegenüberstehen, müssen wir außerdem das der gegenseitigen Anziehung im Momente der Ablösung zuerkennen. Dieses letztere Verhalten wollen wir zunächst im Auge behalten und auf dasjenige der „flügelförmigen" Theile erst später zurückkommen, dabei jedoch noch bemerken, daß durch diese Anziehung auch in der Schwerpunktskreisebene eine Verdichtung der zusammentreffenden Massetheile erzeugt werden muß, die an Stärke derjenigen nach den Polen hin, in keiner Weise nachstehen kann.

50.

Ablagerung der Schalmasse in ihre Schwerpunktskreisebene.

Obgleich wir Ursache haben, den Moment des Herausdrehens der Ringschale aus der Sonnenäquatorebene mit dem Moment ihrer Loslösung von dem restirenden Ellipsoide, also mit dem ihrer Ablagerung in ihre Schwerpunktskreisebene als zusammenfallend uns vorzustellen, so können wir doch letztere, unabhängig von der ersteren, einer Betrachtung unterziehen.

Sobald durch das weitere Sinken der Pole das Axenverhältniß des Grenzellipsoides zum Modul λ überschritten wird, und die Ringschale ihren Zusammenhang mit dem restirenden Ellipsoide zum Modul x verliert, müssen die Elemente der beiden, durch die Schwerpunktskreisebene von einander getrennten, Hälften sich gegenseitig einander anziehen, einander näher rücken und sich verdichten.

Es werden also diese Elemente, welche sich bisher parallel mit der Aequatorebene bewegten, gegen diese plötzlich eine convergirende Richtung einnehmen, sich oberhalb und unterhalb der Schwerpunktskreisebene dieser Ebene nähern und in ihr unter einem Winkel zusammentreffen. Mithin müssen auch diese Elemente in dieser Ebene einen desto größeren gegenseitigen Druck erleiden, je größer ihre Geschwindigkeiten sind.

Es muß der erzeugte Druck der Geschwindigkeit der Elemente selbst proportional sein, und ebenso die Verdichtung.

Die Elemente der beiden Halbschalen denken wir uns also in der Schwerpunktskreisebene plötzlich zusammenschlagend — (wir sagen plötzlich und verstehen dies in kosmischer Bedeutung). Denn die gegenseitige Anziehung kann sich hier nicht nach dem einfachen Gravitationsgesetze ergeben, sondern sie muß nach einem weit rascheren erfolgen, indem mit dem Näherrücken der Elemente nach der Schwerpunktskreisebene die anziehenden Elemente der einen Schalhälfte zugleich auch in demselben Maße den angezogenen der andern Schalhälfte näher rücken, wodurch, weil sie anziehende und angezogene zugleich sind, die gegenseitige Anziehungskraft erheblich gesteigert werden muß.

Bei diesem Vorgange dürfen wir annehmen, daß alle Massetheilchen sich dergestalt bewegen, daß sie beständig dieselbe Seite dem Mittelpunkte des Systems zukehren.

Dürften wir nun von der Anziehung des Mittelpunktes des restirenden Ellipsoides absehen, so müßten wir zu dem Schlusse gelangen, daß der Schwerpunktskreis der abgelösten Ringschale, auch noch nach vollendetem Niederschlage der Schalmasse in ihrer Schwerpunktskreisebene, doch nach wie vor, deren Schwerpunktskreis verbliebe.

Allein dem ist nicht so, da durch den erhaltenen Druck jedes verdichtete Element in der Schwerpunktskreisebene im Verhältniß dieses Drucks an seiner Geschwindigkeit verlieren mußte, seine Centrifugalkraft also kleiner wurde. Und demzufolge mußte sich auch die Einwirkung seiner Centripetalkraft vergrößern und die Elemente mußten dem Mittelpunkte näher rücken.

Sie näherten sich somit sämmtlich der Sonne, und der Halbmesser des ursprünglichen Schwerpunktskreises der Ringschale wurde bei dem Niederschlage ihrer Elemente in die Schwerpunktskreisebene verkleinert.

51.

Die abgelagerte Schalmasse.

Es folgt hieraus:
1) Je größer die Zahl der unverdichteten Elemente ist, welche auf beiden Seiten der Schwerpunktsebene einander gegenüber

stehen, ein desto stärkerer Druck wird in dieser Ebene aus= geübt werden, desto dichter werden sich die abgelagerten Elemente gestalten und einen desto größeren Wärmegrad werden sie einnehmen.

Wir können daher die in dem inneren Schalkreise auf die Aequatorebene errichtete Senkrechte (46. 4.) bis zu ihrem Durchschnitte mit der abzulösenden Ringschale gleichsam als einen Maßstab des Drucks oder der Verdichtung der Ring= schalmasse betrachten, und es mußten hiernach die Verdich= tungen der verschiedenen Ringschalen von außen nach innen abnehmen.

2) Je größer die rotirenden Geschwindigkeiten der inneren Schalkreise ist, desto größer muß die Wirkung der Hemmung sein. Dichte und Wärme der abgelagerten Elemente müssen daher, weil die Geschwindigkeiten der rotirenden Massetheile in der Aequatorebene von außen nach innen zunehmen, bei den Ablagerungen verschiedener Ringschalen ebenfalls von außen nach innen wachsen. —

3) Hiernach verhalten sich also die Dichten D und $\mathfrak{D}$ zweier Planeten wie die Producte aus den Hemmungen H und $\mathfrak{H}$ der inneren Schalkreise in die homologen senkrechten Abmes= sungen y und $\mathfrak{y}$; nämlich:

$$D : \mathfrak{D} = H . y : \mathfrak{H} . \mathfrak{y}.$$

4) Es müssen bei einer und derselben Ringschale sich Ver= dichtung und Wärme im inneren Ringschalkreise am größten ergeben, und beide von hier aus nach dem äußeren Ring= schalkreise hin abnehmen.

5) Im äußersten Ringschalkreise der Schalmasse konnte eine Verdichtung gar nicht stattfinden.

Wir denken uns die Procedur der Ablagerung der Ring= schalmasse in ihrer Schwerpunktskreisebene gleichsam wie eine elektrische Entladung, einen chemisch=physikalischen Proceß, der sich in einer verhältnißmäßig sehr kurzen Zeit vollzog. Auch sind wir geneigt den verdichteten Elementen des Niederschlags, wegen des plötzlichen Ueberganges aus dem Zustande äußerster Verdün=

nung in denjenigen einer sehr großen Verdichtung, einen ungemein hohen Wärmegrad zu vindiciren.

Wir werden also die Niederschläge in die Schwerpunkts=kreisebene der Ringschale als feuerflüssige Körper betrachten und demzufolge jedem einzelnen Niederschlag die Kugelgestalt beimessen.

Von dem plötzlichen Niederschlage in die Schwerpunkts=kreisebene denken wir uns die von dem inneren Schalkreise ent= fernter liegenden Elemente, nämlich die Elemente einer körperlichen Aequatorialzone, ausgeschlossen. Vermögen wir auch nicht durch die Rechnung eine Abgrenzung dieser Zone zu bestimmen, so dürfen wir doch für die Elemente der Aequatorialtheile der Ringschale nur eine verhältnißmäßig geringe gegenseitige Anziehung unter= stellen. Wir denken sie uns als sich an den Complex der ver= dichteten Masse nach und nach in nur wenig verdichtetem Zustande anlagernde Theile.

Seit unserer historischen Zeit sind am Himmel bekanntlich schon vielfach Sterne aufgeleuchtet, die nach kürzerem oder längerem Bestehen verschwanden. Ihr Auflodern geschah stets plötzlich, mit großer Lichtintensität und in vollem Glanze, während ihr Ver= schwinden, sei es nach wenigen Wochen, sei es nach mehreren Mo= naten, nur mit allmähliger Lichtabnahme von Stufe zu Stufe stattfand.

Wir wagen den vielen Hypothesen, die über diese Erschei= nungen aufgestellt sind, eine neue anzureihen, indem wir sie mit dem Niederschlage einer abgelösten Sonnenschale in ihre Schwer= punktskreisebene identificiren, also gleichsam als den Erzeugungs= act eines neuen Weltkörpers betrachten.

52.

Bildung von Ringströmen.

Zurückkehrend zu unserer Darstellung der Bildung des aus den verschiedenen feuerflüssigen Ringströmen entstandenen Haupt= körpers haben wir noch Folgendes zu bemerken.

Die Erkenntniß, daß die Niederschläge der Ringschalmasse in ihre Schwerpunktskreisebene feuerflüssige Körper seien und also in Folge dieser Flüssigkeit vermöge ihrer eigenen Molecularanziehung die Kugelgestalt erhalten, beschränkt wesentlich die Annahme eines continuirlichen Zusammenhanges dieser Körper. Den ganzen Complex des Niederschlages haben wir uns demnach als concentrische Ströme von verdichteten feuerflüssigen Elementen in Kugelgestalt zu denken, welche sich fortwährend nach dem Keppler'schen Gesetze um den Mittelpunkt des ganzen Systems bewegen; die Ringströme von kleinerem Halbmesser schneller, die von größerem langsamer.

Dürften wir bei unserer Betrachtung eine durchaus gleichartige Masse ursprünglich voraussetzen, so müßten wir auch die feuerflüssigen Niederschläge eines und desselben Ringstromes als durchaus von gleicher Größe und von gleichen Entfernungen unter einander annehmen. Da sich aber eine durchaus gleichartige Masse selten in der Natur vorfindet, so müssen wir die ursprüngliche Ringschalmasse als von ungleichartiger Beschaffenheit in ihren einzelnen Theilen annehmen und demgemäß die in die Schwerpunktskreisebene niedergeschlagenen, verdichteten Elemente eines und desselben Ringstromes als von ungleicher Größe und von ungleichen Entfernungen unter einander erkennen.

Bestünde die Ungleichartigkeit der ursprünglichen Ringmasse in einem unsymmetrischen Zusammenhange bezüglich ihrer Schwerpunktskreisebene, wären nämlich Massetheile oberhalb und unterhalb dieser Ebene nicht gleich dicht und in gleichen Entfernungen von ihr, so könnte ein Niederschlag genau in dieser Ebene gar nicht stattfinden. Denn wäre die Ringmasse oberhalb ihrer Schwerpunktskreisebene dichter wie unterhalb derselben, so müßte offenbar der Niederschlag oberhalb, im umgekehrten Falle aber unterhalb dieser Ebene erfolgen.

Es geht aus dieser Betrachtung mit großer Wahrscheinlichkeit hervor, daß die einzelnen Ringströme selbst sich nicht genau in einer und derselben Ebene bewegen können, sondern daß ihre Ebenen Winkel verschiedener Größe mit einander bilden.

VII.

Zusammenfluß der Schalablagerungen

zu

einem Körper.

53.

Unterschied der Anziehung zwischen Masse in Ruhe und Masse in Bewegung.

Es bezeichnen die Buchstaben

a   b   c

drei in einer Richtung liegende, in Ruhe befindliche und gleichweit von einander entfernte Masseelemente; eine äußere Anziehung finde auf sie nicht statt, sie sollen vielmehr ihrer eigenen Anziehung überlassen sein; auch soll angenommen werden, daß das in der Mitte liegende Element b größer sei, wie die beiden andern, unter sich gleiche Masseelemente a und c.

Wir werden nach der gestellten Annahme keinen Grund finden, bei dem in der Mitte liegenden Elemente b eine Ortsveränderung zu unterstellen; dagegen werden sich ihm die äußeren Elemente a und c nach einem gewissen Zeittheile, vermöge der Attractionskraft von b, um eine gewisse Größe nähern. Diese

Näherung wird fortgesetzt stattfinden, und endlich werden sie sich an das in der Mitte liegende Element anlegen.

Denken wir uns die drei Elemente a, b, c, mit gleicher Geschwindigkeit in Bewegung und zwar in einer Richtung, die senkrecht auf ihrer Flucht steht, so wird aber ganz dasselbe stattfinden: die äußeren Elemente a und c werden sich in derselben Zeit um dieselbe Größe dem mittleren Elemente b nähern und sich an dasselbe ebenso anlagern wie im Stande der Ruhe, daher auch ganz dieselbe Dichte hervorbringen, wie nach der vorigen Betrachtung.

Befinden sich dagegen die Elemente in der Richtung ihrer Flucht, etwa von c nach a hin, mit gleicher Geschwindigkeit in Bewegung, so wird zu der vorigen Erscheinung noch ein weiteres Ergebniß hinzutreten.

Es wird sich nämlich in Folge der erhaltenen Anziehung die Geschwindigkeit des vorhergehenden Elementes a vermindern, während die des zweiten b sich gleichbleibt und die des dritten c eine Vermehrung an Geschwindigkeit erhält; es wird also, auch wenn die Attraction plötzlich zu wirken aufhörte, hierdurch eine fortschreitende Verminderung der Entfernungen zwischen den drei Elementen stattfinden, und es würde endlich das nachfolgende Element c das mittlere b, und dieses das erste Element a einholen und also sich die drei Elemente vereinigen müssen.

Da jedoch die Attraction fortwährend wirkt, so muß eine Annäherung des ersten und dritten Elementes an das zweite schneller erfolgen als im Stande der Ruhe, oder bei der Bewegung sämmtlicher Elemente in einer Richtung, die senkrecht auf ihrer Flucht steht.

Wir schließen aus dieser Betrachtung, daß sich unter sonst gleichen Umständen Elemente, welche sich hintereinander bewegen, um so eher vereinigen, je größer ihre Geschwindigkeit ist.

54.

Zusammenfluß der einzelnen Ringströme zu Kugeln.

Ziehen wir das Verhalten eines solchen einzelnen Ringstromes in Betracht, so werden wir folgende Wahrnehmung machen.

Wenn die verdichteten Stellen eines Stromes alle gleiche Masse und gleiche Entfernungen von einander hätten, so würde eine Veränderung ihrer Geschwindigkeit nicht denkbar sein. Da aber nicht anzunehmen ist, daß eine so regelmäßige Verdichtung der Schalelemente durchaus stattfinde, so werden wir unterstellen dürfen, daß irgend ein verdichteter Körper des kreisförmigen Stromes den ihm vorausgehenden und nachfolgenden an Masse und mithin an Stärke der Anziehung übertrifft.

Ein solcher Körper von größerer Masse wird also auf den ihm vorausgehenden und auf den ihm nachfolgenden Körper eine Anziehung ausüben, wodurch die Geschwindigkeit des vorausgehenden vermindert, diejenige des nachfolgenden aber vermehrt wird. Beide werden sich somit dem Körper von größerer Masse allmählich nähern, ihn berühren und endlich mit ihm — wegen ihrer Feuerflüssigkeit — in einen einzigen Körper, der gleichfalls die Kugelgestalt annehmen wird, zusammenfließen.

Durch den Zusammenfluß des stärkeren Körpers mit dem vorausgehenden schwächeren mußte jener einen Widerstand erleiden, wodurch seine Geschwindigkeit vermindert, also seine Centripetalkraft vermehrt, mithin eine Annäherung an den Mittelpunkt des Kreises bewirkt wird. Dagegen mußte durch den Zusammenfluß des stärkeren Körpers mit dem nachfolgenden schwächeren das Gegentheil stattfinden; die Geschwindigkeit des stärkeren Körpers mußte vermehrt, also die Centripetalkraft relativ vermindert werden, der zusammengeflossene Körper sich also von dem Mittelpunkte weiter entfernen. In beiden Fällen also muß sich, wenn auch die vorbeschriebenen Wirkungen sich theilweise aufhebten, immerhin eine gewisse Veränderung in der Entfernung der vereinigten Körper vom Mittelpunkte ergeben.

Im Laufe der Zeit aber werden die auf diese Weise zusammenfließenden Körper des Stromes sich durch ihre veränderten Geschwindigkeiten nach und nach alle einander einholen und sich zu einem Körper vereinigen.

Alsdann freilich wird sich dieser Körper, wegen der veränderten Geschwindigkeit seiner Bestandtheile, nicht mehr in einem

Kreise bewegen können. Da aber die Summe der Geschwindigkeiten aller seiner Bestandtheile nach mechanischen Gesetzen keine Aenderung erleidet, so wird sich seine Bahn zu einer Ellipse gestalten, und der frühere Mittelpunkt dieses Kreises wird ein Brennpunkt dieser Ellipse werden.

55.

Zusammenfluß dieser Kugeln zu einer einzigen Kugel.

Diese Betrachtung können wir auf jeden der concentrischen feuerflüssigen Ringströme anwenden. Wir erhalten dann feuerflüssige Kugeln, die sich in Ellipsen um einen gemeinschaftlichen Brennpunkt bewegen, und deren große Axe durchaus zufällige Lagen gegen einander haben. Befanden sich nun die ursprünglichen zu Kugeln verdichteten Ringströme in einer und derselben Ebene, so werden sich ihre Ellipsenbahnen selbst in vier oder in zwei Punkten geschnitten haben, und hierdurch ergab sich im Laufe der Zeit die Möglichkeit eines weiteren Zusammenflusses der vielen feuerflüssigen, aus den einzelnen Ringströmen zusammengeflossenen, Kugeln zu einer einzigen.

Ein solches Zusammenfließen zu einer einzigen Kugel, dem Hauptkörper, konnte auch erfolgt sein, wenn die ursprünglichen Ringströme nur nahezu in einer und derselben Ebene lagen.

Indem sich uns also der Hauptkörper auf diese Weise als ein Conglomerat von unzähligen und verschiedentlich dichten Körpern früherer Ströme darstellt, gehen wir von der Kant-Laplace'schen sogenannten Nebular-Hypothese zu der Aggregations-Theorie von Bieberstein und Gruithuisen über, welche die Himmelskörper aus der Vereinigung ungleichartiger Körper entstehen läßt, und finden somit Ursache genug, uns die heterogene Beschaffenheit der Planeten und Monde zu erklären.

Die oben beschriebene Vereinigung der feuerflüssigen Niederschläge zu einem Körper stellen wir uns übrigens in der Weise vollzogen vor, daß die einzelnen vereinigten Elemente niemals aufhörten dem Brennpunkte ihrer Bahn dieselbe Seite zuzukehren.

Auch wollen wir bei der Procedur des Zusammenfließens der einzelnen feuerflüssigen Kugeln zu einer einzigen großen nicht übersehen, daß sich durch das Zusammenfließen je zweier Kugeln die Excentricitäten ihrer elliptischen Bahnen in eine mittlere gestalten, und daß sich mithin die Bahn, nach vollendetem Zusammenflusse aller, der Kreisform wieder nähern muß. Auf diese Weise erklären wir uns die zwar noch immer elliptische, aber von dem Kreise wenig abweichende Gestalt der Planeten- und Mondbahnen entstanden. —

Der bisher beschriebene Vorgang bezieht sich nur auf die feuerflüssigen Theile der Schalmasse. Nach außen hin aber denken wir uns die Niederschläge der Schalmasse zunächst von geringerer Dichte und geringerer Temperatur, jedoch immerhin etwas verdichtet. Daraus ergiebt sich die Möglichkeit, daß die Bahnen dieser weniger verdichteten Körper die elliptischen Bahnen der inneren Masse nicht alle geschnitten, sondern zum Theil ganz außerhalb derselben gelegen haben. Eine Vereinigung dieser weniger dichten, nicht feuerflüssigen Körper mit dem in obiger Weise gebildeten Hauptkörper konnte alsdann durch die allmählige Anziehung dieses Hauptkörpers selbst oder unter Umständen gar nicht bewirkt werden.

Endlich nehmen wir an, daß die noch ganz unverdichtete Masse der körperlichen Aequatorialzone der ursprünglichen Ringschale, — welche sich, durch die Anziehung des Mittelpunktes und der in der Schwerpunktskreisebene erfolgten Niederschläge, diesen Niederschlägen genähert haben mußte, sich nunmehr um den Hauptkörper, eine Kugelschale von beträchtlicher Ausdehnung bildend, angelagert und ihn gleichsam als eine Atmosphäre umgeben habe.

56.
Fortsetzung.

Wir haben es (52.) der unsymmetrischen Anordnung der Massetheile oberhalb und unterhalb der Schwerpunktskreisebene zugeschrieben, daß Verdichtungen nicht genau in dieser Ebene, sondern oberhalb und unterhalb derselben stattfänden. Wir können aber auch eine zweite Ursache eines solchen Verhaltens in dem Umstande finden, daß das Herausziehen der Ringschale aus der Sonnenäquatorebene durch die Anziehung der Centralkraft in dem Momente des Sichablösens dieser Schale von dem restirenden Ellipsoide zum Modul ϰ erfolgen, also mit dem Moment des Beginnens des Niederschlages zusammenfallen muß.

Wir können uns dann vorstellen, daß, wenn in diesem Moment der Schwerpunkt der Ringschale nicht genau mit dem Mittelpunkte S des Systems zusammenfällt, auch die Drehung der Ringschale aus der Ebene des Sonnenäquators heraus, nur unregelmäßig stattfindet, und die Niederschläge der Ringschalmasse somit sich größtentheils oberhalb und unterhalb der Schwerpunktskreisebene ergeben.

Die Niederschläge werden sich dann, sei es, daß sie geschlossene Ringströme bilden, oder daß diese Ströme selbst Unterbrechungen haben, in verschiedenen Ebenen bewegen. Es ist dann wohl der Zusammenfluß eines solchen Stromes zu einem kugelförmigen Körper möglich, aber der Zusammenfluß aller dieser Körper zu einer einzigen großen Kugel, je nach der Größe der Winkel, welche ihre Bahnebenen zu einander bilden, ist ausgeschlossen.

Und aus demselben Grunde, aus welchem ein solcher Zusammenfluß unmöglich ist, kann auch eine Verminderung der Bahnexcentricitäten nicht stattfinden. (55.)

Es bedarf wohl kaum der Erwähnung, daß wir uns in dieser Weise die Planetoiden entstanden denken, deren Bahnexcentricitäten diejenigen der Planeten zum Theil nicht unbeträchtlich an Größe übersteigen.

Wir führen also die große Verschiedenheit der Lage ihrer Bahnebenen zu einander auf den Hauptumstand zurück, daß bei Ablösung der Ringschale von dem restirenden Sonnenellipsoide Schwerpunkt der Schale und Schwerpunkt des Ellipsoides nicht zusammenfielen.

Bemerken wir noch hierbei, daß die Neigungen ihrer Bahnen gegen die Sonnenäquatorebene zwischen 0° und nahezu 30° abwechseln, daß dieser Winkel nach dem Schlußsatze von (40.), einen Haupttheil des Erzeugungsellipsoides bestimmt, (und daß nur Pallas diesen Winkel um beiläufig 5° übersteigt.)

Wir schließen hieraus, daß mit der, in einem Punkte A des Aequators, Fig. 4, des folgenden Gleichgewichtsellipsoides errichteten, Senkrechten J J' beiläufig diejenige Masse abgeschlossen werde, für welche die Möglichkeit vorliegt, sich zu einem Körper zu vereinigen.

57.

Schwerkreis. Dauerhaftigkeit der Ringströme.

1) Wir sahen in dem Vorausgegangenen die unverdichtete Masse der abgelösten Ringschale sich in ihre Schwerpunktskreisebene niederschlagen, sich verdichten, und nach und nach in eine einzige Kugel übergehen, welche allenthalben von noch unverdichteter Masse gleich einer Atmosphäre umgeben war. Bei dieser Procedur fanden wir eine Annäherung der ursprünglichen Gesammtschalmasse, beziehungsweise ihres Schwerpunktskreises, an den Aequator des restirenden Ellipsoides.

Dieser Schwerpunktskreis mußte aber offenbar durch die Vereinigung der verdichteten Niederschläge zu einem Körper seine Eigenschaft als solcher verlieren und von da an nur den Weg bezeichnen, in welchem sich die vereinigte Masse fortwährend um den Mittelpunkt des Systems bewegt. Wir wollen ihn nunmehr, um ihn von seiner früheren Lage und Eigenschaft zu unterscheiden, nicht mehr „Schwerpunktskreis", sondern Schwerkreis nennen.

Da wir aber wissen, daß die Bewegung der vereinigten Masse nicht genau in einem Kreise, sondern in einer Ellipse stattfindet, so wird uns auch der Schwerkreis in der That nicht den

wirklichen, sondern nur einen ideellen Weg bezeichnen, dessen Halb=
messer wir aus den Halbaxen jener Ellipse zu bestimmen haben
werden.

2) Wir erkennen noch aus der Erklärungsweise über die
Umwandlung der Ringströme zu einer einzigen Kugel, daß die
Dauerzeit der Ringströme bis zu ihrer Vereinigung in eine einzige
Kugel im Allgemeinen abhängen müsse von der Geschwindigkeit,
mit welcher sie sich bewegen, und von ihrer Entfernung vom
Mittelpunkte, also von ihren Halbmessern. Wir werden einsehen,
daß die Ringströme desto längere Zeit zur Vereinigung brauchen,
je größer ihre Halbmesser und je kleiner ihre Geschwindig=
keiten sind, weil in beiden Fällen die Elemente der Ringströme
sich desto später einander einholen.

Wir werden also sagen dürfen, daß sich die Dauerzeiten
der Ringströme im Allgemeinen zu einander verhalten, wie ihre
Halbmesser dividirt durch ihre Geschwindigkeiten.

58.

Dr. W. F. A. Zimmermann's Hypothese über die Ursache der Rotation der Planeten.

Wiederholen wir noch einmal, daß wir den Uebergang der
Ringschale in die Gestalt der Kugel zuerst der Katastrophe bei=
messen, durch welche ein Theil der Schalmasse als feuerflüssige
Elemente in die Schwerpunktskreisebene der Schale abgelagert
wird, sodann dem Zusammenfließen aller dieser verdichteten
Elemente zu einem einzigen Körper in dieser Ebene.

Wir finden nunmehr in diesem Stadium den feuerflüssigen
Planeten nahe an der Grenze des Sonnenellipsoides,
von der noch unverdichteten Nebelmasse der früheren Ringschale
in Kugelgestalt umgeben, vor.

Wir wiederholen ferner, daß wir auch jetzt keinen Grund zu
der Annahme haben, es bewegten sich sowohl die verdichteten wie
die unverdichteten Theile des Planeten auf eine andere Weise wie

in ihrem Schalzustande, und wir werden deßhalb annehmen müssen, daß die einzelnen Elemente noch fortwährend dem Mittelpunkte des Systems d i e s e l b e Seite zukehren. —

Dem widersprechend erkennen wir aber die Planeten als rotirende Körper und wir haben deßhalb vor Allem nach der Ursache zu suchen, die ihnen diese Rotation verschaffte.

Manche Schriftsteller wollen sie aus der ungleichen Bewegung der äußeren und inneren Ringelemente ableiten; so sagt z. B. Dr. W. F. A. Zimmermann in seiner „Geschichte der Schöpfung" (S. 24):

„Da aber der Ring zwei Seiten hatte, eine äußere und eine „innere, und die Bewegung der Theile des Ringes an diesen „beiden Seiten nach dem Verhältniß ihrer Durchmesser ver=„schieden war, so liefen bei der Ballung zu einem abgeson=„derten Körper die Theile, welche der äußersten Grenze des „Ringes angehörten, den anderen voran, diese anderen blieben „zurück und so leitete sich für den abgesonderten unregel=„mäßigen Körper alsbald auch neben der Bewegung in dem „großen, nicht verlassenen Kreise noch eine Kreisbewegung in „sich, eine Rotationsbewegung, ein. Es bildet sich auf die „natürlichste Weise ein Planet 2c.

Wir können uns dieser Ansicht nicht anschließen, die äußeren Elemente des — nach dieser Hypothese — nicht festen sondern flüssigen Ringes konnten nach dem Keppler'schen Gesetze keine schnellere Bewegung haben wie die inneren, sie konnten daher auch den inneren nicht vorlaufen.

Die äußeren Elemente des Ringes mußten sich vielmehr nach diesem Gesetze langsamer bewegen wie die inneren, und somit fällt die aufgestellte Rotationstheorie in sich zusammen.

Wir könnten dieselbe schon mit dem einzigen Worte „Mond" widerlegen, denn da für den Mondring bezüglich der Geschwindigkeit seiner äußeren und inneren Elemente doch unzweifelhaft dasselbe gelten muß wie für die Planetenringe, so liegt die Frage nahe, warum hat denn er keine Bewegung um seine Axe im Sinne der Planeten, warum kehrt er seinem Hauptkörper immer dieselbe Seite zu und die Planeten nicht? oder warum ist während seines

Umlaufes um den Hauptkörper seine Axendrehung nur eine ein=
malige, während die der Planeten eine vielmalige ist?

In der That muß die Ursache, die den Planeten während
ihrer Bahnbewegung eine öftere Drehung verschaffte, zugleich an=
geben, warum eine solche den Monden mangele, oder warum ihre
Rotationszeit genau mit ihrer Umlaufszeit übereinstimme.

59.

Zusammentreffen der Planetenkugeln mit dem Sonnenellipsoide.

Denken wir uns die Planetenkugel unmittelbar nach ihrer
Entstehung, und ihren Mittelpunkt als einen Punkt des Schwer=
kreises (57. 1.), so werden wir sofort die Möglichkeit einsehen,
daß ein Contact zwischen Planetenkugel und Sonnen=
ellipsoid stattgefunden habe, weil wir bereits eine Annähe=
rung des Schwerpunktskreises nach dem Mittelpunkte des restiren=
den Ellipsoides erkannt haben.

War nun der Zusammenfluß der einzelnen Ringströme zur
Kugel früher erfolgt, als das restirende Sonnenellipsoid vermöge
des Sinkens der Pole Zeit hatte, sich durch die Ablösung einer
zweiten Ringschale aus dem Bereiche der Planetenkugel und ihrer
Umhüllung zurückzuziehen, so mußte ein Zusammentreffen der
verdichteten Kugel in ihrer unverdichteten kugelgestaltigen Hülle
mit der rotirenden Nebelmasse des restirenden Ellipsoides erfolgen
und hierdurch der die Kugel umhüllenden unverdichteten Masse
selbst eine rotirende Bewegung mitgetheilt werden.

Hatte im Gegentheil das restirende Ellipsoid, während des
Zusammenfließens der Ringströme zu einer Kugel, Zeit zur Um=
wandlung in ein Erzeugungsellipsoid, und konnte es,
bevor jenes Zusammenfließen stattfand, sich, indem es eine zweite
Ringschale ablegte, aus dem Bereiche der Nebelkugel entfernen; —
so konnte natürlich ein Zusammentreffen beider Körper nicht statt=

finden. Dann konnte der Nebelkugel auch keine Rotation zu Theil werden, und ihre Elemente mußten daher, dem Hauptkörper wie früher stets dieselbe Seite zukehrend, ihre Bahnbewegung fortsetzen. — Im ersteren Falle mußte unbedingt der verdichteten Kugel **durch die erhaltene Rotation** ihrer unverdichteten, sie umgebenden **Hülle**, (beziehungsweise durch die allmähliche Anlagerung derselben an sie) ebenfalls Rotation mitgetheilt werden, im letzteren Falle aber, wie gesagt, nicht. — Und daß bei den Planeten das Erstere, bei den Monden das Letztere stattfand, möchte kaum, den die Rotation der Planeten allein feststellenden Beobachtungen gegenüber, einem Zweifel zu unterziehen sein.

Wir sind also genöthigt, bei den Strömen der niedergeschlagenen Mondringschalen, bis zu ihrem Zusammenflusse zu **einem Körper**, eine **relativ** größere Dauerhaftigkeit zu unterstellen, als bei denen der Planetenringschalen.

60.

Die Planetenkugeln erhalten übereinstimmende Rotation mit der Rotation des Sonnenellipsoides.

Durch die Annäherung des Schwerpunktskreises der Ringschale nach dem Mittelpunkte des restirenden Ellipsoides, beziehungsweise des Ueberganges dieses Kreises in den von uns sogenannten „Schwerkreis" (57. 1.) mußte die Geschwindigkeit der nunmehr zu **einer** Kugel vereinigten Ringschalmasse eine größere geworden sein, als die vorherige mittlere Geschwindigkeit der Ringschalmasse gewesen war. Dabei könnten wir immerhin noch im Zweifel sein, ob die Bahngeschwindigkeit dieser Kugel kleiner oder größer gewesen sei, wie die Rotationsgeschwindigkeit des restirenden Sonnenellipsoides an seinem Aequator.

War sie kleiner, so mußte bei dem Zusammentreffen der Nebelmasse der Kugel mit der rotirenden Nebelmasse des Sonnenellipsoides eine Drehung ersterer in **entgegengesetzter** Richtung dieses Ellipsoides, also von Ost nach Westen, bewirkt werden.

War sie aber größer, so konnte nur ein Abrollen jener auf dieser stattfinden, und es mußte sich also eine Drehung der Nebelmasse der Kugel in übereinstimmender Richtung mit der Drehung der Nebelmasse des Sonnenellipsoides, nämlich von West nach Osten, ergeben.

Nun rotiren aber erfahrungsmäßig die Planeten in der That von West nach Osten um ihre Axen, also übereinstimmend mit ihrer eigenen Bahn oder der Drehung der Nebelmassen der Sonnenellipsoide, und mithin muß sich obiger Zweifel dahin lösen, daß die Bahngeschwindigkeit der Planetenkugeln größer war, wie die Rotationsgeschwindigkeit der restirenden Sonnenellipsoide am Aequator. Nehmen wir weiter hinzu, daß die Planetenkugeln sich nicht in Kreisen bewegen, sondern in Ellipsen, daß also der Mittelpunkt des Systems ein Brennpunkt für die Bahnen dieser Kugeln geworden ist, so müssen sie sich in den Perihelien ihrer Bahnen dem Sonnenellipsoide genähert, in ihren Aphelien aber von ihm entfernt haben. Sie konnten also in der Sonnennähe mit dem Hauptkörper in Contact gerathen sein, während sie sich demselben in den übrigen Theilen der Bahn theilweise oder ganz entzogen haben.

Das Sonnenellipsoid erscheint dann als ruhend, die Planetenkugel aber als sich mit der Differenz ihrer Bahnbewegung im Perihel und der Rotationsbewegung des Sonnenellipsoides an der Stelle des Contactes an ihm abrollend, und die Drehung der Kugel mußte in übereinstimmender Richtung mit ihrer eigenen Bahn, also von West nach Osten, erfolgen.

Es wurden dann selbstredend alle Elemente der die Planeten umgebenden unverdichteten Hülle, nach unseren Ausführungen in (31.—33.), von der contingirten Nebelmasse des Sonnenellipsoides mit gleichen Kräften und in parallelen Richtungen angegriffen und erhielten gleiche Centralbewegung, insofern der Aequatorhalbmesser eines Planetenellipsoides als ungemein klein gegen den Aequatorhalbmesser des Sonnenellipsoides betrachtet wird.

61.

Die Rotationsaxen der Planeten waren nahezu Tangenten an dem restirenden Sonnenellipsoide.

Wir gingen, in (31.), um die gleichen Centralbewegungen zu erweisen, von der Voraussetzung aus, daß eine und dieselbe Ursache alle Punkte einer aus flüssigen und gleichartigen Elementen bestehenden Kreisfläche in Rotation setze.

Finden wir daher umgekehrt bei einer rotirenden Kreisfläche flüssiger und gleichartiger Elemente diese gleiche Centralbewegung vor, so dürfen wir annehmen, daß die bewegende Ursache sich nahe bis zu dem Mittelpunkte des Kreises erstreckt habe; ist aber diese Kreisebene die Aequatorebene eines Ellipsoides, so können wir unterstellen, daß die bewegende Ursache nahe bis zur Rotationsaxe dieses Körpers eingegriffen habe.

Nun finden wir gleiche Centralbewegung nicht allein bei den Bahnen der Planeten, sondern auch bei den Bahnen der Satelliten dieser Körper. Wir dürfen daher also voraussetzen, daß sowohl bei dem Sonnenellipsoide wie bei den Planetenellipsoiden die Ursache ihrer Rotation sich bis nahe zur Rotationsaxe dieser Körper erstreckt habe, daß also die Rotationsaxen der Planeten auch nahezu Tangenten an das restirende Sonnenellipsoid gewesen seien.

Nehmen wir an, es falle der Mittelpunkt der Planetenkugel in dem Perihel nicht genau in die Oberfläche des Sonnenellipsoides, sondern eine Strecke in das Ellipsoid hinein, so wird er doch vor seinem Eintreffen in dasselbe und auch nach dem Verlassen desselben mit der Oberfläche des rotirenden Körpers zusammenfallen müssen.

Die Masse des Sonnenellipsoides denken wir uns aber von so geringer Dichte, daß ihr Contact mit der verdichteten Masse des Kerns auf diese durchaus keinen Einfluß ausübte, sondern nur in der den Kern umhüllenden lockeren Masse (welche mit der Masse des Sonnenellipsoides an der Stelle des Zusammentreffens nicht von sehr verschiedener Dichte gewesen sein mag), Rotation erzeugte.

Erst durch die succeſſive Anlagerung der rotiren=
den Nebelmaſſe an die Oberfläche des Kerns konnte
dieſer ſelbſt in eine drehende Bewegung gebracht wor=
den ſein.

Wenn wir uns alſo die Planetenkugel auch in ihrer ganzen
Ausdehnung durch das Sonnenellipſoid durchgehend denken, ſo wird
doch, ſowohl bei ihrem Eintritte in daſſelbe wie bei ihrem Aus=
tritte aus ihm, nur der dem Ellipſoid zugekehrte Theil die Drehung
der flüſſigen Maſſe verurſachen können.

Nehmen wir aber an, der Mittelpunkt der Planetenkugel fiele
noch außerhalb des Sonnenellipſoides und nur ein großer Theil
ihres Halbmeſſers in daſſelbe, ſo wird ſich die Thätigkeit, Rotation
der Nebelmaſſe der Planetenkugel zu erzeugen, nur auf den Bereich
des angegriffenen Theiles dieſes Halbmeſſers erſtrecken können.

62.

Die Aequatorebene einer Planeten-Ringſchale.

Denken wir uns, es habe keine Drehung aus der Sonnen=
äquatorebene heraus ſtattgefunden, es falle alſo dieſe Ebene mit
der Bahnebene der Planeten zuſammen, ſo wird auch die Aequa=
torebene der Planetenkugel mit dieſen Ebenen zuſammenfallen, und
auf der Oberfläche des Sonnenellipſoides ſenkrecht ſtehen, alſo auch
die Rotationsaxe der Planetenkugel auf der Sonnenäquatorebene
ſenkrecht ſein oder mit der Rotationsaxe des Sonnenellipſoides
parallel laufen. In dieſem Falle können wir alſo die Rotations=
axe der Planetenkugel als Tangente an das Sonnenellipſoid be=
trachten.

Tritt aber die Bahnebene der Planetenkugel aus der Sonnen=
äquatorebene heraus, alſo mit dieſer einen Winkel α bildend, ſo
muß ſich auch die Aequatorebene der Planetenkugel aus der Sonnen=
äquatorebene herausdrehen. Denken wir uns hierbei das Sonnen=
ellipſoid ohne Rotation und nur die Planetenkugel ſich in ihrer

Bahn bewegend, so müssen wir der Aequatorebene der letzteren das Bestreben beilegen, eine senkrechte Stellung zur Oberfläche des Ellipsoides beizubehalten, also einen Winkel β mit ihrer Bahnebene und einen Winkel $\alpha + \beta$ mit der Sonnenäquatorebene zu bilden.

Es würde also die Rotationsaxe der Planetenkugel Tangente an dem Sonnenellipsoide verbleiben.

Da durch das Abrollen der Planetenkugel ein Eindringen der Sonnennebelmasse in diesen Winkel β stattfindet, so muß derselbe hierdurch eine Vergrößerung erleiden und in einen Winkel $\beta + \gamma$ übergehen. Und also wird die Rotationsaxe der Planetenkugel, obgleich in einer Meridianebene des Sonnenellipsoides verbleibend, ihre tangirende Richtung an die Oberfläche dieses Ellipsoides verlassen und eine größere Neigung zu dessen Rotationsaxe erhalten; es muß also auch der Winkel $\alpha + \beta$, welchen die Aequatorebene der Planetenkugel mit der Sonnenäquatorebene bildet, (um den Winkel γ) vergrößert werden.

63.

Die Schiefe der Bahnebenen der Planeten.

Die Schiefe der Bahnebene eines Planeten ist daher nach unserer Betrachtung durch den Winkel α, welchen die Bahnebene mit der Sonnenäquatorebene bildet, veranlaßt, durch das Bestreben der Kugel, sich in einer Richtung um eine Axe zu drehen, welche senkrecht auf der Oberfläche des Ellipsoides steht, also mit ihrer Bahnebene den Winkel β bildet, eingeleitet, und durch das Einströmen der Masse des Sonnenellipsoides in diesen Winkel β vergrößert und vollendet.

Sie läßt sich hiernach auch in zwei Winkel zerlegen: in den Winkel β, welchen die im Perihel auf die Oberfläche des Ellipsoides gefällte Senkrechte mit der Bahnebene der Planeten bildet und welchen wir den Vorwinkel der Bahnschiefe nennen wollen, und in den Winkel γ, welchen diese Senkrechte mit der Aequatorebene des Planeten einschließt, und der Nachwinkel heißen möge, aber für unsere Untersuchungen nicht von Bedeutung ist.

Wir kennen zwar bei mehreren Planeten die Winkel, welche ihre Aequatorebenen mit ihren Bahnebenen gegenwärtig bilden, aber die Größe dieser Winkel, unmittelbar nach erhaltener Rotation der Planeten, ist uns nicht bekannt.

So ist die dermalige Bahnschiefe bei

Uranus	nahe 90°
Saturn	„ 30°
Jupiter	3° 6'
Mars	27° 16'
Erde	23° 27' 35".

Bei der Erde wissen wir, daß ihre Bahnschiefe oder die Schiefe der Ekliptik bis zu ungefähr 21° abnimmt, dann wieder wächst und mit beiläufig 27° ihr Maximum erreicht, daß also diese Schiefe zwischen 21° und 27° schwankt.

Ein Schwanken dieses Winkels bei allen übrigen mit Monden behafteten Planeten dürfen wir wohl als zuverlässig annehmen und ebenso ein Schwanken der Sonnenäquatorebene unterstellen, so daß also ihre Neigung zur Ekliptik periodischen Veränderungen unterworfen ist.

Aus der Wahrscheinlichkeit dieses Hin= und Herbewegens der Sonnenäquatorebene wird auch, in Uebereinstimmung mit der Laplace'schen Hypothese, häufig die Erscheinung erklärt, daß die Bahnebenen der Planeten nicht mit der Sonnenäquatorebene übereinstimmen; denn wenn die Planetenbahnen auch ursprünglich in dieser Ebene gelegen hätten, so sei doch durch ihr Schwanken ein Heraustreten aus ihr verursacht worden. Allein dann müßte auch wieder umgekehrt mit der Zeit ein Wiederzusammenfallen beider Ebenen stattfinden. Wir wissen aber, daß bei der Erde die Bahnebene des Mondes niemals mit der Aequatorebene zusammenfallen könne, und mithin kann auch die Verschiedenheit der Lage beider Ebenen nicht durch das Schwanken der Erdäquatorebene, also durch das

Heraustreten dieser Ebene aus der Ebene der Mondbahn, veranlaßt worden sein.

Wir schließen hieraus, daß auch das Schwanken der Rotationsaxe der Sonne oder, was dasselbe ist, ihrer Aequatorebene die Erscheinung nicht erklären könne, daß sich die Ebenen der Planetenbahnen nicht genau in der Sonnenäquatorebene vorfinden.

64.

Die Differenz der Bahnbewegung eines Planeten und der Rotationsbewegung des Sonnenellipsoides.

Wenn ein Planet wirklich seine Rotation an dem Sonnenellipsoide empfangen, sich also in dem Perihel seiner Bahn gleichsam an ihm abgerollt hat, so muß auch an jeder Stelle des Contactes die Größe seiner erhaltenen Rotationsbewegung der Differenz zwischen seiner Bahngeschwindigkeit und der Rotationsgeschwindigkeit des Sonnenellipsoides an der Stelle des Contactes gleich gewesen sein.

Da aber die in Contact gekommenen Körper stets gleiche Rauminhalte haben, so könnten bei Bestimmung der Größe dieser Bewegungen nicht die Massen selbst, sondern nur deren Dichten in Betracht kommen.

Wir haben indessen alle Ursache, anzunehmen, daß die Dichte der äußersten Schichten der Planetennebelmasse von der Dichte der äußersten Schichten der Sonnennebelmasse nicht sehr verschieden gewesen sein mag, also auch mit der ursprünglichen Dichte der ersten Schalablagerung der Planetenellipsoide nahe übereingestimmt habe.

Ziehen wir daher nur die äußersten Schichten beider Nebelmassen in Betracht, so werden wir hierbei auch von deren Dichten absehen dürfen.

Es würde sich mithin, unter der weiteren Voraussetzung, daß sich unser Erdenmond aus der ersten Schalablagerung des Erdenellipsoides gebildet habe, die Geschwindigkeit dieser ersten Ablage=

rung ober, was nahe daſſelbe iſt, die Bahngeſchwindigkeit des Mondes als die Differenz zwiſchen der Bahngeſchwindigkeit der Erde in ihrem Perihel und der Rotationsgeſchwindigkeit des Sonnenellipſoides an der Stelle des Contactes ergeben müſſen.

Bezeichnet daher 𝖌 die Bahngeſchwindigkeit des Mondes, g die Bahngeſchwindigkeit der Erde in ihrem Perihel, und G die Rotationsgeſchwindigkeit des Sonnenellipſoides an der Stelle des Contactes, ſo werden wir haben

$$\mathfrak{g} \text{ nahe} = g - G.$$

65.

Dauerhaftigkeiten der Planetenringſtröme. Umlaufszeiten der Planeten.

Wir haben, in (57.), die Dauerhaftigkeit eines Ringſtromes bis zu ſeiner Umgeſtaltung in die Kugelform und zum Contacte mit dem Sonnenellipſoide abhängen laſſen, von der Geſchwindigkeit, mit welcher ſich die einzelnen Ströme im Kreiſe bewegen, und von ihren Halbmeſſern. Wir werden dieſe Betrachtung jedoch auch auf die verſchiedenen Dauerhaftigkeiten der einzelnen Planetenringſtröme übertragen müſſen. Wir nehmen alſo auch für die Planetenringſtröme unter ſich an, daß ſich ihre Dauerhaftigkeiten annähernd zu einander verhalten, wie ihre Halbmeſſer, dividirt durch ihre Geſchwindigkeiten.

Bezeichnen demnach $\mathfrak{D}$ und $\mathfrak{d}$ die Dauerhaftigkeiten zweier Planetenringe, und ſind R und r ihre Halbmeſſer, G und g ihre Geſchwindigkeiten, ſo hätten wir:

1) $$\mathfrak{D} : \mathfrak{d} = \frac{R}{G} : \frac{r}{g},$$

oder, wenn wir für G und g ihre Werthe, aus (22. 4.) ſubſtituiren:

2) $$\mathfrak{D} : \mathfrak{d} = T : t.$$

Hiernach würden sich also die Dauerhaftigkeiten wie die Umlaufszeiten verhalten.

Nun betragen die siderischen Umlaufszeiten der Planeten bekanntlich in Tagen:

3) für

Neptun.	$T_1 = 60186{,}41800$;	$\log T_1 = 4{,}7794985$;
Uranus.	$T_2 = 30686{,}82083$;	$\log T_2 = 4{,}4869519$;
Saturn.	$T_3 = 10759{,}21982$;	$\log T_3 = 4{,}0317807$;
Jupiter.	$T_4 = 4334{,}58482$;	$\log T_4 = 3{,}6369475$;
Mars.	$T_6 = 686{,}97964$;	$\log T_6 = 2{,}8369439$;
Erde.	$T_7 = 365{,}25637$;	$\log T_7 = 2{,}5625977$;
Venus.	$T_8 = 224{,}70079$;	$\log T_8 = 2{,}3516046$;
Merkur.	$T_9 = 87{,}96926$;	$\log T_9 = 1{,}9443309$.

Die siderische Umlaufszeit des Erdenmondes aber ist:
$$T = 27{,}321661; \qquad \log T = 1{,}4365070.$$

Benennen wir diese Umlaufszeiten, indem wir diejenige der Erde gleich 1 setzen, mit accentuirten $\mathfrak{D}$, so ist

4) für

Neptun.	$\mathfrak{D}_1 = 164{,}7785$;	$\log \mathfrak{D}_1 = 2{,}2169008$;
Uranus.	$\mathfrak{D}_2 = 84{,}01062$;	$\log \mathfrak{D}_2 = 1{,}9243542$;
Saturn.	$\mathfrak{D}_3 = 29{,}45662$;	$\log \mathfrak{D}_3 = 1{,}4691830$;
Jupiter.	$\mathfrak{D}_4 = 11{,}86724$;	$\log \mathfrak{D}_4 = 1{,}0743498$;
Mars.	$\mathfrak{D}_6 = 1{,}880815$;	$\log \mathfrak{D}_6 = 0{,}2743462$;
Erde.	$\mathfrak{D}_7 = 1$	$\log \mathfrak{D}_7 = 0$
Venus.	$\mathfrak{D}_8 = 0{,}6151865$;	$\log \mathfrak{D}_8 = 9{,}7890069$;
Merkur.	$\mathfrak{D}_9 = 0{,}2408425$;	$\log \mathfrak{D}_9 = 9{,}3817332$.

Für den Erdenmond ergiebt sich:
$$\mathfrak{D} = 0{,}07480133; \qquad \log \mathfrak{D} = 0{,}8739093 - 2.$$

VIII.

Vergleichung des sich um eine Axe drehenden Ellipsoides

von

gleichartiger flüssiger Masse mit dem Sonnenellipsoide.

66.

Vorbemerkungen.

Das bisher Abgehandelte, in welchem unumstößliche Wahrheiten mit Hypothesen verflochten sind, soll nunmehr mit den Erscheinungen in Vergleichung gebracht werden, welche wir in dem Sonnensystem wahrnehmen. Wir haben hier vor Allem die Entfernungen der Planeten unter sich und von ihrem Hauptkörper, sowie die Entfernungen der Monde unter sich und von ihren Planeten in's Auge zu fassen, um zu untersuchen, ob unsere auf theoretischem Wege gefundenen Resultate mit der Wirklichkeit übereinstimmen.

Wir fanden, nach der Laplace'schen Hypothese, sämmtliche Planeten (und Monde) in einem aufgelockerten Zustande von einer für unseren Verstand kaum faßlichen geringen Dichte vor, denn diese aufgelockerte Masse erstreckte sich weit über die Bahn des äußersten Planeten.

Da wir sie in Rotation (von West nach Osten) vorfinden, so mußte diese ungemein dünne und flüssige Masse die Gestalt eines an seinen Polen abgeplatteten Ellipsoides haben, und es müssen an diesem Ellipsoide alle Erscheinungen wahrgenommen worden sein, welche wir bereits über das Sinken der Pole einer rotirenden flüssigen Masse abgehandelt haben.

Es mußte namentlich von der Gestalt eines Grenzellipsoides nach und nach zu der eines andern übergegangen sein, es mußten Ringschalablagerungen hierbei stattgefunden haben, aus welchen die Nebenkörper hervorgingen.

Da wir diese nahe an den Aequatorgrenzen der restirenden Ellipsoide entstanden sahen, die Aequatorgrenzen der aufeinander folgenden Grenzellipsoide aber als analoge Abmessungen ähnlicher Körper hier in zusammenhängender Proportion stehen, so muß dieses auch mit den Entfernungen der Nebenkörper von ihrem Hauptkörper der Fall sein. Es würden also zur Bestimmung dieser Entfernungen, sobald uns nur die Entfernung eines einzigen der Nebenkörper von seinem Hauptkörper bekannt wäre, die Entfernungen aller übrigen, nach den Formeln (44.) oder (45. 8. u. 9.) leicht abgeleitet werden können.

Allerdings unterstellen wir eine durchaus gleiche Dichte der den Hauptkörper umgebenden dünnen Flüssigkeit, wenn wir auf durchaus genaue Resultate rechnen. Da aber eine solche Unterstellung nur annähernd richtig sein möchte, so werden uns auch schon angenäherte Resultate diejenige Befriedigung gewähren, welche uns in andern Fällen nur sehr genaue Resultate als Beweise für die Richtigkeit eines aufgestellten Gesetzes geben würden.

Da die Ablagerung der Ringschalen von außen nach innen stattfindet, so mußte der äußerste Planet zuerst entstanden und ihm die übrigen der Reihe nach bis zum Merkur gefolgt sein. Ist also der zuletzt entdeckte Planet, Neptun, der äußerste des Systems, so lagerte das Sonnenellipsoid, indem wir die Gruppe der Planetoiden als aus einer einzigen Ringschale hervorgegangen betrachten, nach und nach neun Ringschalen ab.

Selbstrebend muß die von uns für die Entstehung der Planeten aufgestellte Betrachtung, wenn sie auf Wahrheit beruht, in gleicher Weise auf die Entstehung der Monde Anwendung finden, und sich dieselbe ebenso aus den Planetenellipsoiden ableiten lassen, wie die Entstehung der Planeten aus dem Sonnenellipsoide.

67.

Die Halbmesser der Schwerkreise.

Die Bewegung der Nebenkörper um ihre Hauptkörper geschieht bekanntlich nicht gleichförmig, und ihre Bahnen sind nicht Kreise sondern Ellipsen, wiewohl von geringer Excentricität. Wir wollen uns aber, der Einfachheit der Rechnungen wegen, vorstellen, es fände ihre Bewegung gleichförmig und in derselben Zeit statt, in welcher sie ihre elliptischen Umläufe vollenden. Wir haben dann ihre mittleren Bewegungen in Betracht zu nehmen, ihre Bahnellipsen in Kreise umzuwandeln (die wir bereits in (57. 1.) Schwerkreise genannt haben), und deren Halbmesser zu bestimmen. Sind uns die halbe große Axe a der elliptischen Bahn eines Planeten und die Excentricität e dieser Bahn bekannt, so läßt sich der Halbmesser R des Schwerkreises leicht bestimmen.

Nach dem zweiten Keppler'schen Gesetze beschreiben nämlich die Nebenkörper in gleichen Zeiten gleiche Ausschnitte ihrer Bahnebenen. Bezeichnen wir also weiter die halbe kleine Axe der elliptischen Bahn mit b, so folgt:

1) $\quad R^2 = ab; \quad$ also $\quad R = \sqrt{ab};$

und führt man in diese Gleichung die Excentricität e der elliptischen Bahn ein, so ist, wegen: $e^2 = a^2 - b^2$

2) $\quad b = \sqrt{a^2 - e^2}$

also:

3) $\quad R = \sqrt{a\sqrt{a^2 - b^2}}.$

Bemerken wir indessen bei dieser Formel noch, daß, weil nur a als halbe Absidenlinie oder „mittlere Entfernung" eine beständige Größe ist, der Halbmesser $\mathfrak{R}$ nicht für alle Zeiten der wirkliche Halbmesser des Schwerkreises ist, daß er aber dennoch, wegen der nur geringen Veränderlichkeit von e, stets nahe mit ihm übereinstimmen muß.

Nach dem Gesammtresultate aller neueren Untersuchungen weicht die Sonnenparallaxe, welche früher zu 8″,57 angenommen wurde, sicherlich nur unbedeutend von 8″,85 ab.

Die halbe große Axe a der Erdbahn ergiebt sich hiernach zu etwa 20028900 *) g. Meilen. Die Excentricität e der Erdbahn beträgt 0,0167703. Der Halbmesser $\mathfrak{R}$ des Schwerkreises des Erdenringes berechnet sich mithin, wie folgt:

$\log e = 0{,}2245409 - 2$
$\log a = 7{,}3016571$
$\log e = 5{,}5261980$ in g. M.
$\log e^2 = 11{,}0523960$
$\log a^2 = 14{,}6033142$

$a^2 = 4011568 \cdot 10^3$
$e^2 = 1128 \cdot 10^3$
$a^2 - e^2 = 4010440 \cdot 10^3$
$\log (a^2 - e^2) = 14{,}6031921$
$\log \sqrt{a^2 - e^2} = 7{,}3015960$
$\log a = 7{,}3016571$
$\log \mathfrak{R}^2 = 14{,}6032531$
$\log \mathfrak{R} = 7{,}3016265$

4) $\qquad \mathfrak{R} = 20027490$ g. M.

68.

Erklärung einzuführender Bezeichnungen.

Wir nehmen von vornherein an, daß die durch die Laplace'sche Formel gefundenen Verhältnißzahlen $\varkappa$ und λ, oder vielmehr die aus ihnen theoretisch abgeleiteten Entfernungen der Planeten von

---

*) Siehe: von Littrows Kalender für alle Stände 1876. S. 25.

der Sonne, nicht mit denjenigen genau übereinstimmen, welche uns die Beobachtung mittheilt. Wir wollen deshalb beide Arten von Größen im Allgemeinen dadurch von einander unterscheiden, daß wir für erstere römische, für letztere arabische Zahlzeichen verwenden.

Ueber die im Nachfolgenden nöthigen neuen Zeichen wird nachstehende Erläuterung hier im Zusammenhange einen Platz finden müssen. —

Es stelle Tafel II die auf die Aequatorebene eines sich um seine Axe drehenden Sonnenellipsoides senkrecht gestellte und durch diese Axe selbst gelegte Ebene vor, und es bezeichnen die kürzer gestreckten Ellipsen die Durchschnitte der Gleichgewichts-, die länger gestreckten die Durchschnitte der Erzeugungsellipsoide (also Ellipsen zum Modul $\varkappa$ und beziehungsweise λ) wie sie sich nach der Rechnung (oder theoretisch) nach einander ergeben; S sei der Mittelpunkt der Sonne, und die römischen Zahlzeichen bezeichnen den Ort der Planeten von außen nach innen, wie sie ihn ebenfalls nach der Rechnung einzunehmen hätten. Es bezeichnen aber zugleich auch diese römischen Zahlzeichen die Entfernungen der theoretischen Schwerkreise von dem Mittelpunkte S des Systems, also die theoretischen Entfernungen der Planeten von der Sonne selbst oder die Halbmesser der theoretischen Schwerkreise.

Ebenso bedeuten die Planetenzeichen: ♆ (Neptun), ♅ (Uranus), ♄ (Saturn), ♃ (Jupiter), ¡▽ (Planetoiden)¡, ♂ (Mars), ♁ (Erde), ♀ (Venus), ☿ (Merkur), nicht allein ihren wirklichen Ort, sondern auch den Halbmesser ihrer mittleren Bahnbewegung oder ihres wirklichen „Schwerkreises". Wir werden also z. B. den Halbmesser des wirklichen Schwerkreises der Erde, anstatt mit ♁ S, stets nur mit ♁ bezeichnen, während wir den theoretischen Halbmesser VII nennen. Ingleichen heiße: log ♁ der Logarithmus des Halbmessers des wirklichen Schwerkreises der Erde, u. s. w.

Auch die theoretisch bestimmten Entfernungen der Monde von den Planeten werden wir von außen nach innen durch römische Zahlen ausdrücken, die wirklichen aber durch arabische (in Klammern eingeschlossene) Ziffern.

Wenn wir über den äußersten bekannten Nebenkörper eines Hauptkörpers hinaus, also von dem Hauptkörper ab, einen oder mehrere Nebenkörper weiter vermuthen, so wollen wir dieselben rückwärts der Ordnung nach mit römischen Zahlzeichen bezeichnen, denselben das Zeichen — vorsetzen und den Ausdruck in Klammern einschließen, also: (— I), (— II), u. s. w. schreiben.

Die Aequatorhalbmesser der Grenzellipsoide, welche wir bisher mit A, beziehungsweise 𝔄, ausgedrückt haben, wollen wir mit A bezeichnen, diesem Buchstaben aber, um sogleich zu erkennen, welchem Planeten das entsprechende Gleichgewichtsellipsoid angehöre, rechts unten eine römische Ziffer, der römischen Ziffer der theoretischen Entfernung entsprechend, anhängen.

Demgemäß bedeutet z. B. A_{III} den theoretischen Aequatorhalbmesser sowohl des Gleichgewichtsellipsoides (zu dem Quadranten $A_{III} B_{III} S$) wie des Erzeugungsellipsoides (zu dem Quadranten $A_{III} B_{IV} S$) des 3. Planeten (Saturn). Taf. II, Fig. 11.

Aehnlich wollen wir mit dem die halbe Rotationsaxe bezeichnenden Buchstaben B verfahren. Die demselben beigesetzte römische Ziffer entspreche dem zugehörigen Gleichgewichts- und dem vorhergehenden Erzeugungsellipsoide. Es bedeutet hiernach z. B. B_{III} die theoretische halbe Rotationsaxe des Gleichgewichtsellipsoides (zu dem Quadranten $A_{III} B_{III} S$) für den 3. Planeten (Saturn) und zugleich die halbe Rotationsaxe des Erzeugungsellipsoides (zu dem Quadranten $A_{II} B_{III} S$) für den vorhergehenden 2. Planeten (Uranus).

Die Buchstaben A und B bezeichnen aber nicht allein die Größe der betreffenden Halbmesser und halben Rotationsaxen, sondern (in der Figur) auch zugleich den einen Endpunkt dieser Halbmesser, während der andere Endpunkt stets der Mittelpunkt S der Sonne ist.

Es ist also die hier beobachtete Bezeichnungsweise gegenüber der früheren stets:

$A_I = A$ und $B_I = B$

$A_{II} = 𝔄$ $B_{II} = 𝔅$

also

$$A_{III} = \mathfrak{A}_{II} \qquad\qquad B_{III} = \mathfrak{B}_{II}$$
u. f. w.
$$A_n = \mathfrak{A}_{n-1} \qquad\qquad B_n = \mathfrak{B}_{n-1}$$

Beziehen wir dagegen unsere Betrachtung nicht auf eine theoretische Größe, sondern auf eine solche, welche als ein aus der Beobachtung gezogenes Resultat zu gelten hat, so wollen wir die römischen Zahlzeichen durch arabische ersetzen.

Die Accentzeichen beziehen jedesmal den Buchstaben, welchem sie beigesetzt sind, auf die Ordnung des Nebenkörpers von außen nach innen.

Sind wir genöthigt eine Linie durch ihre beiden Endpunkte A und B auszudrücken, so werden wir diese stets in eine Klammer einschließen, nämlich (A B) schreiben. Wir haben von dieser Bezeichnungsweise in dem Vorhergehenden bereits öfter Anwendung gemacht.

69.

Formel zur Bestimmung der Schwerkreishalbmesser.

Da uns die Umlaufszeiten sämmtlicher Planeten um die Sonne und die der Monde um ihre Planeten genau bekannt sind, so sind wir auch im Stande, nach dem Keppler'schen Gesetze, eine einfache Formel zur Bestimmung aller Halbmesser der Schwerkreise der Planeten- und Mondringe abzuleiten.

Die Umlaufszeit der Erde um die Sonne beträgt
$\mathfrak{T} = 31558150'',7496$ \hfill (log $\mathfrak{T} = 7{,}4991116$).

Schreiben wir, in (30. 1.), $\mathfrak{R}$ für r und $\mathfrak{T}$ für t, so ist:

1) $$T^2 = \frac{\mathfrak{T}^2}{\mathfrak{R}^3} \cdot R^3$$

und wir erhalten, wenn wir den constanten Factor $\frac{\mathfrak{T}^2}{\mathfrak{R}^3}$ mit V bezeichnen:

$$\log \mathfrak{T}^2 = 14{,}9982232$$
$$\log \mathfrak{R}^3 = 21{,}9048795 \quad (67.\,4.)$$

2) $\quad \log V = 0{,}0933437 - 7;\ V = 0{,}0000001239777.$

Es ergiebt sich mithin:

3) $\quad T^2 = V \cdot R^3 \quad$ oder $\quad R = \sqrt[3]{\dfrac{T^2}{V}}.$

In gleicher Weise ergeben sich die Werthe für den constanten Factor bei den Planeten: Saturn, Jupiter und Erde, wenn wir deren (innerste) Trabanten zu Grunde legen und diesen Factor beziehungsweise mit v_3, v_4, und v_7 bezeichnen, wie folgt:

Nach den astronomischen Bestimmungen betragen die großen Halbaxen der Bahnen dieser Trabanten für Saturn 0,00124 und für Jupiter 0,002819 Theile der großen Halbaxe der Erdbahn. Die Excentricitäten sind unmerklich.

Wir haben daher, wenn wir die Halbmesser der Schwerkreise mit r, und die Umlaufszeiten mit t bezeichnen, für:

Saturn:	Jupiter:	Erde:
4) $r = 24835{,}83$ M.	$r = 56461{,}46$ M.	$r = 51634{,}76$ M.
$t = 81425''{,}42$	$t = 152853''{,}4$	$t = 2360591''{,}51$
$\log r = 4{,}3950788$	$\log r = 4{,}7517522$	$\log r = 4{,}7129422$
$\log t = 4{,}9107600$	$\log t = 5{,}1842753$	$\log t = 6{,}3730209$

Hieraus ergiebt sich:

5) $\log t^2 = 9{,}8215200$	$\log t^2 = 10{,}3685506$	$\log t^2 = 12{,}7460418$
$\log r^3 = 13{,}1852364$	$\log r^3 = 14{,}2552566$	$\log r^3 = 14{,}1388266$
$\log v_3 = 0{,}6362836$ -4	$\log v_4 = 0{,}1132940$ -4	$\log v_7 = 0{,}6072152$ -2

70.

Die Halbmesser der Schwerkreise der Planeten.

Aus den Umlaufszeiten T der Planeten um die Sonne sollen jetzt ihre Halbmesser der Schwerkreise bestimmt werden, nachdem die siderischen Umlaufszeiten der Planeten bereits (65. 3.) in Tagen angegeben sind. —

Verwandelt man diese in Secunden, (1 Tag = 86400"; log (1 T. in S.) = 4,9365137) so ergeben sich, nach der zweiten Formel (69. 3.)

♆	= 601 949 550 g. M.;		log ♆	= 8,7795602
☾	= 384 175 000	„	log ☾	= 8,5845291
♄	= 191 021 260	„	log ♄	= 8,2810817
♃	= 104 197 200	„	log ♃	= 8,0178562
♂	= 30 515 730	„	log ♂	= 7,4845238
⊕	= 20 027 490	„	log ⊕	= 7,3016264
♀	= 14 486 530	„	log ♀	= 7,1609643
☿	= 7 752 620	„	log ☿	= 6,8894485.

71.

Die Halbmesser der Schwerkreise der Monde Saturns und Jupiters.

Bezeichnen wir die siderischen Umlaufszeiten der 8 Monde Saturns, sowie der 4 Monde Jupiters mit t, und fügen denselben arabische Ziffern bei, als charakteristische Zeichen ihrer Reihenfolge von außen nach innen, so ist:

1)   Für Saturn.

   t_1 = 79,3294   Tage;   log t_1 = 1,8994342

   t_2 = 21,2840   „   log t_2 = 1,3280533

$t_3 = 15{,}945427$ Tage; $\log t_3 = 1{,}2026361$

$t_4 = 4{,}517492$ „ $\log t_4 = 0{,}6548974$

$t_5 = 2{,}736916$ „ $\log t_5 = 0{,}4372614$

$t_6 = 1{,}887804$ „ $\log t_6 = 0{,}2759561$

$t_7 = 1{,}370217$ „ $\log t_7 = 0{,}1367894$

$t_8 = 0{,}942424$ „ $\log t_8 = 0{,}9742463 - 1.$

2)   Für Jupiter.

$t_1 = 16{,}6890164$ Tage; $\log t_1 = 1{,}2224307$

$t_2 = 7{,}1545529$ „ $\log t_2 = 0{,}8545826$

$t_3 = 3{,}5511806$ „ $\log t_3 = 0{,}5503727$

$t_4 = 1{,}7691374$ „ $\log t_4 = 0{,}2477616.$

Aus diesen Umlaufszeiten reducirt auf Secunden, (70.) ergeben sich, unter analoger Anwendung der zweiten Formel (69. 3.) und unter Einführung der bezüglichen Werthe von v, aus (69. 5.) von außen nach innen die Entfernungen dieser Nebenkörper von ihrem Hauptkörper:

3)   Für Saturn:

(1) = 477020,87 g. M.; $\log (1) = 5{,}6785374$

(2) = 198434,30 „ $\log (2) = 5{,}2976168$

(3) = 163683,60 „ $\log (3) = 5{,}2140053$

(4) = 70606,75 „ $\log (4) = 4{,}8488462$

(5) = 50554,00 „ $\log (5) = 4{,}7037555$

(6) = 39465,60 „ $\log (6) = 4{,}5962186$

(7) = 31874,31 „ $\log (7) = 4{,}5034409$

(8) = 24835,83 „ $\log (8) = 4{,}3950788.$

4)   Für Jupiter:

(1) = 252076,0 g. M.; $\log (1) = 5{,}4015316$

(2) = 143317,6 „ $\log (2) = 5{,}1562995$

(3) = 89844,8 „ $\log (3) = 4{,}9534929$

(4) = 56461,46 „ $\log (4) = 4{,}7517522.$

72.

Bestimmung der theoretischen Aequatorhalbmesser der Grenz-ellipsoide für die Planeten.

Untersuchen wir nunmehr, inwieweit das Gesetz der regelmäßigen Ringschalablagerungen mit dem der wirklichen Entfernungen der Planeten von der Sonne zusammenfällt. Wir wollen dabei eine durchaus regelmäßige Ablagerung, also gleiche Dichte der den Sonnenkörper umgebenden rotirenden Nebelmasse voraussetzen; sowie annehmen, daß eine Drehung der Ringschale nicht aus der Sonnenäquatorebene heraus, sondern daß der Niederschlag in dieser Ebene selbst stattgefunden habe. Ferner unterstellen wir, es habe sich die verdichtete Masse der Planeten jeweilig an dem Aequator der unverdichteten des restirenden Sonnenellipsoides in der Weise abgerollt, daß die Axe der Planetenkugel stets Tangente an dem Sonnenellipsoide verblieben sei. Mit einem Worte, wir wollen annehmen, die Schwerkreise der Planeten seien mit den Aequatoren der restirenden Ellipsoide zusammengefallen.

Dann muß auch jeder Aequatorhalbmesser der Letzteren mit dem Halbmesser des bezüglichen Schwerkreises identisch sein, d. h. es werden dann die Aequatorhalbmesser der aufeinanderfolgenden restirenden Ellipsoide zugleich die regelmäßigen Entfernungen der Planeten von dem Sonnenmittelpunkte bezeichnen.

Im Ganzen haben wir für neun Ringschalablagerungen zehn Halbmesser des Sonnenellipsoides zu bestimmen.

Die Betrachtung ergiebt dann, indem wir von dem Planeten Neptun, als dem äußersten, ausgehen und die Bezeichnung der Entfernungen, nach (68.), einführen, daß Ψ mit A_{II} zusammenfällt. Zur Bestimmung von A_{I} haben wir:

$\log \mathfrak{L} = 0{,}2438178$ (43. 2.)

$\log \Psi = 8{,}7795602$ (70.)

1) $\log A_{I} = 9{,}0233780$; $\qquad A_{I} = 1055\,305\,000\ \mathfrak{M}.$

Man erhält dann, durch successive Addition von log $\mathfrak{L}^{-1}$, weiter:

2) $\log \mathfrak{L}^{-1} = 0{,}7561822 - 1$ (43. 7.) Meilen.

$\log A_{II} = 8{,}7795602$	$A_{II} = 601\,949\,550 =$	I
$\log A_{III} = 8{,}5357424$	$A_{III} = 343\,354\,100 =$	II
$\log A_{IV} = 8{,}2919246$	$A_{IV} = 195\,850\,400 =$	III
$\log A_{V} = 8{,}0481068$	$A_{V} = 111\,713\,800 =$	IV
$\log A_{VI} = 7{,}8042890$	$A_{VI} = 63\,721\,940 =$	V
$\log A_{VII} = 7{,}5604712$	$A_{VII} = 36\,347\,220 =$	VI
$\log A_{VIII} = 7{,}3166534$	$A_{VIII} = 20\,732\,580 =$	VII
$\log A_{IX} = 7{,}0728356$	$A_{IX} = 11\,825\,940 =$	VIII
$\log A_{X} = 6{,}8290178$	$A_{X} = 6\,745\,560 =$	IX;

indem wir die Halbmesser der Schwerkreise, d. h. die theoretischen Entfernungen der Planeten von der Sonne von außen nach innen mit römischen Zahlzeichen bezeichnen.

3) Da wir $A_{II} = I$ setzen, und $A_{I} = \mathfrak{L} \cdot A_{II}$ ist (43. 2.), so folgt auch

$$A_{I} = \mathfrak{L} \cdot I.$$

73.

Vergleichung der auf theoretischem Wege gefundenen Entfernungen der Planeten von der Sonne mit den wirklichen Entfernungen.

Wir wollen die Halbmesser der theoretischen Schwerkreise der Planeten mit den, in (70.) gefundenen correspondirenden wirklichen Entfernungen der Planeten von der Sonne in Vergleichung bringen. Wir erhalten hierbei

arithmetisch:	geometrisch:
$I - \Psi = 0$	$\dfrac{I}{\Psi} = 1$
$II - ♅ = -40\,820\,900$ g. M.	$\dfrac{II}{♅} = 0{,}893744$
$III - ♄ = +4\,829\,140$ „	$\dfrac{III}{♄} = 1{,}025281$
$IV - ♃ = +7\,516\,600$ „	$\dfrac{IV}{♃} = 1{,}072137$
$VI - ♂ = +5\,831\,490$ „	$\dfrac{VI}{♂} = 1{,}191097$
$VII - ⊕ = +705\,090$ „	$\dfrac{VII}{⊕} = 1{,}035206$
$VIII - ♀ = -2\,660\,590$ „	$\dfrac{VIII}{♀} = 0{,}816340$
$IX - ☿ = -1\,007\,060$ „	$\dfrac{IX}{☿} = 0{,}870100$

Wären die correspondirenden Größen sämmtlich einander gleich, so würden wir bei der arithmetischen Vergleichung stets den Werth 0, und bei der geometrischen den Werth 1 erhalten. Bei ersterer finden wir aber die Differenz theils positiv, theils negativ, und bei letzterer den Quotienten nur annähernd dem Werthe von 1 gleich, indem derselbe zum Theil die Einheit um weniges übersteigt oder von ihr überstiegen wird. Wir erhalten aber auch die theoretischen Entfernungen der Planeten unter der Voraussetzung von Regelmäßigkeiten, die in der Wirklichkeit nicht statthaben konnten, so daß wir wohl auch zu größeren Abweichungen in den correspondirenden Entfernungen hätten berechtigt sein dürfen.

Die größten Abweichungen finden sich bei Mars und Venus; ersterer übersteigt die Verhältnißzahl 1 um 0,191, letztere bleibt um 0,184 hinter derselben zurück. Diese größten Abweichungen betragen also nicht ganz ⅕. Wir werden daher bei den Rechnungen, welche wir auf das Entfernungsgesetz für einzelne Himmelskörper gründen, des Resultates nur mit ⅘ sicher sein.

Dagegen gleichen sich die Abweichungen bei den einzelnen Planeten im Ganzen nahezu wieder aus; denn es ist von Neptun bis zu Merkur die Gesammtsumme der Abweichungen nicht größer als bei Merkur selbst, nämlich 1 007060 Meilen, was geometrisch mit der Entfernung Neptuns von ☿ verglichen die Verhältnißzahl

$$\frac{\Psi - IX}{\Psi - ☿} = 1{,}001695$$

ergiebt, welche im Ganzen noch nicht um $\frac{1}{500}$ von der Wahrheit abweicht.

74.

Bestimmung der theoretischen Aequatorhalbmesser der Grenzellipsoide für die Monde Jupiters.

Unter den Voraussetzungen von (71.) können wir, ebenso wie in (72.) für die Planeten, hier die Aequatorhalbmesser der Grenzellipsoide für die Monde bestimmen, die uns zugleich wieder die theoretischen Entfernungen der Monde von den Planeten bezeichnen.

Wir erhalten auf diese Weise, ganz analog (72.), für die 4 Monde Jupiters, fünf Ringschalhalbmesser, nämlich:

1) $\log \mathfrak{L} = 0{,}2438178$ (43. 2.)
    $\log (1) = 5{,}4015316$ (71. 4.)
    $\log A_I = 5{,}6453494$ $A_I = 441926$ M.

2) $\log \mathfrak{L}^{-1} = 0{,}7561822 - 1$ (43. 7.)
    $\log A_{II} = 5{,}4015316$; $A_{II} = 252076$ „ $= I$
    $\log A_{III} = 5{,}1577138$; $A_{III} = 143785$ „ $= II$
    $\log A_{IV} = 4{,}9138960$; $A_{IV} = 82015$ „ $= III$
    $\log A_{V} = 4{,}6700782$; $A_{V} = 46782$ „ $= IV$

Die Vergleichung der theoretischen Entfernungen dieser vier Monde mit den wirklichen Entfernungen, in (71. 4.), ergiebt:

arithmetisch	geometrisch
3) I − (1) = 0 g. M.	$\dfrac{\text{I}}{(1)} = 1$
II − (2) = + 468 „	$\dfrac{\text{II}}{(2)} = 1{,}003262$
III − (3) = − 7829 „	$\dfrac{\text{III}}{(3)} = 0{,}912858$
IV − (4) = − 9679 „	$\dfrac{\text{IV}}{(4)} = 0{,}828564.$

Wir sehen, daß für den 2. Mond von außen die theoretische Entfernung fast genau mit der wirklichen übereinstimmt, indem sie nur etwas mehr als den vierten Theil des Erdburchmessers davon abweicht, und schließen hieraus auf große Regelmäßigkeit in der Ablagerung der zweiten Ringschale; sowie daß sich für die beiden andern Monde das geometrische Fehlerverhältniß nahe in derselben Weise und demselben Sinne gestaltet, wie bei den Planeten Venus und Merkur.

75.
Bestimmung der theoretischen Aequatorhalbmesser der Grenz-ellipsoide für die Monde Saturns.

Indem wir von den Saturnmonden die Entfernung des äußersten Mondes = 477021 g. M. (71. 3.) von dem Mittelpunkte des Hauptkörpers wieder als bekannt annehmen und die theoretischen Halbmesser nach ihrer Reihenfolge von außen nach innen mit $A_\text{I}, A_\text{II}, A_\text{III}, \ldots$
oder beziehungsweise mit $\text{I}, \text{II}, \ldots$
die wirklichen aber mit $(1), (2), \ldots$
bezeichnen, haben wir analog dem Vorhergehenden zu verfahren. Wir erhalten:

$\log \mathfrak{L} = 0{,}2438178$ (43. 2.)
$\log (1) = 5{,}6785374$ (71. 3.)

1) $\log A_\text{I} = 5{,}9223552$ $A_\text{I} = 836286$ M.

2) $\log \mathfrak{L}^{-1} = 0{,}7561822 - 1$ (43. 7.)

$\log A_{II} = 5{,}6785374$ $A_{II} = 477021$ M. $= I$
$\log A_{III} = 5{,}4347196$ $A_{III} = 272094$ „ $= II$
$\log A_{IV} = 5{,}1909018$ $A_{IV} = 155205$ „ $= III$
$\log A_{V} = 4{,}9470840$ $A_{V} = 88529$ „ $= IV$
$\log A_{VI} = 4{,}7032662$ $A_{VI} = 50497$ „ $= V$
$\log A_{VII} = 4{,}4594484$ $A_{VII} = 28804$ „ $= VI$
$\log A_{VIII} = 4{,}2156306$ $A_{VIII} = 16430$ „ $= VII$

Stellen wir diese für Saturn theoretisch gefundenen Entfernungen von 7 Monden mit den, in (71. 3.), erhaltenen wirklichen Entfernungen der 8 Monde zusammen, so erhalten wir:

3) $I = 477021$ g. M. $(1) = 477021$ g. M.
    $II = 272097$ „
    $III = 155205$ „ $\begin{cases}(2) = 198434 \text{ „}\\(3) = 163683 \text{ „}\end{cases}$
    $IV = 88529$ „
    $V = 50497$ „ $\begin{cases}(4) = 70606 \text{ „}\\(5) = 50554 \text{ „}\end{cases}$
    $VI = 28804$ „ $\begin{cases}(6) = 39465 \text{ „}\\(7) = 31874 \text{ „}\end{cases}$
    $VII = 16430$ „ $\begin{cases}(8) = 24835 \text{ „}\\(\mathfrak{R}) = 15271 \text{ „}\end{cases}$

76.

Erklärung der Tafeln II und III.

Tafel II stellt das über die Sonnenellipsoide Abgehandelte graphisch dar. Auf der rechten Seite der Tafel, in Fig. 11., sind die Durchschnitte der Gleichgewichts- und Erzeugungsellipsoide dargestellt vom Neptun bis Mars, auf der linken, in Fig. 12., vom Saturn bis Merkur. Nur der Symmetrie wegen bilden hier beide Darstellungen zusammengehörige Ellipsen, es sind aber für die beiden Seiten der Tafel verschiedene Maßstäbe gültig.

Die Endpunkte der Durchmesser der Schaläquatoren A_{II}; A_{III}; A_{IV}; .... bezeichnen zugleich den theoretischen Standort der aufeinander folgenden Planeten von außen nach innen. Der *wirkliche* Standort der Planeten ist durch das betreffende Planetenzeichen angezeigt. Für den äußersten Planeten Neptun fallen theoretischer und wirklicher Standort, I und Ψ, mit dem Endpunkte A_{II} des Halbmessers des zweiten Erzeugungsellipsoides zusammen.

Die Linien ($☿$ II), (III $♄$), (IV $♃$), ... bezeichnen die, in (73.) gefundenen Differenzen zwischen den theoretischen und wirklichen Standorten der Planeten. Die mit accentuirten x versehenen Punkte markiren die Schwerpunkte der halben Schaldurchschnitte, oder die Endpunkte der Halbmesser der theoretischen Schwerpunktskreise der abgelösten Schalen.

Tafel III., Fig. 14, stellt die für die Ellipsoiden Saturns gefundenen Resultate graphisch dar.

Wir erkennen dort in der ersten Schale die Ablagerung eines Mondes, in der 3. 5. und 6. Schale die Ablagerung von je zwei Monden, also Doppelmonden, während die 2. und 4. Schale keine Monde enthält, und die 7. außer einem Monde auch noch die nächsten Begleiter Saturns, seinen Ring, aufweist.

Das Fehlen der Monde in der 2. und 4. Schale dürfen wir als eine analoge Erscheinung des gänzlichen Fehlens von Monden bei Mars, Venus und Merkur betrachten. Wir können für sie annehmen, daß die Ablagerung der Ringschalmassen in ihre Schwerpunktskreisebene in einer Weise erfolgte, die einen Zusammenfluß ihrer Elemente nicht gestattete, daß also diese einzelnen verdichteten Elemente sich unserer Beobachtung entziehen. Bei den Doppelmonden Saturns können wir aber unterstellen, daß die geringe Excentricität der Bahnen der einzelnen verdichteten Elemente einem Zusammenflusse aller Elemente ungünstig war, daß sie sich demnach nur in zwei größere uns sichtbare Körper (und wohl in weitere vielleicht unzählige uns unsichtbare Körperchen) vereinigt haben.

Tafel III stellt endlich in Fig. 13., das über Jupiter Abgehandelte graphisch dar. Wir finden dabei Nichts zu erinnern, als den Mangel eines Mondes sowohl in der 5. wie 6. Schale, und erklären das Fehlen dieser Monde auf dieselbe Weise, wie das Fehlen von Monden bei Saturn in der 2. und 4. Schale.

77.

Reflexionen bezüglich der theoretischen und wirklichen Entfernungen der Nebenkörper von ihrem Hauptkörper.

Wenn wir die Resultate, wie sie uns die theoretische Berechnung der Entfernungen der Nebenkörper von ihrem Hauptkörper ergiebt, noch einmal mit dem wirklichen Orte dieser Nebenkörper in's Auge fassen, so werden wir im Allgemeinen erkennen, daß das Gesetz, das für die Abnahme der theoretischen Aequatorialhalbmesser von außen nach innen stattfindet, auch nahezu für die wirklichen gültig ist, oder daß die Entfernung der Planeten unter sich und von der Sonne, wie es unsere Theorie erheischt, in der That nahezu stattfindet.

Wir finden hiernach die Planeten gleichsam ineinander geschachtelt, und das cubische Verhältniß ihrer Entfernungen, mithin auch ihre Entstehung aus einem und demselben Körper als ganz unverkennbar.

Wir gelangen somit zu der Ueberzeugung, daß das auf theoretischem Wege gefundene Gesetz der Entfernung der Nebenkörper von ihrem Hauptkörper auf Wahrheit beruhe, und wir überzeugen uns, daß die stattgehabten Abweichungen von dem Gesetze, ganz sicher nur auf besondere Zufälligkeiten, namentlich auf die Ungleichartigkeit der Masse zurückzuführen seien.

Wenn wir aber das Gesetz der Entfernungen mit dem Gesetze der Schalablagerungen als mit unserer Theorie nahe übereinstimmend finden, so wird auch die Richtigkeit der theoretischen Betrachtungen, die wir bezüglich des Sinkens der Pole aufgestellt haben, nicht zu beanstanden sein. —

Wo solche Ablagerungen, wie unzweifelhaft bei Saturn, Mars, Venus und Merkur, ganz fehlen, dürfen wir annehmen, daß die verdichteten Schalelemente nach ihrer Ablagerung solche Lagen zu einander erhielten, die ihr Zusammenfließen in einen einzigen oder in einen größeren Körper verhinderten, daß sie sich aber noch jetzt als kleine Körper, welche sich unserer Beobachtung entziehen, um ihren Hauptkörper bewegen.

Himmelskörper, deren umhüllende Nebelmasse keine Rotation empfangen hat, wie unstreitig die Satelliten der Planeten, können keine Schalen ablagern, daher auch nicht selbst wieder von Trabanten umkreist werden.

Indem wir somit die aufgestellte Hypothese der Schalablagerungen als mit der Rechnung nahe übereinstimmend finden, und somit ihre Richtigkeit als erwiesen bezeichnen dürfen, haben wir für die Anstellung weiterer Betrachtungen eine festere Basis gewonnen.

78.

Bestimmung der Halbaxen der wirklichen restirenden Planetenellipsoide.

Da die wirklichen Entfernungen der Planeten von der Sonne mit den theoretischen Entfernungen, d. i. mit den Aequatorhalbmessern der theoretischen restirenden Ellipsoide nicht genau übereinstimmen, so können auch die Halbaxen der wirklichen restirenden Ellipsoide denen der theoretischen nicht genau gleich sein. Die Aequatorhalbmesser der restirenden Sonnenellipsoide können wir nun, auf Grund unserer Voraussetzung in (72.), daß sie mit den wirklichen Entfernungen der Planeten von der Sonne zusammenfallen, unmittelbar aus (70.) anschreiben. Nämlich:

1) $\quad A_2 = ♆ ; \qquad\qquad A_7 = ♂ ;$
$\quad\quad A_3 = ⚵ ; \qquad\qquad A_8 = ♄ ;$
$\quad\quad A_4 = ♄ ; \qquad\qquad A_9 = ♀ ;$
$\quad\quad A_5 = ♃ ; \qquad\qquad A_{10} = ☿ .$

Um für die auf die Jupiterringschale folgende Ringschale der Planetoiden den Aequatorhalbmesser A_{VI} annäherungsweise zu bestimmen, haben wir aus $A_5 . A_7$ die Wurzel auszuziehen. Wir erhalten dann:

2) $\quad \log A_{VI} = 7{,}7511900 ; \qquad A_{VI} = 56\,388\,420$ g. M.

welcher Werth mit dem, in (72. 2.) gefundenen Werthe nicht übereinstimmen kann.

Aus den Größen in 1) lassen sich nunmehr die halben Rotationsaxen der zugehörigen Ellipsoide zum Modul $\varkappa$ mittelst der Formel (43. 4.) leicht bestimmen, wenn man daselbst nach und nach für A die Größen A_1, aus (72. 1.), und ♆, ⚵, ♄, u. s. w., aus (70.), substituirt. Man erhält:

3) $\quad \log B_1 = 8{,}8326561 \qquad B_1 = 680\,230\,400$ M.
$\quad\quad \log B_2 = 8{,}5888383 \qquad B_2 = 388\,005\,900 \quad„$
$\quad\quad \log B_3 = 8{,}3938072 \qquad B_3 = 247\,632\,200 \quad„$
$\quad\quad \log B_4 = 8{,}0903598 \qquad B_4 = 123\,128\,800 \quad„$
$\quad\quad \log B_5 = 7{,}8271343 \qquad B_5 = 67\,163\,650 \quad„$
$\quad\quad \log B_{VI} = 7{,}5604681 \qquad B_{VI} = 36\,346\,960 \quad„$
$\quad\quad \log B_7 = 7{,}2938019 \qquad B_7 = 19\,669\,890 \quad„$
$\quad\quad \log B_8 = 7{,}1109045 \qquad B_8 = 12\,909\,350 \quad„$
$\quad\quad \log B_9 = 6{,}9702424 \qquad B_9 = 9\,337\,754 \quad„$
$\quad\quad \log B_{10} = 6{,}6987266 \qquad B_{10} = 4\,997\,200 \quad„$

4) $\qquad\qquad B_{VI} = \sqrt{B_5 . B_7} .$

IX.

Die Massen der Sonnen- und Planetenellipsoide.

79.

Formel um die Centrifugalkraft für die Aequatorhalbmesser der Sonnenellipsoide, sowie der Planetenellipsoide: Saturns, Jupiters und der Erde zu finden.

Substituiren wir den, in (69. 3.), gefundenen Werth von T^2 in analoger Weise in die Formeln (22. 5.), so gehen dieselben über, in:

1) $\quad C = \dfrac{4\pi^2}{V \cdot R^2} ; \qquad c = \dfrac{4\pi^2}{v \cdot r^2}$

oder, wenn wir den constanten Factor $\dfrac{4\pi^2}{V} = U$ setzen, in:

2) $\quad C = \dfrac{U}{R^2} ; \qquad c = \dfrac{u}{r^2} ;$

nämlich:

$\log 4\pi^2 = 1{,}5963596$

$\log V = 0{,}0933437 - 7 \quad (69.\ 2.)$

3) $\quad \log U = 8{,}5030159 ; \qquad U = 318\,431\,300.$

In gleicher Weise erhalten wir, nach (69. 5.), für die Planeten:

Saturn;

$\log 4\pi^2 = 1{,}5963596$
$\log v_3 = 0{,}6362836 - 4$

4) $\log u_3 = 4{,}9600760$

Jupiter;

$\log 4\pi^2 = 1{,}5963596$
$\log v_4 = 0{,}1132940 - 4$

$\log u_4 = 5{,}4830656$

Erde.

$\log 4\pi^2 = 1{,}5963596$
$\log v_7 = 0{,}6072152 - 2$
$\log u_7 = 2{,}9891444$

80.

Bestimmung der Massen des Sonnenellipsoides und der Planetenellipsoide aus den Centralkräften.

Bezieht man die Formeln (79. 2. und 28. 2.) auf das Sonnenellipsoid, so muß für den Zustand des Gleichgewichts der flüssigen Elemente die Centripetalkraft der Centrifugalkraft gleich, also $P = C$ sein. Diese Vergleichung giebt uns ein Mittel an die Hand, die Sonnenmasse aus den Centralkräften abzuleiten.

Man erhält aus der Vergleichung von (79. 2. mit 29. 2.):

1) $$h_{,} M = U,$$

und folglich für die Masse der Sonne:

2) $$M = \frac{U}{h_{,}};$$

nämlich:

log U = 8,5030159 (79. 3.)
log h, = 2,9891444 (29. 1.)

3)   log M = 5,5138715 ;   M = 326491

mal die Erdmasse. Es ist aber nach unserem
gegenwärtigen Wissen der Werth von M beiläufig: 323233
mal die Erdmasse. Es giebt daher unser Ver=
fahren diesen Werth bis auf   3258
mal die Erdmasse genau, und nimmt dieselbe
somit nicht ganz $\frac{1}{100}$ mal zu groß an.

Wenden wir dieses hiermit als sehr zutreffend erkannte Verfahren auf die Bestimmung der mit Monden behafteten Planeten Saturn, Jupiter und Erde an, so erhalten wir, aus (79. 4.) und (29. 1.) für:

Saturn;	Jupiter;	Erde.
log u_3 = 4,9600760	log u_4 = 5,4830656	log u_7 = 2,9891444
log h, = 2,9891444	log h, = 2,9891444	log h, = 2,9891444
log m_3 = 1,9709316	log m_4 = 2,4939212	log m_7 = 0,0000000
m_3 = 93,526	m_4 = 311,832	m_7 = 1

4)

Nach den neuesten Bestimmungen soll allerdings die Masse Saturns nur 92, und die Masse Jupiters nur 308 mal die Erd= masse betragen; unsere Formel giebt daher Ersteren um 1½ Erd= masse und Letzteren um nicht ganz 4 Erdmassen zu groß an.

81.

Massenwerthe der Sonnenellipsoide und der Planeten.

Nichts desto weniger müssen wir die von uns gefundenen, nur wenig von anderen Bestimmungen abweichenden Massen= werthe zur Erhaltung einer einheitlichen Rechnung consequent beibehalten, und diejenigen der nicht mit Monden behafteten, sowie der beiden äußersten, Planeten wie sie diese neuesten Bestimmungen geben, unseren Rechnungen zu Grunde legen.

Wir erhalten dann folgende Zusammenstellung:

$M_1 = 326938{,}05$	$\log M_1 = 5{,}5144654$	$m_1 = 24{,}60$
$M_2 = 326913{,}45$	$\log M_2 = 5{,}5144327$	$m_2 = 15{,}00$
$M_3 = 326898{,}45$	$\log M_3 = 5{,}5144128$	$m_3 = 93{,}53$
$M_4 = 326804{,}92$	$\log M_4 = 5{,}5142885$	$m_4 = 311{,}83$
$M_5 = 326493{,}09$	$\log M_5 = 5{,}5138740$	$m_5 = 0{,}00$
$M_6 = 326493{,}09$	$\log M_6 = 5{,}5138740$	$m_6 = 0{,}13$
$M_7 = 326492{,}96$	$\log M_7 = 5{,}5138739$	$m_7 = 1{,}00$
$M_8 = 326491{,}96$	$\log M_8 = 5{,}5138724$	$m_8 = 0{,}88$
$M_9 = 326491{,}08$	$\log M_9 = 5{,}5138713$	$m_9 = 0{,}08$
$M = 326491$	$\log M = 5{,}5138712$	
		$\Sigma\, m = 447{,}05$

Es bedeuten in Vorstehendem m_1; m_2; m_3; u. s. w. der Ordnung nach die Massen der Planeten vom äußersten, dem Neptun, an gerechnet, und M_1; M_2; M_3; u. s. w. der Ordnung nach die Massen der restirenden Sonnenellipsoide, und zwar:

M_1 die Masse des Sonnenellipsoides einschließlich aller Planeten*)

M_2 ($= M_1 - m_1$), die Masse desselben ausschließlich Neptuns,

M_3 ($= M_2 - m_2$), die Masse desselben ausschließlich Neptuns und Uranus,

M_4 ($= M_3 - m_3$), dessen Masse ausschließlich Neptuns, Uranus und Saturns u. s. w.

Denkt man sich das Sonnenellipsoid in den Zustand eines Erzeugungsellipsoides übergegangen, so haben wir nach unserer Theorie gesehen, daß sich die äußere Schale ablöst, und daß sich

---

*) Die Massen der Planetoiden und Monde 2c. sind in der Masse M_1 nicht eingeschlossen.

125

die Masse vom Pole nach dem Aequator hin von der Rotationsaxe zu entfernen strebt.

Bei dem Sinken der Pole haben wir daher bezüglich der Masse auch nur Letzteres in Betracht zu ziehen, d. h. die Rotations= axe als dem Ellipsoid zum Modul ϰ angehörig zu betrachten. Ist also z. B. das in Betracht gezogene Erzeugungsellipsoid das erste, so kommt für das restirende Ellipsoid nicht mehr die Masse m_1 in Betracht.

82.

Anziehung an der Oberfläche Saturns, Jupiters und der Sonne.

Da die Centripetalkräfte der Himmelskörper auf der Größe der Masse beruhen, so wollen wir jene für die Oberfläche Saturns, Jupiters und der Sonne hier nachstehend bestimmen, dabei aber die Himmelskörper nicht als Ellipsoide behandeln, sondern sie in Kugeln von gleichem körperlichen Inhalte und gleicher Dichte um= wandeln.

Bei

Saturn	Jupiter
sind die Halbaxen:	
$a_3 = 8152{,}5$ g. M.	$a_4 = 10009$ g. M.
$b_3 = 7348$ „	$b_4 = 9340{,}5$ „ .

Hieraus berechnen sich die Halbmesser der Kugeln nach der bekannten Formel $r^3 = a^2 b$, nämlich:

1) $\begin{cases} r_3 = 7875 \text{ g. M.} \\ \log r_3 = 3{,}8962502 \end{cases}$ | $r_4 = 9781$ g. M.
$\log r_4 = 3{,}9903838$

und es folgt:

$\log m_3 = 1{,}9709316$ (80. 4.)	$\log m_4 = 2{,}4939212$ (80. 4.)
$\log \mathfrak{h} = 6{,}5585441$ (29. 3.)	$\log \mathfrak{h} = 6{,}5585441$ (29. 3.)
8,5294757	9,0524653

$$ 8{,}5294757 \qquad\qquad 9{,}0524653$$
$$\log r_3{}^2 = 7{,}7925004 \qquad\qquad \log r_4{}^2 = 7{,}9807676$$

2) $\begin{cases} \log p_3 = 0{,}7369753 \\ p_3 = 5{,}457267 \text{ Meter} \end{cases}\quad \begin{cases} \log p_4 = 1{,}0716977 \\ p_4 = 11{,}79500 \text{ Meter} \end{cases}$

Fallraum in der ersten Secunde.

Versteht man aber unter p_3 und p_4 nicht die Fallräume, sondern die Fallgeschwindigkeiten am Ende der ersten Secunde, so ist

3) $\begin{cases} p_3 = 10{,}914534 \text{ Meter} \\ \log p_3 = 1{,}0380053 \end{cases}\quad \begin{cases} p_4 = 23{,}59000 \text{ Meter} \\ \log p_4 = 1{,}3727277 \end{cases}$

Für die Sonne ist

4) der Halbmesser R = 93420,24 g. M. $\log R = 4{,}9704410$.

Bezeichnen wir die Centripetalkraft an ihrer Oberfläche mit P, so findet sich:

$$\log M = 5{,}5138712 \quad (81.)$$
$$\log \text{♄} = 6{,}5585441 \quad (29.\ 3.)$$
$$ 12{,}0724153$$
$$\log R^2 = 9{,}9408820$$

5) $\begin{cases} \log P = 2{,}1315333 \\ P = 135{,}3734 \text{ Meter Fallraum am Ende der ersten Secunde, und} \end{cases}$

6) $\begin{cases} \log P = 2{,}4325633 \\ P = 270{,}7468 \text{ Meter Fallgeschwindigkeit am Ende der ersten Secunde.} \end{cases}$

83.

Wahrscheinlichkeit, daß dem uns bekannten äußersten Monde Jupiters Schalablagerungen vorausgingen.

Es ist wahrscheinlich, daß die Nebelmassen zweier unmittelbar aufeinander folgender Planeten wie Saturn und Jupiter in ihrer Dichte nicht sehr verschieden gewesen waren, daß sich also die analogen Abmessungen ihrer Grenzellipsoide oder auch die Entfernungen ihrer äußersten Monde nahe zu einander verhalten haben mögen, wie die Cubikwurzeln aus ihren Massen.

Bezeichnen wir nach dem Vorhergehenden (81.) die Masse Saturns mit m_3, die Jupiters mit m_4, ist also:

1) $\quad m_3 = 93{,}53 \qquad \log m_3 = 1{,}9709509;$
$\quad\;\; m_4 = 311{,}83 \qquad \log m_4 = 2{,}4939179;$

und bezeichnen wir weiter die Entfernung des äußersten Mondes Saturns von seinem Hauptkörper mit $I_\saturn$ und die des zu suchenden äußersten Mondes Jupiters von seinem Hauptkörper mit $I_\jupiter$; so haben wir:

$$\sqrt[3]{m_3} : \sqrt[3]{m_4} = I_\saturn : I_\jupiter,$$

also:

2) $\quad \log \sqrt[3]{m_4} = 0{,}8313059$
$\quad \log I_\saturn \;= 5{,}6785374 \quad (71.\;3.)$
$\quad\qquad\qquad\;\; \overline{6{,}5098433}$
$\quad \log \sqrt[3]{m_3} = 0{,}6569836$
$\quad \overline{\log I_\jupiter \;= 5{,}8528597;} \qquad I_\jupiter = 712623\;\mathfrak{M}.$

Wir erhalten aber als weitere Ringschalablagerungen Jupiters, und indem wir rückwärts zählend sie mit negativen Vorzeichen versehen:

3) $\quad \log \mathfrak{L} = 0{,}2438178 \quad (43.\ 2.)$
$\quad\quad \log \mathrm{I} = 5{,}4015316 \quad (71.\ 4.)$
$\quad\quad \log (-\mathrm{I}) = 5{,}6453494; \quad\quad (-\mathrm{I}) = 441925$ g. M.
$\quad\quad \log (-\mathrm{II}) = 5{,}8891672; \quad\quad (-\mathrm{II}) = 774760\quad$ „

welch letztere Entfernung mit der oben für I₄ gefundenen nahezu übereinstimmt.

Es ist daher wahrscheinlich, daß dem uns bekannten äußersten Monde Jupiters wenigstens noch zwei Ringschichten vorausgegangen waren, so daß wir für diesen Planeten wie für Saturn im Ganzen 7 Schalschichten hätten.

Als die Aequatorhalbmesser dieser Schalschichten würden wir erhalten:

4) $\quad \log \mathfrak{L} = 0{,}2438178$
$\quad\quad \log \mathrm{A}_1 = 5{,}6413494 \quad (74.\ 1.)$
$\quad\quad \log (\mathrm{A}_{-1}) = 5{,}8851672 \quad\quad (\mathrm{A}_{-1}) = 767657$ g. M.
$\quad\quad \log (\mathrm{A}_{-\mathrm{II}}) = 6{,}1289850 \quad\quad (\mathrm{A}_{-\mathrm{II}}) = 1345814\quad$ „

Wir werden später nachweisen, daß eine andere Rechnungsmethode außer diesen zwei Schalschichten noch vier weitere Schalschichten nach außen hin als in hohem Grade wahrscheinlich erscheinen läßt. Es möge hier genügen, darauf aufmerksam gemacht zu haben, daß die geringe Zahl von vier Monden der Größe Jupiters in keiner Weise entspricht.

X.

Die mögliche Zahl der Schalablagerungen

von

außen nach innen.

~~~~~~

84.

Grenze des Sinkens der Pole.

Wir können uns nicht vorstellen, daß eine Kugel oder ein Ellipsoid von durchaus gleichdichter Nebelmasse durch eigene Anziehungskraft jemals eine pericentrische Verdichtung erhalte, weil die Anziehung im Mittelpunkte dieser Körper durch die um denselben gleichmäßig vertheilte Masse aufgehoben wird, also gleich Null ist.

Wir sind daher genöthigt anzunehmen, daß sich in der Nebelmasse der Sonne, vor ihrem Uebergange in die Gestalt des Ellipsoides, analog der Planeten, bereits eine Verdichtung gebildet hatte, um welche herum sich die nicht verdichteten Massetheile anlagerten.

Wenn nun auch wiederum in dem Mittelpunkte eines solchen Kerns die Anziehung gleich Null ist, so mußte doch durch die Anziehung seiner Masse auf seiner Oberfläche eine Anlagerung der zunächstliegenden Schichten erfolgen, und somit auch die Anziehung des Kerns selbst sich mit der Zeit vergrößern.

Diese Anziehung mußte sich in der Richtung der Rotationsaxe so lange fortsetzen, bis eine vollständige Anlagerung der Nebelmasse an den Kern daselbst erfolgt war, wodurch also dem Sinken der Pole Grenze gesetzt wurde.

Nachdem nunmehr eine Verkleinerung der Rotationsaxe nicht mehr stattfand, konnte sich auch das zur Bedingung eines Erzeugungsellipsoides nothwendige Axenverhältniß der Nebelmasse nicht mehr herstellen, daher war eine weitere Ringschalablagerung unmöglich geworden.

85.

Formel zur Bestimmung der Zahl der Ringschalen von außen nach innen.

Es wird also offenbar der Ablagerung der Ringschalen, mithin auch der Bildung von Nebenkörpern, durch das Sinken der Pole eine Grenze gesetzt, und folglich dürfte die Frage nahe liegen, welches überhaupt die letzte mögliche Ringschalablagerung eines Hauptkörpers, also überhaupt die Anzahl der möglichen Nebenkörper eines Hauptkörpers sei?

Folgende Betrachtung wird uns diese Frage beantworten.

Nach (44. 1.) ist:

1) $\qquad A_n = \mathfrak{L}^{1-n} \cdot A_1 .$

Wenn wir nun A_1 durch die Entfernung I des äußersten Nebenkörpers von seinem Hauptkörper ausdrücken (72. 3.), so ergiebt sich:

2) $\qquad A_n = \mathfrak{L}^{1-n} \cdot \mathfrak{L} \cdot I = \mathfrak{L}^{2-n} \cdot I .$

Es sei nun die halbe Rotationsaxe b des bereits verdichteten Hauptkörpers entweder genau oder nahe die halbe Rotationsaxe des letzten oder n^{ten} Erzeugungsellipsoides, so wird dessen Aequatorhalbmesser $l\,b$ sein (43. 3.).

Wir haben aber I b gleich ober kleiner als A_n; also ist:

3) $\qquad I b \lesseqgtr \mathfrak{L}^{2-n} \cdot I.$

Hieraus findet sich:

4) $\qquad n \lesseqgtr \dfrac{\log I + 2.\log \mathfrak{L} - \log I - \log b}{\log \mathfrak{L}}$

Da aber $2.\log \mathfrak{L} - \log I = \log \mathfrak{K}$ ist, (43. 2. 3. u. 5.), so ist auch

5) $\qquad n \lesseqgtr \dfrac{\log I - \log b + \log \mathfrak{K}}{\log \mathfrak{L}}.$

Notiren wir noch, der bequemeren Rechnung wegen:

6) $\qquad D.E. \log \log \mathfrak{L} = 0{,}6129346.$

Selbstredend hat in obigen Formeln für n das obere Zeichen (=) Gültigkeit, wenn sich der gefundene Werth als ganze Zahl darstellt; dagegen findet für n das untere Zeichen (<) Anwendung, wenn sich die resultirende Größe als eine gebrochene Zahl ergiebt, in welchem Falle sie dann auf die vorhergehende ganze Zahl zu erniedrigen ist.

7) Wir wollen nicht übersehen, daß, wenn in Formel 5) das untere Zeichen (<) maßgebend erscheint, noch eine letzte Ringschale der Flüssigkeit restiren müßte, welche aber, nach dem Sinken ihrer Pole bis zu den Polen der verdichteten Kugel, nicht mehr die Gestalt eines Grenzellipsoides erhalten könnte.

Da die Centrifugalkraft des innersten Schalkreises gleich der Centripetalkraft an dem Aequator der Kugel verbleibt, eine weitere Annäherung der Schalmassetheilchen an diese also als unmöglich erscheint, so werden wir annehmen müssen, daß die Kugel auch fortwährend von jenen umkreist werde.

86.

Bestimmung der Zahl der Planetenringschalen.

Für den Sonnenkörper ist die halbe Rotationsaxe b = 93420,24 g. M., der Halbmesser I des Schwerkreises Neptuns beträgt, nach (70.), 601949550 g. M. Hieraus ergiebt sich, nach (85. 5.), die Zahl der möglichen Ringschalablagerungen in folgender Weise:

$$\begin{aligned}
\log \mathrm{I} &= 8{,}7795602 \quad (70.) \\
\log \mathfrak{K} &= \underline{0{,}0530959} \quad (43.\,5.) \\
&\ 8{,}8326561 \\
\log \mathrm{b} &= \underline{4{,}9704410} \quad (82.\,4.) \\
&\ 3{,}8622151 \\
\log 3{,}8622151 &= 0{,}5868364 \\
\mathrm{D.\,E.}\ \log\log \mathfrak{L} &= \underline{0{,}6129346} \quad (85.\,6.) \\
\log \mathrm{n} &= 1{,}1997710
\end{aligned}$$

$$n \lessgtr 15{,}84\ldots \qquad \text{also} \qquad n = 15.$$

Es fanden also nach unserer Theorie zwischen Merkur und dem Sonnenkörper noch sechs Ringschalablagerungen statt, wenn wir die Ringschalablagerung IX, in (72. 2.), mit der des Merkur als identisch betrachten.

87.

Bestimmung der Entfernungen der sechs theoretischen Planeten von der Sonne jenseits des Merkur.

Zur Bestimmung der Entfernungen der sechs theoretischen Planeten von der Sonne jenseits des Merkur können wir die Bestimmung der theoretischen Aequatorhalbmesser der Grenzellipsoide in (72. 2.) fortsetzen. Wir erhalten dann:

1) $\log \mathfrak{L}^{-1} = 0{,}7561822 - 1$ (43. 7.)   Meilen.

$\log A_X$	$= 6{,}8290178$	$A_X =$	$6\,745\,560 = $ IX
$\log A_{XI}$	$= 6{,}5852000$	$A_{XI} =$	$3\,847\,690 = $ X
$\log A_{XII}$	$= 6{,}3413822$	$A_{XII} =$	$2\,194\,735 = $ XI
$\log A_{XIII}$	$= 6{,}0975644$	$A_{XIII} =$	$1\,251\,885 = $ XII
$\log A_{XIV}$	$= 5{,}8537466$	$A_{XIV} =$	$714\,080 = $ XIII
$\log A_{XV}$	$= 8{,}6099288$	$A_{XV} =$	$407\,313 = $ XIV
$\log A_{XVI}$	$= 5{,}3661110$	$A_{XVI} =$	$232\,333 = $ XV.

Allen diesen theoretischen Aequatorhalbmessern liegt der Schwerkreishalbmesser Neptuns (70.) zu Grunde. Wir werden aber genauer verfahren, wenn wir, anstatt von diesem auszugehen, unsere Berechnungen von Merkur aus vornehmen, indem wir A_{10} mit ☿ in (78. 1.) identificiren, da von Neptun bis zum Merkur bereits Unregelmäßigkeiten, die wir oben andeuteten, stattfanden. — In diesem Falle erhalten wir:

2) $\log \mathfrak{L}^{-1} = 0{,}7561822 = 1$ (43. 7.)

$\log ☿ = \log A_{10}$	$= 6{,}8894485$ (70.)	$A_{10} =$	$7\,752\,620$ M. $=$ IX
$\log A_{XI}$	$= 6{,}6456307$	$A_{XI} =$	$4\,422\,120$ „ $=$ X
$\log A_{XII}$	$= 6{,}4018129$	$A_{XII} =$	$2\,522\,393$ „ $=$ XI
$\log A_{XIII}$	$= 6{,}1579951$	$A_{XIII} =$	$1\,438\,782$ „ $=$ XII
$\log A_{XIV}$	$= 5{,}9141773$	$A_{XIV} =$	$820\,686$ „ $=$ XIII
$\log A_{XV}$	$= 5{,}6703595$	$A_{XV} =$	$468\,122$ „ $=$ XIV
$\log A_{XVI}$	$= 5{,}4265417$	$A_{XVI} =$	$267\,019$ „ $=$ XV

Für die, in 2), gefundenen theoretischen Entfernungen der Planeten von der Sonne können wir die Umlaufszeiten dieser, nach Formel (69. 3.) berechnet, anschreiben, welche sich an (65.3.) anschließen.

3) $\log T_9 = 1{,}9443309 \qquad T_9 = 87{,}96926$ Tage
$\log T_X = 1{,}5786042 \qquad T_X = 37{,}89693$ „
$\log T_{XI} = 1{,}2128775 \qquad T_{XI} = 16{,}32591$ „
$\log T_{XII} = 0{,}8471508 \qquad T_{XII} = 7{,}03316$ „
$\log T_{XIII} = 0{,}4814241 \qquad T_{XIII} = 3{,}02987$ „
$\log T_{XIV} = 0{,}1156974 \qquad T_{XIV} = 1{,}30526$ „
$\log T_{XV} = 0{,}7499707 - 1 \qquad T_{XV} = 0{,}56230$ „

Aus diesen Umlaufszeiten leiten sich nunmehr, analog (65. 4.), die Dauerzeiten der bezüglichen Ringschalniederschläge als Ringströme ab, nämlich:

4) $\log \mathfrak{D}_9 = 0{,}3817332 - 1 \qquad \mathfrak{D}_9 = 0{,}2408425$
$\log \mathfrak{D}_X = 0{,}0160065 - 1 \qquad \mathfrak{D}_X = 0{,}1037544$
$\log \mathfrak{D}_{XI} = 0{,}6502798 - 2 \qquad \mathfrak{D}_{XI} = 0{,}0446971$
$\log \mathfrak{D}_{XII} = 0{,}2845531 - 2 \qquad \mathfrak{D}_{XII} = 0{,}0192554$
$\log \mathfrak{D}_{XIII} = 0{,}9188264 - 3 \qquad \mathfrak{D}_{XIII} = 0{,}0082952$
$\log \mathfrak{D}_{XIV} = 0{,}5530997 - 3 \qquad \mathfrak{D}_{XIV} = 0{,}0035735$
$\log \mathfrak{D}_{XV} = 0{,}1873730 - 3 \qquad \mathfrak{D}_{XV} = 0{,}0015394$

Hätten wir ein Interesse daran, die halben Rotationsaxen, in (78. 3.), theoretisch weiter zu bestimmen, so würden wir Formel (43. 11.) anwenden und haben:

5) $\log \mathcal{Q}^{-1} = 0{,}7561822 - 1$
$\log B_{10} = 6{,}6987266 \qquad (78.\ 3.) \qquad B_{10} = 4\,997200$ M.
$\log B_{XI} = 6{,}4549088 \qquad B_{XI} = 2\,850420$ „
$\log B_{XII} = 6{,}2110910 \qquad B_{XII} = 1\,625889$ „
$\log B_{XIII} = 5{,}9672732 \qquad B_{XIII} = 927413$ „
$\log B_{XIV} = 5{,}7234554 \qquad B_{XIV} = 528999$ „
$\log B_{XV} = 5{,}4796376 \qquad B_{XV} = 301743$ „
$\log B_{XVI} = 5{,}2358198 \qquad B_{XVI} = 172115$ „

88.

Bestimmung der Zahl der theoretischen Monde für die Erde.

Die halbe Rotationsaxe der Erde ist b = 856,5637 g. M. (17. 16.), der mittlere Halbmesser der Mondbahn beträgt (r =) I = 51634,76 g. M. (69. 4.).

Hieraus ergiebt sich, nach (85. 5.), die Zahl der möglichen Ringschalablagerungen für das Erdenellipsoid; nämlich:

$$\log \text{I} = 4{,}7129422 \quad (69.\ 4.)$$
$$\log \mathfrak{K} = \underline{0{,}0530959} \quad (43.\ 5.)$$
$$4{,}7660381$$
$$\log b = \underline{2{,}9327596} \quad (17.\ 16.)$$
$$1{,}8332785$$
$$\log 1{,}8332785 = 0{,}2632284$$
$$\text{D. E.} \log \log \mathfrak{L} = \underline{0{,}6129346} \quad (85.\ 6.)$$
$$\log n = \underline{0{,}8761630}\ ;$$

$$n \lessgtr 7{,}519\ldots \qquad \text{also} \qquad n = 7$$

Da aber die Erde in der That nur einen Mond hat, so fehlen ihr noch sechs Monde, oder es fanden von sechs Ringschalen die Ablagerungen so unregelmäßig statt, daß ein Zusammenfluß der einzelnen feuerflüssigen Elemente nicht stattfinden konnte. Wenn wir daher auch von diesen verschiedenen Ablagerungen keine wahrnehmen, so werden wir doch, im Hinblicke auf (56. und 76.) das Dasein derselben nicht bezweifeln können und den Mangel ihrer Sichtbarkeit, ihrer geringen Größe, im Vergleiche zu ihrer Entfernung beizumessen haben. Wir dürfen also nach unserer Theorie unterstellen, daß die verdichteten Elemente der abgelagerten sechs Ringschalen als kleine Körper, die sich unserer Beobachtung entziehen, immer noch unsere Erde umkreisen.

89.

Bestimmung der Bahnhalbmesser der sechs theoretischen Erdenmonde.

Zur annähernden Bestimmung der Bahnhalbmesser dieser weiteren sechs Erdenmonde haben wir, von dem Halbmesser der Mondbahn ausgehend, fortgesetzt Formel (43. 7.) in Anwendung zu bringen. Nämlich:

1) $\quad \log \mathfrak{L}^{-1} = 0{,}7561822-1$

$\log r = \log \text{I} = 4{,}7129422 \quad (69.4.) \quad \text{I} = 51634{,}76 \text{ M.} = A_{II}$

$\qquad \log \text{II} = 4{,}4691244 \qquad\qquad\quad \text{II} = 29452{,}65 \text{ „} = A_{III}$

$\qquad \log \text{III} = 4{,}2253066 \qquad\qquad\quad \text{III} = 16799{,}90 \text{ „} = A_{IV}$

$\qquad \log \text{IV} = 3{,}9814888 \qquad\qquad\quad \text{IV} = 9582{,}72 \text{ „} = A_{V}$

$\qquad \log \text{V} = 3{,}7376710 \qquad\qquad\quad\, \text{V} = 5466{,}02 \text{ „} = A_{VI}$

$\qquad \log \text{VI} = 3{,}4938532 \qquad\qquad\quad \text{VI} = 3117{,}835 \text{„} = A_{VII}$

$\qquad \log \text{VII} = 3{,}2500354 \qquad\qquad\, \text{VII} = 1778{,}424 \text{„} = A_{VIII}$

Weiter sind die Umlaufszeiten t der theoretischen Monde aus deren Bahnhalbmessern, nach (69. 5.), berechnet, anzuschreiben.

2) $\quad \log t_I = 2{,}8167184 \qquad\qquad t_I = 655{,}7200$ St.

$\qquad \log t_{II} = 2{,}4509917 \qquad\qquad t_{II} = 282{,}4826 \text{ „}$

$\qquad \log t_{III} = 2{,}0852650 \qquad\qquad t_{III} = 121{,}6928 \text{ „}$

$\qquad \log t_{IV} = 1{,}7195383 \qquad\qquad t_{IV} = 52{,}4249 \text{ „}$

$\qquad \log t_{V} = 1{,}3538116 \qquad\qquad t_{V} = 22{,}5845 \text{ „}$

$\qquad \log t_{VI} = 0{,}9880849 \qquad\qquad t_{VI} = 9{,}7294 \text{ „}$

$\qquad \log t_{VII} = 0{,}6223582 \qquad\qquad t_{VII} = 4{,}1914 \text{ „}$

3) Der Aequatorhalbmesser A_I des die Ringschale des Mondes noch einschließenden Erdenellipsoides ergiebt sich:

$$\log \mathfrak{L} = 0{,}2438178 \quad (43.\ 2.)$$
$$\log \mathrm{I} = 4{,}7129422 \quad (69.\ 4.)$$
$$\log \mathrm{A}_1 = 4{,}9567600\ ; \qquad \mathrm{A}_1 = 90523\ \mathrm{g.\ M.}$$

4) Würde sich ein Körper in der Entfernung von 100 g. M. von der Erdoberfläche, also mit einem Bahnhalbmesser von r = 958,4780 g. M. (17.) (log r = 2,9815821) in der Zeit t um die Erde bewegen, so fände sich, nach (69. 3.):

$$\log v_7 = 0{,}6072152 \cdot 2 \quad (69.\ 5.)$$
$$\log r^3 = 8{,}9447463$$
$$\log t^2 = 7{,}5519615$$
$$\log t = 3{,}7759807 \quad (\text{in S.})$$
$$\log (1\ \text{St. in S.}) = 3{,}5563025$$
$$\log t = 0{,}2196782 \quad (\text{in St.});\qquad t = 1{,}6583\ \text{St.}$$

90.

Bestimmung der Zahl der theoretischen Monde für Jupiter.

Die halbe Rotationsaxe Jupiters ist $b_4 = 9340{,}5$ g. M. (82.), sein Bahnhalbmesser oder der Halbmesser des Schwerkreises seines äußersten Mondes ist: $\mathrm{I} = 252076$ g. M. (71. 4.).

Hieraus ergiebt sich, nach (85. 5.), die Zahl der möglichen Ringschalablagerungen für das Jupiterellipsoid:

$$\log \mathrm{I} = 5{,}4015316 \quad (71.\ 4.)$$
$$\log \mathfrak{K} = 0{,}0530959 \quad (43.\ 5.)$$
$$\overline{5{,}4546275}$$
$$\log b_4 = 3{,}9703701$$
$$\overline{1{,}4842574}$$

$$\log 1{,}4842574 = 0{,}1715091$$
$$\mathrm{D.E.} \log \log \mathfrak{L} = 0{,}6129346$$
$$\log \mathrm{n} = 0{,}7844437$$

$$\mathrm{n} \lessgtr 6{,}08 \ldots \qquad \text{alfo} \qquad \mathrm{n} = 6.$$

Da wir, nach (74.), bereits vier theoretische Ringschalablagerungen für Jupiter gefunden haben, so wären deren noch zwei zu bestimmen. Wir erhalten:

$$\log \mathfrak{L}^{-1} = 0{,}7561822 - 1 \quad (43.\ 7.)$$
$$\log A_V = 4{,}6700782\ (74.\ 2.); \quad A_V = 46782\ \mathfrak{M}. = \mathrm{IV}$$
$$\log A_{VI} = 4{,}4262604 \qquad A_{VI} = 26684\ \text{"} = \mathrm{V}$$
$$\log A_{VII} = 4{,}1824426 \qquad A_{VII} = 15220\ \text{"} = \mathrm{VI}$$

Zu dem Aequatorhalbmesser A_{VII} findet sich die entsprechende halbe Rotationsaxe B_{VII} nach Formel (43. 4.), nämlich:

$$\log \mathfrak{k}^{-1} = 0{,}8092781 - 1$$
$$\log A_{VII} = 4{,}1824426$$
$$\log B_{VII} = 3{,}9917207\ ; \qquad B_{VII} = 9811{,}1\ \mathfrak{M}.$$

Es ist also: $B_{VII} - b_4 = 9811{,}1 - 9340{,}5 = 470{,}6$ g. M., um welche Größe, nach Ablagerung der 6. Mondringschalmasse, der Pol dieser Masse noch von dem Pole Jupiters entfernt war.

Aus: $A_{VII} - a_4 = 15220 - 10009 = 5211$ g. M. ergiebt sich ebenso die Entfernung des Aequators des letzten Grenzellipsoides zum Modul $\varkappa$ von dem Aequator Jupiters. — Es dürfte sich übrigens fragen, ob die Ablagerung dieser 6. Ringschalmasse, die auch wohl näher an der Oberfläche Jupiters erfolgt sein konnte, als unsere Rechnung zeigt, nicht mit den Streifen im Zusammenhange stehe, welche wir an der Oberfläche Jupiters, parallel mit seinem Aequator, beobachten.

91.

Bestimmung der Zahl der theoretischen Monde für Saturn.

In gleicher Weise erhalten wir für die mögliche Zahl der Ringschalablagerungen Saturns, dessen halbe Rotationsaxe $b_3 = 7348$ g. M. beträgt, und für welchen wir als Bahnhalbmesser des äußersten Mondes, nach (71. 3.), haben: $I = 477021$ g. M.

$$\log I = 5{,}6785374 \quad (71.\ 3.)$$
$$\log \mathfrak{K} = 0{,}0530959 \quad (43.\ 5.)$$
$$\overline{5{,}7316333}$$
$$\log b_3 = 3{,}8661691$$
$$\overline{1{,}8654642\ ;}$$

$$\log 1{,}8654642 = 0{,}2707869$$
$$\text{D. E. } \log\log \mathfrak{L} = 0{,}6129346 \quad (85.\ 6.)$$
$$\overline{\log n = 0{,}8837215\ ;}$$

$$n \lessgtr 7{,}65 \ldots \qquad \text{also} \qquad n = 7\ ;$$

was mit (75.) vollkommen übereinstimmt, wenn wir die Monde (2) und (3), (4) und (5), (6) und (7), sowie den achten Mond und den Ring Saturns als aus denselben Ringschalablagerungen uns entstanden vorstellen und die 2. und 4. Ringschale als unregelmäßig erfolgte und nicht zum Zusammenflusse gekommenen Ablagerungen betrachten.

92.

Der Ring des Saturn.

Denkt man sich durch die Rotationsaxe Saturns eine Ebene gelegt, Fig. 7, und betrachtet den inneren Ringhalbmesser, (a S =) a als den Aequatorhalbmesser des letzten Gleichgewichtsellipsoides, so hat und erhält man nachstehende Abmessungen. Es ist:

der Aequatorhalbmesser $a = 8152{,}5$ M.; $\log a = 3{,}9112908$
die halbe Rotationsaxe $b = 7348$ „ $\log b = 3{,}8661691$
der äußere Ringhalbmesser $\alpha = 18793{,}5$ „ $\log \alpha = 4{,}2740077$
der innere Ringhalbmesser $\mathfrak{a} = 12746$ „ $\log \mathfrak{a} = 4{,}1053739$

es ergeben sich hieraus, nach (43. 2. und 12.) als Abmessungen der zugehörigen Grenzellipsoide

$A = 22345$ M. $\qquad \log A = 4{,}3491917$
$\mathfrak{B} = 8216$ „ $\qquad \log \mathfrak{B} = 3{,}9146520$.

Fig. 7 veranschaulicht diese Abmessungen und wir überzeugen uns, wie nahe unsere Theorie mit der Wirklichkeit übereinstimmt, denn die Abmessungen Saturns und seines Ringes geben uns, gleichsam als aufgefundenes Knochengerüst einer urweltlichen Creatur, die Conturen der theoretisch bestimmten Grenzellipsoide zu den Moduln λ und $\varkappa$.

Wir finden also in dem Ringe des Saturn das Beispiel einer sehr regelmäßigen Ablagerung der Schalmasse in ihre Schwerpunktskreisebene und glauben den ersten Grund dieser Erscheinung in der Lage des Saturnäquators gegen die Bahnebene des Planeten finden zu dürfen. Wir erkennen diese Lage als eine solche, die es der Anziehungskraft der Sonne nicht gestattete, die Schalmassen Saturns aus seiner Aequatorebene herauszuheben, und werden später auf diesen Gegenstand zurückkommen. Das Verbleiben in dieser Ebene konnte aber eine regelmäßige Ablagerung nur begünstigen. Waren überdies die Massenelemente in der letzten Schale Saturns sehr gleichmäßig vertheilt, so konnte der Niederschlag vollkommen in der Schwerpunktskreisebene, die in der Aequatorebene verblieb, vor sich gehen. Die concentrischen Ringströme konnten sich also weiter aus nahe gleichgroßen Körpern zusammensetzen und mußten geschlossen auf diese Weise in der Ringform erhalten bleiben.

Wir dürfen jedoch in dieser großen Regelmäßigkeit des Verlaufs der Ablagerung der Schalmasse in die Schwerpunktskreisebene bei der letzten Schale Saturns, die uns noch als Ringe erhalten blieb, nicht die Regel finden wollen, sondern nur eine durch besondere Umstände begünstigte Ausnahme.

Nach der neuesten Beobachtung (von Secchi) kommt dem Saturn eine Umlaufszeit von 10 St. 20 M. 17 S. zu, während diejenige seines Ringes 14 St. 12 M. beträgt.

Da Letzterer aber nach der Beobachtung nicht ein Ganzes bildet, sondern aus mehreren Ringen zusammengesetzt ist, so kann es nach dem Keppler'schen Gesetze nicht wohl zweifelhaft sein, daß sich die Aeußeren dieser Ringe langsamer bewegen wie die Inneren.

XI.

Der Contact der Nebenkörper mit ihrem Hauptkörper.

93.

Vorbemerkungen.

Wir haben, in (72.), eine durchaus regelmäßige Ablagerung der Ringschalniederschläge in die Schwerpunktskreisebene vorausgesetzt, und hierauf unsere theoretischen Resultate gegründet. Da wir uns aber diese Ebene aus der Sonnenäquatorebene herausgedreht denken, so daß beide Ebenen einen Winkel α gegen einander bilden, so konnten die Niederschläge auch nicht in der Sonnenäquatorebene stattfinden.

Denken wir uns diese Niederschläge in die Schwerpunktskreisebene abgelagert und dann zu einer Kugel vereinigt, so mußte deren Bahnebene mit der Sonnenäquatorebene ebenfalls den Winkel α bilden. Nun ist aber die Gestalt der Kugelbahn keine Kreislinie, sondern eine Ellipse, und der Mittelpunkt der Sonne ein Brennpunkt dieser Ellipse. Die Kugel steht also in ihrem Perihel dem restirenden Ellipsoide näher wie im Aphel, und wenn wir annehmen, daß der Mittelpunkt der Kugel im Perihel ein Punkt der Oberfläche des restirenden Ellipsoides gewesen sei, so müssen wir wiederum unterstellen, daß dieser Mittelpunkt im Aphel der Kugelbahn nicht mit dem Ellipsoide habe zusammenfallen können. In der Wirklichkeit mag das Verhalten der Kugel kein so präcises gewesen sein, und der Mittelpunkt der Kugel auch im Perihel von dem restirenden Ellipsoide einen gewissen Abstand gehabt oder auch in demselben gelegen haben. Es wird aber immerhin unsere mathematische Voraussetzung als eine der Wahrheit nahe kommende gelten dürfen, mit der sich zugleich rechnen läßt. Davon ausgehend finden wir also die Perihildistanz (ϱ) der Kugel kleiner wie den Aequatorhalbmesser (A) des restirenden Ellipsoides.

Zu unseren Rechnungen über den Contact des letzteren mit der Planetenkugel haben wir aber, außer den Größen α, ϱ und A auch noch den Vorwinkel β der Bahnschiefe (63.), sowie die halbe Rotationsaxe B des restirenden Ellipsoides zur Zeit des Contactes in Betracht zu ziehen.

94.

Das restirende Sonnenellipsoid.

Es läßt sich nun leicht zeigen, daß, wenn von diesen fünf Größen ϱ, A, B, α, β, drei bekannt sind, sich die beiden andern durch Rechnung bestimmen lassen. Zur Abkürzung der nöthigen Formeln wollen wir indessen noch die Coordinaten des Perihels, sowie die Normale für diesen Punkt in die Rechnung einführen.

Es stelle zu dem Ende die Papierfläche der Fig. 8., die durch die Rotationsaxe eines, mit einem Planeten zum Mittelpunkte ϱ in Contact gekommenen, Sonnenellipsoides gelegte Ebene vor, ϱ S sei die Richtung der Bahnebene, S der Mittelpunkt des Sonnenellipsoides zu dem Aequatorhalbmesser

A S = A, und der halben Rotationsaxe
B S = B;
ϱ S = ϱ gleich der Perihildistanz des Planeten; also
ϱ sein Perihelium.
A S ϱ = α,
S ϱ S = β;

$\varrho\eta = y$ sei die senkrechte Ordinate des Punktes ϱ, und
$\eta S = x$, die zugehörige Abscisse, also S der Anfangspunkt der Coordinaten;

ϱS die Normale des Punktes ϱ;

ηS die Subnormale des Punktes ϱ;

$S S = S$.

Aus den Gleichungen für die Ellipse

1) $$A^2 y^2 = A^2 B^2 - B^2 x^2$$

und für die Subnormale

2) $$\eta S = \frac{B^2}{A^2} \cdot x$$

findet sich

3) $$x = S + \frac{B^2}{A^2} \cdot x$$

oder

4) $$S = \frac{A^2 - B^2}{A^2} \cdot x = \varrho \cdot \frac{\sin \beta}{\sin(\alpha + \beta)}.$$

Unter Zuziehung der Gleichungen:

5) $$x = \varrho \cdot \cos \alpha; \qquad y = \varrho \cdot \sin \alpha;$$

ergeben sich dann nachstehende Formeln:

6) $$S = \frac{\varrho^2 - B^2}{x} = \frac{(A^2 - \varrho^2) \cdot x}{A^2 - x^2}$$

7) $$S^2 = \frac{B^4}{\varrho^2 \cdot \cos^2 \beta} - 2 B^2 + \varrho^2$$

8) $$S^2 = \frac{(A^2 - B^2)(\varrho^2 - B^2)}{A^2}$$

9) $$\sin^2 \alpha = \frac{B^2 (A^2 - \varrho^2)}{\varrho^2 (A^2 - B^2)}$$

10) $$\cos \alpha = \frac{\varrho}{\mathfrak{S}} \cdot \sin^2 \beta + \cos \beta \cdot \sqrt{1 - \frac{\varrho^2}{\mathfrak{S}^2} \cdot \sin^2 \beta}$$

11) $$\sin^2 \beta = \frac{\mathfrak{S}^2 \cdot \sin^2 \alpha}{\mathfrak{S}^2 - 2 x \mathfrak{S} + \varrho^2}$$

12) $$\sin^2 \beta = \frac{(A^2 - B^2)^2 \cdot \cos^2 \alpha}{A^4 + B^4 \cdot \cotg^2 \alpha}$$

13) $$A^2 = \frac{x y^2}{x - \mathfrak{S}} + x^2 = \frac{x}{x - \mathfrak{S}} \cdot B^2$$

14) $$A^2 = \frac{B^2 \cdot \varrho^2 \cdot \cos^2 \alpha}{B^2 - \varrho^2 \cdot \sin^2 \alpha}$$

15) $$B^2 = (x - \mathfrak{S}) \cdot x + y^2 = \frac{x - \mathfrak{S}}{x} \cdot A^2$$

16) $$B^2 = \frac{A^2 \cdot \varrho^2 \cdot \sin^2 \alpha}{A^2 - \varrho^2 \cdot \cos^2 \alpha}$$

17) $$\varrho^2 = \frac{A^2 B^2}{A^2 \cdot \sin^2 \alpha + B^2 \cdot \cos^2 \alpha}$$

95.

Die bei dem Contacte zwischen dem restirenden Sonnenellipsoide und der Planetenkugel in Betracht kommenden Geschwindigkeiten.

Wenn wir uns die, durch den Zusammenfluß vieler feuer=flüssiger kleinerer Körper zu einer einzigen größeren, neuentstandenen Planetenkugel (umgeben von der noch unverdichteten Nebelmasse der früheren Planetenringschale) im Contacte vorstellen mit der rotirenden Nebelmasse des restirenden Sonnenellipsoides, und die erstere Nebelmasse ebenfalls bereits in Rotation versetzt denken, so haben wir, anknüpfend an (64.), die Geschwindigkeiten G, g und g in nähere Betrachtung zu ziehen.

Zur Bestimmung der Rotationsgeschwindigkeit G eines Punktes ϱ der Oberfläche des restirenden Sonnenellipsoides sei wieder, wie in Fig. 8.), die Ellipse zu dem Quadranten A B S A der Durchschnitt eines solchen Ellipsoides. Die Umlaufszeit dieses Punktes ϱ sei T; (ϱ S =) ϱ sei der entsprechende Halbmesser, geneigt gegen die Ebene des Aequators unter dem Winkel ϱ S A = α; die Rotationsgeschwindigkeit des Punktes A sei G′.

Bezeichnet man die Rotationsgeschwindigkeit des Punktes ϱ mit G, so folgt, weil ϱ mit A die Umbrehungszeit T gemeinschaftlich hat, aus (22. 8.):

1) $\qquad$ A : ϱ . cos α = G′ : G ;

also ist

2) $\qquad G = \dfrac{\varrho \cdot \cos \alpha}{A} \cdot G'$.

Da also T die Rotationszeit des Sonnenellipsoides bezeichnet, so ist nach dem Keppler'schen Gesetze, wenn wir in Formel (69. 3.) A für R schreiben:

3) $\quad T = V^{\frac{1}{2}} A^{\frac{3}{2}} = 0{,}000\,3521095 \cdot A^{\frac{3}{2}}; \quad \log V^{\frac{1}{2}} = 0{,}5466718 - 4$

Der Umfang des Aequators ist $2 A \pi$; wenn wir denselben mit $\dfrac{T}{86400}$ dividiren, so ergiebt sich der von einem Punkte des Aequators während 24 Stunden zurückgelegte Weg; oder seine Geschwindigkeit während 24 Stunden ist:

4) $\qquad G' = 2 A \pi \cdot \dfrac{86400}{V^{\frac{1}{2}} A^{\frac{3}{2}}} = \dfrac{2\pi \cdot 86400}{V^{\frac{1}{2}}} \cdot A^{-\frac{1}{2}}$.

Bezeichnen wir den constanten Factor dieses Ausdrucks mit $\mathfrak{v}$, so ist:

5) $\qquad G' = \mathfrak{v} \cdot A^{-\frac{1}{2}} = 1541777000 \cdot A^{-\frac{1}{2}}; \quad \log \mathfrak{v} = 9{,}1880217$.

Substituiren wir diesen Werth von G' in 2) so wird:

6) $\quad G = \mathfrak{v} \cdot \rho \cdot \cos \alpha \cdot A^{-\frac{2}{3}}$.

Es sei die Winkelgeschwindigkeit eines Planeten im Perihelium seiner Bahn während 24 Stunden gleich $\mathfrak{G}$, die Entfernung des Periheliums von dem Mittelpunkte der Sonne gleich ρ, so verwandelt sich das Bogenmaß in Längenmaß g durch die Proportion:

7) $\quad 360 \cdot 60 \cdot 60'' : 2\rho\pi = \mathfrak{G} : g;$

es ist also, wenn wir den constanten Factor mit g' bezeichnen:

8) $g = \dfrac{2\pi}{1296000} \cdot \rho \cdot \mathfrak{G} = g' \cdot \rho \cdot \mathfrak{G} = 0{,}000004848136 \cdot \rho \cdot \mathfrak{G};$

$$\log g' = 0{,}6855748 - 6.$$

Der Halbmesser des Schwerkreises eines Planeten (oder Mondes) sei gleich $\mathfrak{R}$, seine Umlaufszeit sei gleich $\mathfrak{T}$, so ist seine tägliche Bewegung:

9) $\quad \mathfrak{g} = 2\pi \cdot \dfrac{\mathfrak{R}}{\mathfrak{T}}$

96.

Die mittleren Excentricitäten der Planetenbahnen des Saturn, Jupiter und der Erde.

Da wir bei dem Contacte der Planetenkugeln mit dem jeweiligen restirenden Sonnenellipsoide die elliptischen Bahnen einiger Planeten in Betracht zu ziehen haben, die Excentricitäten derselben aber im Laufe der Jahrtausende bekanntlich Veränderungen unterliegen, so wollen wir die mittleren Excentricitäten e hierbei zu Grunde legen. Dieselben ergeben sich*) für

---

*) nach von Littrow's „Die Wunder des Himmels". Stuttgart 1854. S. 607.

Saturn;	Jupiter;	Erbe.
$e = 0{,}04875$	$e = 0{,}04325$	$e = 0{,}011765$
$\log e = 0{,}6879746 \\ -2$	$\log e = 0{,}6359861 \\ -2$	$\log e = 0{,}0705919 \\ -2$

Wenn wir diese Excentricitäten dann mit den Halbmessern der Schwerkreise (70.), anstatt der großen Halbaxen, in Verbindung bringen werden, so kann dadurch, wegen der geringen Unterschiede beider, doch kein für unsere Resultate wahrnehmbarer Fehler entstehen. —

97.

Der Contact zwischen Sonnenellipsoid und Erdkugel. Hypothetische Abmessungen des Ersteren.

Wendet man das bisher Abgehandelte auf den Contact des Sonnenellipsoides mit der Erdkugel an, so ist einleuchtend, daß von der Zeit des Niederschlages der Ringschalmasse in die Schwerpunktskreisebene bis zum Zusammenflusse der Ringströme zu einem großen Körper, eine jedenfalls nicht unbeträchtliche Zeit verfließen mußte. Während derselben verkleinerte sich die Rotationsaxe des restirenden Ellipsoides zum Modul $\varkappa$ bei ungeänderter Aequatorebene beständig, und so wurde dasselbe dem Grenzellipsoide zum Modul λ näher gebracht.

War nun, nach dem Zusammenflusse der Ringströme zu einer Kugel bei dem restirenden Ellipsoide dieser Grenzzustand noch nicht erreicht, also eine Ringschale noch nicht abgelagert, so mußte natürlich ein Contact zwischen der Nebelmasse des Ellipsoides mit der Nebelmasse der Planetenkugel stattfinden und letzterer wurde von ersterer gleichfalls Rotation mitgetheilt. Bei dem Beginne dieser Rotation befand sich das restirende Ellipsoid in einem Axenverhältniß zwischen $\varkappa$ und λ. —

Dem mathematischen Beweise für unsere vorstehenden Behauptungen legen wir Folgendes zu Grunde:

149

Wir haben als Abmessungen des restirenden Ellipsoides
$A_8 = 20\,027\,490$ M., nach (78. 1. und 70.)
$B_8 = 12\,909\,350$ M., nach (78. 3). —

Von diesen Abmessungen gilt uns übrigens nur A_8 als ungefähre bekannte Größe, weil B_8 bis zur Zeit des Contactes fortgesetzt Verkleinerung erleidet und nur A_8 unverändert bleibt.

Bezeichnen wir die halbe Rotationsaxe zur Zeit des Contactes mit B, so haben wir also $B < B_8$, und diese Größe B ist es insbesondere, die wir in Nachstehendem zu bestimmen haben.

Da durch das Herausdrehen der Ringschalmasse aus der Sonnenäquatorebene der Contact des restirenden Sonnenellipsoides mit der Erdkugel erweislich nicht in dem Sonnenäquator stattfinden konnte, so müssen wir uns den Contact an einem anderen Punkte der Oberfläche des restirenden Sonnenellipsoides denken, der uns dann das Perihel ϱ der Erdbahn, Fig. 8, bezeichnet.

Die Periheldistanz (ϱ S =) ϱ bestimmt sich alsbald aus dem Halbmesser ☉ des Schwerkreises, wenn wir die Excentricität e der Erdbahn, in (96.) zu Grunde legen, wie folgt:

1)
$$\begin{array}{ll} \log e = 0{,}0705919 - 2 & ☉ = 20\,027\,490 \text{ M.} \\ \log ☉ = 7{,}3016264 \quad (70.) & e = 235\,623 \text{ „} \\ \hline \log e = 5{,}3722183 \text{ (in M.)} & ϱ = 19\,791\,867 \text{ M.} \\ & \log ϱ = 7{,}2964867. \end{array}$$

Wir können somit zwei Größen, den Aequatorhalbmesser des restirenden Ellipsoides, A_8 (= A in 94), und die Periheldistanz ϱ der Erde als bekannt annehmen. Zur Bestimmung der Größe B ist uns also noch eine der Winkelgrößen α oder β, nach (94.) zu wissen nothwendig.

Da Winkel β aber als ein unbekannter Theil der Schiefe der Eliptik nicht zu bestimmen ist, so bleibt nur der Winkel α, der uns die Neigung der Ebene der Ekliptik gegen die Sonnenäquatorebene bezeichnet, zur Betrachtung übrig.

Substituirten wir nun in Formel (94. 16.) für A den Werth von A_8, für ϱ den gefundenen Werth 19 791 867 g. M., und wählten für α den Winkel 7^0 30′, welchen jetzo nach der Beobachtung die beiden genannten Ebenen gegenseitig mit einander bilden, so fände sich: B = 12 912 000 g. M. b. h. wir erhielten für B einen größeren Werth wie für B_s. Wir sollen aber B kleiner als B_s erfinden, und können uns also bei obiger Werthannahme nicht beruhigen. —

Aus Formel (94. 16.) selbst geht schon hervor, daß, bei unveränderten Werthen von A und ϱ, der Werth von B abnimmt, wenn sich α vermindert. Es fragt sich daher für unsere Berechnung zunächst, ob überhaupt eine Verminderung des Werthes von α zulässig sei, d. h. ob der Winkel, welchen die Sonnenäquatorebene mit der Ebene der Ekliptik gegenwärtig bildet, in früheren Zeiten kleiner gewesen sein könne als jetzt? Diese Frage aber können wir, im Hinblicke, daß die Lagen aller Bahnebenen gewissen Schwankungen unterworfen sind, unbedingt bejahen.

Wählen wir deshalb, unter Beibehaltung der Werthe für ($A_s = \delta =$) A und ϱ, für α den Werth von 7^0 anstatt 7^0 30′, so erhalten wir, aus (94. 16.)

2) $\quad$ log B = 7,0930843 ; $\qquad$ B = 12 390 370 g. M.

also ein Resultat, welches der Forderung, daß B < B_s sei, entspricht. —

Wir haben indessen unten noch in andern Beziehungen darauf zu achten, ob die Wahl von $\alpha = 7^0$, oder, was dasselbe ist, von B = 12 390 370 g. M. überall mit unserer Theorie im Einklange stehende Resultate liefert. —

Notiren wir noch für unseren angenommenen Werth von α:

3) $\qquad$ log cos 7^0 = 0,9967507 − 1

Führt man die im Seitherigen für A, B und α gewählten Werthe in Formel (94. 12.) ein, so bestimmt sich

4) $\qquad\qquad \beta = 10^0$ 47′ 9″,

so daß wir als Vorwinkel β der Schiefe der Ekliptik nahezu die Hälfte der ganzen Schiefe erhalten.

98.

Der Mond ist aus der ersten Schalablagerung des Erdenellipsoides entstanden.

Wenn wir uns die entstandene Erdkugel in ihrem Perihel an dem restirenden Sonnenellipsoide sich abrollend denken, so haben wir bereits, in (64.), ersehen, daß die Geschwindigkeit g des Mondes der Differenz zwischen der Geschwindigkeit g der Erde im Perihel und der Rotationsgeschwindigkeit G des Sonnenellipsoides an der Stelle des Contactes nahe gleich sein müsse. Dabei ist vorausgesetzt, daß der Mond aus den Ablagerungen der ersten oder äußersten Erbringschale entstanden sei. —

Prüfen wir nun, ob die Rechnung diese Annahme bestätigt, und ob sie hierbei unsere hypothetischen Abmessungen des restirenden Sonnenellipsoides (97.) ebenfalls als zulässig erscheinen läßt.

Wir erhalten, nach Formel (95. 6.)

$\log \mathfrak{v} = 9{,}1880217$ (95. 5.)

$\log \cos \alpha = 0{,}9967507 - 1$ (97. 3.)

$\log \varrho = 7{,}2964867$ (97. 1.)

$16{,}4812591$

$\log A_8^{\frac{2}{3}} = 10{,}9524396$

1) $\quad \log G = 5{,}5288195$; $\quad G = 337924$ g. M.

Die Winkelgeschwindigkeit der Erde im Perihel ihrer Bahn ist gleich $1° \ 1' \ 10''{,}1 = 3670''{,}1 = \mathfrak{G}$; dies giebt, nach (95. 8.):

$\log \mathfrak{g}' = 0{,}6855748 - 6$

$\log \mathfrak{G} = 3{,}5646779$

$\log \varrho = 7{,}2964867$

2) $\quad \log g = 5{,}5467394$; $\quad g = 352159$ g. M.

Wenn wir weiter, in (89. 1.), $\mathfrak{R}$ für I schreiben, und, in (89. 2.), t_1 in Tagen ausdrücken und gleich $\mathfrak{T}$ setzen, so erhalten wir, nach (95. 9.):

$$\log 2\pi = 0{,}7981798$$
$$\log \mathfrak{R} = 4{,}7129422$$
$$\overline{\phantom{\log \mathfrak{R} = }5{,}5111220}$$
$$\log \mathfrak{T} = 1{,}4365070$$

3) $\quad \log \mathfrak{g} = 4{,}0746150 \, ; \qquad \mathfrak{g} = 11874 \text{ g. M.}$

Vergleichen wir diesen für $\mathfrak{g}$ gefundenen Werth mit der Differenz $g - G = 14235$ g. M., so finden wir diese um 2361 M., also um etwas mehr wie den Erdburchmesser größer wie jenen.

Wie gering dieses Fehlerverhältniß ist, zeigt übrigens die Vergleichung der gefundenen Zahl mit unserer Größe $\mathfrak{g}$, welche den Weg ausdrückt, den die Erde im Perihel während 24 Stunden zurücklegte. Wir erhalten dadurch den Ausdruck

$$\frac{2361}{\mathfrak{g}} = 0{,}0067 \, ,$$

und damit ein so minimales Mehr, daß man füglich die Größen $\mathfrak{g}$ und $g - G$ als gleich gelten lassen darf.

Wir können demnach wirklich den Erdenmond als aus der äußersten Erdringschale entstanden ansehen und haben auch vorläufig keine Ursache unsere hypothetischen Abmessungen des restirenden Sonnenellipsoides, in (97.), als mit der Wirklichkeit nahe übereinstimmend, anzuzweifeln.

XII.

Zeitbestimmung der Schalablagerungen.

99.

Hemmung der Pole.

Die Entfernungen der Planeten unter sich werden gewöhnlich als eine nothwendige Folge der fortschreitenden Verdichtung des Sonnenellipsoides betrachtet. Manche Schriftsteller nehmen an, diese Verdichtung sei in der Weise vor sich gegangen, daß die Zahlen, welche die Entfernungen der Planeten ausdrücken, zugleich die Verhältnißzahlen für die Zeiten seien, welche zwischen den Ringablagerungen stattgefunden haben. Wir wollen diesen Gegenstand, indem wir an unserer Theorie von dem Fallen der Pole des Sonnenellipsoides festhalten, einer Untersuchung unterziehen.

Offenbar haben wir es beim Sinken der Pole mit einem Bewegungsgesetze zu thun und es würde sich fragen, ob nicht das Gesetz des freien Falles in Anwendung zu kommen habe.

Dieses Gesetz setzt voraus, daß der sich bewegende Körper in der Richtung seiner Bewegung keinem Hindernisse begegne, das seine Geschwindigkeit vermindert; und in der That könnten wir bei der Bewegung des Poles ein solches Hinderniß nicht annehmen wollen, weil alle Massepunkte der Rotationsaxe, welche sich zwischen den Polen und der Oberfläche des Kerns befinden, als diesem näherliegend, im umgekehrten quadratischen Verhältniß ihrer Entfernungen auch stärker angezogen werden wie die Pole, also für deren Bewegung kein Hinderniß abgeben können.

Allein eine Hemmung in ihrer Bewegung erleiden die Pole dennoch und mithin kann das Gesetz des freien Falles nicht ohne Weiteres Anwendung finden. Sie erleiden nämlich, wenn sie auch keinen Druck vor sich haben, einen solchen doch seitwärts von der um sie rotirenden flüssigen Masse. Derselbe erfolgt gleichmäßig von allen Richtungen der Fläche her, in welchen sie sich befinden.

Denken wir uns, Fig. 9, von dem Pole B aus mit einem beliebigen Halbmesser B B′ auf der Oberfläche des Ellipsoides einen Kreis beschrieben, so können wir uns den Inhalt desselben als das Maß des Drucks vorstellen, der eine Hemmung der Bewegung des Poles verursacht. Betrachten wir diesen Kreis als die Grundfläche eines Kegels, dessen Spitze der Mittelpunkt des Ellipsoides ist, und denken wir uns weiter den Pol in Bewegung, also die Oberfläche des Ellipsoides sich verkleinernd, so wird sich auch der Inhalt der Grundfläche dieses Kegels, und zwar im quadratischen Verhältniß seiner Entfernung von der Spitze, verkleinern, oder der Druck, welchen der Pol zu erleiden hat, wird sich in diesem Maße vergrößern. Hat sich also z. B. der Pol B bis zu dem Punkte b gesenkt, und ist

$$b\,S\,(=b) = \frac{1}{n} \cdot B\,S \left(= \frac{1}{n} \cdot B\right),$$

so wird das Maß B′ B B′ des ursprünglichen Drucks in einen n^2 mal kleineren Flächenraum b′ b b′ eingeschlossen, die Hemmung mithin n^2 mal vergrößert.

Die Hemmungen werden sich demnach auch verhalten wie umgekehrt die Quadrate der bezüglichen Rotationsaxen. Bezeichnen also H und h die bezüglichen Hemmungen des Poles in den Punkten B und b, so ist

1) $\qquad H : h = b^2 : B^2.$

Da aber die Zeiten Z und z, welche der Pol brauchen würde, bestimmte Wegtheile zu durchlaufen, offenbar im geraden Verhältniß zu den Hemmungen stehen, da nämlich sein muß:

2) $\qquad H : h = Z : z;$

so folgt

3) $$Z : z = b^2 : B^2$$

und wir können sagen, daß die Zeiten, in welchen gewisse Wegtheile von den Polen zurückgelegt werden, sich zu einander verhalten, wie umgekehrt die Quadrate der Entfernungen der Pole vom Mittelpunkte des Ellipsoides.

100.

Latente Fallgeschwindigkeit.

Zur Proportion (99. 3.) kann man auch durch folgende Betrachtung gelangen:

Ein jeder Punkt der Oberfläche eines Himmelskörpers hat das Bestreben sich mit einer bestimmten Anfangsgeschwindigkeit, die von der Masse und dem Halbmesser des Himmelskörpers abhängig ist, dem Mittelpunkte zu nähern. Die Dichte der ihm in der Richtung dieses Bestrebens vorausgehenden Massenelemente verhindert ihn an der Ausführung der Bewegung, weshalb wir dem Punkte eine latente Fallgeschwindigkeit beimessen. Die ihm innewohnende Anfangsgeschwindigkeit ist aber offenbar die Endgeschwindigkeit, welche der Punkt hatte, ehe er sich an den Himmelskörper selbst anlagerte. Betrachten wir sie als die Endgeschwindigkeit eines freifallenden Körpers und ziehen bei zwei verschiedenen Himmelskörpern für das Gesetz des freien Falles unter dem Pole zwei verschiedene Endgeschwindigkeiten G und g in Betracht, und sind Z und z die denselben entsprechenden Zeiten, sind ferner für das Gravitationsgesetz diese Endgeschwindigkeiten G und g die Anfangsgeschwindigkeiten des freien Falles an der Oberfläche, und B und b die halben Rotationsaxen der bezüglichen beiden Himmelskörper, so ist:

1) $$G : g = Z : z \quad (16.\ 5.)$$
2) $$G : g = b^2 : B^2 \quad (15.\ 3.)$$

und wir schließen hieraus; für die Bewegung des Poles verhalten sich:

3) $\quad Z : z = b^2 : B^2.$

Bei diesem Schlusse unterstellen wir: es habe das Bestreben des Poles während seiner Bewegung an Geschwindigkeit zuzunehmen durch die stets stärker werdende Hemmung keine Einbuße erlitten, sondern es seien die mit der Zeit wachsenden Geschwindigkeiten durch das Hemmniß selbst mehr und mehr latent geworden; es habe also das Bestreben des Poles, sich schneller und schneller zu bewegen, zwar jeden Augenblick fortbestanden, der Pol habe aber an der Ausführung des Bestrebens durch die erhaltene Hemmung ein stets größer werdendes Hinderniß gefunden, bis die ursprünglich leicht=flüssige Masse selbst sich nicht weiter verdichten konnte und damit der Bewegung des Poles Grenze gesetzt, also seine Geschwindigkeit absolut latent wurde.

Allerdings läßt sich die Wahrheit dieser Annahme durch kein Experiment nachweisen, weil wir nicht im Stande sind, eine flüssige Masse durch die Anziehung ihres eigenen Schwerpunktes unter Auf=hebung ihrer natürlichen Schwere einer Verdichtung zu unterwerfen. Ja es scheinen einige Vorkommnisse in der Natur der Annahme einer latenten Fallgeschwindigkeit geradezu zu widersprechen. Die Geschwindigkeit eines herabfallenden Regentropfens wird in der That nicht latent, sondern durch den Luftwiderstand vermindert. Dasselbe ist der Fall bei einem aus beträchtlicher Höhe herab=fallenden festen Körper. Der Regentropfen, der feste Körper, be=wegen sich aber in einem Raume, dessen Höhe als verschwindend klein gegen den Halbmesser der Erde angesehen und wobei dieser also als sich gleichbleibend angenommen werden kann, so daß die Größe des Halbmessers hierbei gar nicht in Betracht kommt.

Dagegen müssen wir jedem Elemente der Erdoberfläche wie der Oberfläche eines jeden Himmelskörpers eine latente Fallge=schwindigkeit zuerkennen; sie wird frei, sobald die Unterstützung des Elementes, nämlich der Widerstand, der es zu fallen verhindert, aufgehoben wird.

101.

Anfänglich gleichförmige Bewegung der Pole.

Der Fallraum am Ende des ersten Zeittheiles ist halb so groß wie die am Ende des ersten Zeittheiles erlangte Geschwindigkeit (16.). Wir können daher auch in der Proportion (100. 2.) anstatt der Geschwindigkeit am Ende des ersten Zeittheiles den Fallraum am Ende dieses Zeittheiles substituiren.

Es sei f dieser Fallraum, B die halbe Rotationsaxe des Ellipsoides; so ist

$$(B-f)^2 : B^2 = f : \frac{fB^2}{(B-f)^2}.$$

Ist f in Bezug auf B sehr klein und gegen diese Größe als verschwindend zu betrachten, so geht das 4. Glied dieser Proportion in f über, und wir können sagen:

Ist der Fallraum des Poles bezüglich der halben Rotationsaxe eines Gleichgewichtsellipsoides sehr klein, so kann man die Fallräume anfänglich als gleichförmig fortschreitend betrachten. Dieses gleichförmige Fortschreiten ändert sich allmählig mit dem Kleinerwerden der Rotationsaxe; aber wir werden das Fallen des Poles durch kleine Theile der Rotationsaxe ohne merklichen Fehler als gleichförmig betrachten können.

102.

Entwickelung der Formeln zur Zeitbestimmung für das Sinken der Pole.

Durch das gleichförmige Fortschreiten des Poles im Anfange seiner Bewegung ist eine Erweiterung der Formel in h, (29. 4.) zulässig. Wählen wir nämlich daselbst statt der Zeit einer Secunde etwa die Zeit eines Jahres, so erhalten wir, indem wir bemerken, daß das siderische Jahr 31558150″,7496 hat, und indem wir, in Formel (29. 4.) B für R schreiben und den constanten Factor mit $\mathfrak{H}$ bezeichnen:

1) $$P = \frac{\mathfrak{H} M}{B^2};$$

nämlich

$$\log \mathfrak{h}, = 2{,}6881144 \quad (29.\ 3.)$$
$$\log (1 \text{ J. in S.}) = 7{,}4991116$$

2) $$\log \mathfrak{H} = 10{,}1872260 \qquad \mathfrak{H} = 15389550000.$$

In 1) bezeichnet also P die Länge des Wegs, in Meilen ausgedrückt, welchen der Pol im Anfange seiner Bewegung, nach dem Mittelpunkte des Systems hin, in einem Jahre zurücklegt.

103.

Fortsetzung.

Aufgabe. Es sei $\mathfrak{N}\mathfrak{U} = W$, ein Theil der halben Rotationsaxe $\mathfrak{N}S = B$, $\mathfrak{N}$ der Pol des Ellipsoides und S dessen Mittelpunkt. Der Fallraum von $\mathfrak{N}$ gegen S sei für einen gewissen Zeittheil z anfangs gleich P; man soll die Zeit Z bestimmen, welche der Pol nothwendig hat, um den Weg $\mathfrak{N}\mathfrak{U} = W$ zu durchlaufen.

Auflösung. Man denke sich $\mathfrak{N}\mathfrak{U} = W$ in n gleiche Theile eingetheilt und bezeichne der Ordnung nach die Theilungspunkte von $\mathfrak{N}$ aus, mit

$$\mathfrak{N}_1 \quad \mathfrak{N}_2 \quad \mathfrak{N}_3 \ldots, \mathfrak{N}_{n-1};$$

so daß also der Punkt $\mathfrak{N}_n$ mit dem Punkte $\mathfrak{U}$ zusammenfällt, so wird jeder Theil

$$\mathfrak{N}\mathfrak{N}_1 = \mathfrak{N}_1\mathfrak{N}_2 = \mathfrak{N}_2\mathfrak{N}_3 = \ldots = \mathfrak{N}_{n-1}\mathfrak{U} = \frac{W}{n}$$

sein; also ist auch:

$$\mathfrak{N}\mathfrak{N}_2 = \frac{2W}{n};\ \mathfrak{N}\mathfrak{N}_3 = \frac{3W}{n};\ \ldots\ \mathfrak{N}\mathfrak{U} = W.$$

159

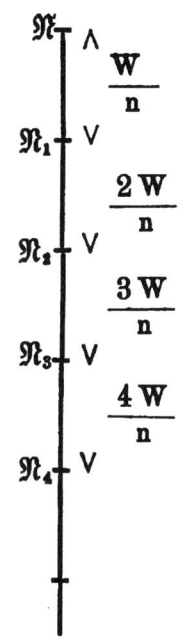

Nehmen wir an, es werde jeder Wegtheil $\frac{W}{n}$ mit gleichförmiger Geschwindigkeit durchlaufen und der Pol brauche $z_1, z_2, z_3, \ldots$ Jahre um die aufeinanderfolgenden gleichen Wegtheile zu durchlaufen und lege in denselben, nach der Reihenfolge, jährlich $P_1, P_2, P_3, \ldots$ Meilen zurück; so ist offenbar

1) $z_1 P_1 = \dfrac{W}{n}$,   also: $z_1 = \dfrac{W}{n P_1}$;

$z_2 P_2 = \dfrac{W}{n}$,   „ $z_2 = \dfrac{W}{n P_2}$;

$z_3 P_3 = \dfrac{W}{n}$,   „ $z_3 = \dfrac{W}{n P_3}$;

u. s. w.   u. s. w.

Versehen wir nun, in Gleichung (102. 1.), P mit Accentzeichen und substituiren für B^2 nach und nach beziehungsweise die Größen: B^2, $\left(B - \dfrac{W}{n}\right)^2$, $\left(B - \dfrac{2W}{n}\right)^2$, $\left(B - \dfrac{3W}{n}\right)^2$, u. s. w., und setzen diese Werthe für $P_1, P_2, P_3,$ u. s. w. in 1), so ist, wenn wir überdies Z für $z_1 + z_2 + z_3 + \ldots$ schreiben:

2) $z_1 = \dfrac{W \cdot B^2}{n \cdot \mathfrak{H} M}$;

$z_2 = \dfrac{W \cdot \left(B - \dfrac{W}{n}\right)^2}{n \cdot \mathfrak{H} M}$;

$z_3 = \dfrac{W \left(B - \dfrac{2W}{n}\right)^2}{n \cdot \mathfrak{H} M}$;

$$z_4 = \frac{W\left(B - \frac{3W}{n}\right)^2}{n \cdot \mathfrak{H}M};$$

u. s. w.

3) $\quad Z = \dfrac{W}{n\,\mathfrak{H}M}\left[B^2 + \left(B - \dfrac{W}{n}\right)^2 + \left(B - \dfrac{2W}{n}\right)^2 + \left(B - \dfrac{3W}{n}\right)^2 + \ldots\right]$

Setzen wir ferner:

4) $\quad \dfrac{W}{n} = s \cdot B$, also $s = \dfrac{W}{n \cdot B}$ oder $ns = \dfrac{W}{B}$,

so folgt:

5) $\quad Z = \dfrac{W}{n \cdot \mathfrak{H}M} \cdot B^2 [1 + (1-s)^2 + (1-2s)^2 + (1-3s)^2 + \ldots]$.

Nun bildet die in Parenthese eingeschlossene Summengröße eine arithmetische Reihe 2. Ordnung, deren 1. Differenz $= -2s + s^2$ und deren 2. Differenz $= 2s^2$ ist. Ihre Summe Σ ergiebt sich daher für n Glieder, nämlich:

6) $\quad \Sigma_n = n\left[1 - (n-1)s + \dfrac{2n^2 - 3n + 1}{6} s^2\right]$.

Offenbar erhalten wir den wahren Werth von Z desto genauer, je größer wir n annehmen. Für einen unendlich großen Werth von n schwinden aber in jedem Gliede die niederen Potenzen von n in die höheren und aus 6) wird:

7) $\quad \Sigma_n = n\left[1 - ns + \tfrac{1}{3} n^2 s^2\right]$

und, wenn wir für ns seinen Werth aus 4) schreiben:

8) $\quad \Sigma_n = n\left[1 - \dfrac{W}{B} + \tfrac{1}{3}\dfrac{W^2}{B^2}\right]$.

Wenn man nunmehr diese Größe für die Parenthese in 5) einführt, so ergiebt sich:

9) $$Z = \frac{W}{3\mathfrak{H}M}[3(B-W)B+W^2]$$

oder, setzt man:

10) $$W = B - \mathfrak{B};$$

so ist

11) $$Z = \frac{B^3 - \mathfrak{B}^3}{3\mathfrak{H}M}.$$

Ist B bekannt, so findet sich also für eine bestimmte Zeit Z die restirende halbe Rotationsaxe $\mathfrak{B}$, nämlich:

12) $$\mathfrak{B} = \sqrt[3]{B^3 - 3\mathfrak{H}MZ}.$$

104.

Gesetz der Zwischenzeiten.

Betrachten wir B und $\mathfrak{B}$ als die halben Rotationsaxen zweier aufeinander folgenden Grenzellipsoide, so läßt sich, nach (43.), eine Größe durch die andere ausdrücken und wir erhalten:

1) $$Z = \frac{1-\mathfrak{L}^{-3}}{3\mathfrak{H}} \cdot \frac{B^3}{M} = \frac{\mathfrak{L}^3-1}{3\mathfrak{H}} \cdot \frac{\mathfrak{B}^3}{M} = \frac{L^3(1-\mathfrak{L}^{-3})}{3\mathfrak{H}} \cdot \frac{W^3}{M}$$

und, wenn wir die constanten Factoren beziehungsweise mit H, J und N bezeichnen:

2) $Z = \dfrac{H}{M} \cdot B^3$; nämlich: $\log(1-\mathfrak{L}^{-3}) = 0{,}9108449-1$

$\log(3\mathfrak{H}) = 10{,}6643473$

$\log H = 0{,}2464976-11$

3) $Z = \dfrac{J}{M} \cdot \mathfrak{B}^3$; nämlich: $\log(\mathfrak{L}^3-1) = 0{,}6422983$

$\log(3\mathfrak{H}) = 10{,}6643473$

$\log J = 0{,}9779510-11$

4) $Z = \dfrac{N}{M} \cdot W^3$; nämlich: $\log H = 0{,}2464976 - 11$

$\log L^3 = \underline{1{,}1008176}$

$\log N = 0{,}3473152 - 10$

Da H, J und N constante Größen, M aber mit B, 𝔅 und W veränderlich ist, weil die bereits abgelagerte Masse bei folgenden Schalablagerungen nicht mehr in Betracht kommen kann, also M mit den Schalablagerungen abnimmt, so können wir auch sagen: Die Zwischenzeiten verhalten sich wie die Würfel der bezüglichen halben Rotationsaxen (oder der Differenzen dieser halben Rotationsaxen) dividirt durch die Massen, also auch wie die Würfel der Entfernungen dividirt durch die Massen, oder wie die Quadrate der Umlaufszeiten dividirt durch die Massen.

105.

Der Werth von P.

Wir wollen den Werth von P der Anziehung des Poles noch einmal in's Auge fassen. Bekanntlich wirkt die Anziehung des Mittelpunktes auf die Punkte der Oberfläche eines Ellipsoides von gleichdichter Masse anders wie auf die Punkte einer Kugel von gleichdichter Masse; es sind nämlich bei letzterer die Anziehungen für alle Punkte der Oberfläche einander gleich, bei ersterem verschieden und nur für die Punkte gleicher Breiten einander gleich.

Wir ziehen aber ein Ellipsoid in Betracht, für welches bereits eine Verdichtung der Masse um den Mittelpunkt herum stattgefunden hat.

Wenn wir also angenommen haben, (102.), auf die Pole unseres Ellipsoides zu der halben Rotationsaxe B wirkte die Anziehung des Mittelpunktes wie auf die Oberfläche einer Kugel zu dem Halbmesser B, so vernachlässigten wir bei dieser Annahme die zwischen der Oberfläche der Kugel und der Oberfläche des Ellipsoides gelegene, wenn auch wenig dichte, immerhin aber nicht unbedeutende Masse, und wir werden daher den Werth von P, in (102.), etwas zu groß finden, weil durch die vermehrte seitliche Anziehung die senkrechte Anziehung eine Verminderung erleiden muß.

106.

Der Werth von M als constant betrachtet.

Da die Massen der Planeten in Bezug auf die Sonnenmasse nur gering sind, der Werth der Masse des Sonnenellipsoides durch die Ringablagerungen also verhältnißmäßig keine große Einbuße erleidet, so können wir, da es ohnehin nur auf das Erhalten ungefährer Werthe für Z ankommen kann, auch die Planetenmassen außer Acht lassen und M als constant betrachten.

Wählen wir nun für M den Werth aus (81.), so vernachlässigen wir sämmtliche Planetenmassen und wir erhalten dann die Werthe von Z etwas zu groß; wählen wir aber M_1 für M, so lassen wir die Massen der Schalablagerungen unberücksichtigt und es ergeben sich die Werthe von Z etwas zu klein.

Wählen wir M und bezeichnen den constanten Factor $\frac{H}{M}$, in (104. 2.) mit $H_{,}$; so erhalten wir

1) $\qquad Z = H_{,} \cdot B^3$

nämlich:

$\quad \log H = 0{,}2464976 - 11 \quad (104.\ 2.)$

$\quad \log M = 5{,}5138712 \qquad (81.)$

2) $\log H_{,} = 0{,}7326264 - 17\ ;\quad H_{,} = 0{,}000000000000000054029$

107.

Bestimmung der Zwischenzeiten für die Ablagerungen der Planetenschalen nach deren theoretischen Entfernungen, den Werth von M hierbei als constant betrachtet.

Wir wollen nun die Berechnung der theoretischen Zwischenzeiten für die Schalablagerungen des Sonnenellipsoides vornehmen.

In Ausführung dieser Vornahme bezeichnen wir die aufeinander folgenden Zwischenzeiten, dem Vorhergehenden entsprechend, mit accentuirten Z, und ebenso die halben Rotationsaxen B.

Es bezeichnet also z. B. Z_I die Zeit, welche nothwendig verfließen mußte, damit das erste Gleichgewichtsellipsoid in das erste Erzeugungsellipsoid übergehen konnte, nämlich die Zeit, welche die halbe Rotationsaxe B_I brauchte, um sich bis zur halben Rotationsaxe B_{II} zu verkürzen.

Man sieht, daß wir vorerst sämmtliche halbe Rotationsaxen: B_I, B_{II}, B_{III}, u. s. w. bestimmen müssen, um die entsprechenden Zwischenzeiten zu erhalten. Wir können aber auch die halben Rotationsaxen aus den Aequatorhalbmessern, die wir bereits, in (72.) bestimmt haben, nach (43. 4.), leicht ableiten, oder vielmehr die halben Rotationsaxen durch diese Aequatorhalbmesser ausdrücken.

Die Gleichung (106. 1.) geht dann über in

1) $$Z = H, \mathfrak{k}^{-3} . A^3$$

indem wir, nach (43. 4.), $\mathfrak{k}^{-1}. A$ für B substituiren.

Und wenn wir nunmehr den constanten Factor $H, \mathfrak{k}^{-3}$ mit $\mathfrak{H}$ bezeichnen, so findet sich

2) $$Z = \mathfrak{H} . A^3,$$

nämlich:

$\log H, = 0{,}7326264-17$ (106. 2.)
$\log \mathfrak{k}^{-3} = 0{,}4278343-1$
$\log \mathfrak{H} = 0{,}1604607-17$

3) $\quad \mathfrak{H} = 0{,}000000000000000000144697$

165

108.

Fortsetzung.

Die Bestimmung der aufeinanderfolgenden Halbmesser der theoretischen Grenzellipsoide der Planeten enthalten (72. und 87. 1.). Wir finden also die verschiedenen Zwischenzeiten, wenn wir die daselbst gefundenen Werthe anstatt A, unter fortgesetzter Beibehaltung des Werthes von $\mathfrak{H}$, nach und nach in Gleichung (107. 2.) einführen.

Es ergiebt sich:

$\log \mathfrak{H} = 0{,}1604607 - 17$
$\log A_I^3 = 27{,}0701340$
$\log Z_I = 10{,}2305947 \qquad Z_I = 17\,005\,700\,000$ Jahre
$\log A_{II}^3 = 26{,}3386806$
$\log Z_{II} = 9{,}4991413 \qquad Z_{II} = .\,3\,156\,031\,000$ „
$\log A_{III}^3 = 25{,}6072272$
$\log Z_{III} = 8{,}7676879 \qquad Z_{III} = ..\,585\,717\,100$ „
$\log A_{IV}^3 = 24{,}8757738$
$\log Z_{IV} = 8{,}0362345 \qquad Z_{IV} = ..\,108\,701\,250$ „
$\log A_V^3 = 24{,}1443204$
$\log Z_V = 7{,}3047811 \qquad Z_V = ...\,20\,173\,500$ „
$\log A_{VI}^3 = 23{,}4128670$
$\log Z_{VI} = 6{,}5733277 \qquad Z_{VI} = ...\,3\,743\,930$ „
$\log A_{VII}^3 = 22{,}6814136$
$\log Z_{VII} = 5{,}8418743 \qquad Z_{VII} = ...\,694\,831$ „
$\log A_{VIII}^3 = 21{,}9499602$
$\log Z_{VIII} = 5{,}1104209 \qquad Z_{VIII} = ...\,128\,949$ „
$\log A_{IX}^3 = 21{,}2185068$
$\log Z_{IX} = 4{,}3789675 \qquad Z_{IX} = ...\,23\,931{,}3$ „

$\log A_X^3 = 20{,}4870534$
$\log Z_X = 3{,}6475141 \qquad Z_X = \ldots\ldots 4441{,}3$ Jahre
$\log A_{XI}^3 = 19{,}7556000$
$\log Z_{XI} = 2{,}9160607 \qquad Z_{XI} = \ldots\ldots 824{,}2$ „
$\log A_{XII}^3 = 19{,}0241466$
$\log Z_{XII} = 2{,}1846073 \qquad Z_{XII} = \ldots\ldots 152{,}9$ „
$\log A_{XIII}^3 = 18{,}2926932$
$\log Z_{XIII} = 1{,}4531539 \qquad Z_{XIII} = \ldots\ldots 28{,}4$ „
$\log A_{XIV}^3 = 17{,}5612398$
$\log Z_{XIV} = 0{,}7217005 \qquad Z_{XIV} = \ldots\ldots 5{,}2$ „
$\log A_{XV}^3 = 16{,}8297864$
$\log Z_{XV} = 0{,}9902471 - 1 \qquad Z_{XV} = \ldots\ldots 0{,}9$ „

$\Sigma\, Z_{XV} = 20880\,919944,$

109.

Bestimmung der Zwischenzeiten für die Ablagerung der Planetenschalen nach deren wirklichen Entfernungen, den Werth von M als veränderlich betrachtet.

Wollen wir anstatt der theoretischen Zwischenzeiten die wirklichen Zwischenzeiten bestimmen, so haben wir von den in (78. 3.) gefundenen Werthen der halben Rotationsaxen, zwei aufeinander folgende in Formel (103. 11.) einzuführen und zugleich die entsprechenden Werthe für M und H, aus (81. und 102. 2.) zu substituiren.

Wir erhalten für das Sinken der Pole von B_1 nach B_2:

$\log B_1^3 = 26{,}4979683 \qquad B_1^3 = 31475190 \cdot 10^{19}$
$\log B_2^3 = 25{,}7665149 \qquad B_2^3 = 5841373 \cdot 10^{19}$

$B_1^3 - B_2^3 = 25633817 \cdot 10^{19}$

$$\log (B_1^3 - B_2^3) = 26{,}4088132$$
$$\log 3\,♄\,M_1 = 16{,}1788127$$
$$\log Z_1 = 10{,}2300005$$

$$Z_1 = 16\,982\,460\,000 \text{ Jahre}$$

In gleicher Weise ergiebt sich für das Sinken der Pole von B_2 nach B_3:

$$B_2^3 = 5841373 \cdot 10^{19}$$
$$\log B_3^3 = 25{,}1814216 \qquad B_3^3 = 1518524 \cdot 10^{19}$$
$$B_2^3 - B_3^3 = 4322849 \cdot 10^{19}$$
$$\log (B_2^3 - B_3^3) = 25{,}6357700$$
$$\log 3\,♄\,M_2 = 16{,}1787800$$
$$\log Z_2 = 9{,}4569900$$

$$Z_2 = 2864\,112\,000 \text{ Jahre.}$$

Setzen wir dieses Verfahren zur Bestimmung der Zwischenzeiten fort, so erhalten wir, indem wir die halbe Rotationsaxe der Sonne, b = 93420,24 g. M., nämlich gleich ihrem Aequatorhalbmesser setzen, folgende Zusammenstellung:

Unter der Annahme, es sei das ursprüngliche Sonnenellipsoid ein Ellipsoid zum Modul κ gewesen, gehen der Ablagerung der Neptunschalmasse voraus:

Sinken der Pole	Zwischenzeiten:		
von B_1 nach B_2		$Z_1 =$	16\,982\,460\,000 Jahre
" B_2 " B_3	vom ♆ zum ♅	$Z_2 =$	2\,864\,112\,000 "
" B_3 " B_4	" ♅ " ♄	$Z_3 =$	882\,461\,600 "
" B_4 " B_5	" ♄ " ♃	$Z_4 =$	103\,640\,600 "
" B_5 " B_{VI}	" ♃ " ▽	$Z_5 =$	16\,913\,770 "
" B_{VI} " B_7	" ▽ " ♂	$Z_6 =$	2\,680\,663 "
" B_7 " B_8	" ♂ " ☿	$Z_7 =$	362\,152 "

Sinken der Pole				
von B_8 nach B_9	vom ☿ zum ♀	$Z_8 =$	88708,8	Jahre
„ B_9 „ B_{10}	„ ♀ „ ☿	$Z_9 =$	45735,5	„
„ B_{10} „ B_{11}	„ ☿ „ X	$Z_{10} =$	6742,2	„
„ B_{11} „ B_{12}	„ X „ XI	$Z_{11} =$	1251,2	„
„ B_{12} „ B_{13}	„ XI „ XII	$Z_{12} =$	232,2	„
„ B_{13} „ B_{14}	„ XII „ XIII	$Z_{13} =$	43,1	„
„ B_{14} „ B_{15}	„ XIII „ XIV	$Z_{14} =$	8,0	„
„ B_{15} „ B_{16}	„ XIV „ XV	$Z_{15} =$	1,5	„
„ B_{16} „ b	„ XV „ b	$Z_b =$	0,3	„
		$\Sigma Z_b =$	20852 773507,8	„

110.

Zeitbestimmung für das Sinken der Pole des Erdenellipsoides.

Zur Bestimmung der Ablagerung der Ringschalen des Erden=
ellipsoides können wir von Formel (107. 2.) Gebrauch machen, nachdem
wir den Coefficienten $\mathfrak{H}$ von der Verhältnißzahl der Sonnenmasse
befreit oder, was dasselbe ist, mit M multiplicirt haben. Wir
erhalten, indem wir den neuen Coefficienten mit $\mathfrak{H}_7$ bezeichnen:

1) $\quad Z = \mathfrak{H}_7 . A^3$.

$\log \mathfrak{H} = 0{,}1604697 - 17$

$\log M = 5{,}5138712$

2) $\log \mathfrak{H}_7 = 0{,}6743319 - 12$

$\log A_I^3 = 14{,}8702800 \quad$ (89. 3.)

$\log Z_I = 3{,}5446119 \qquad Z_I = 3504{,}38$ Jahre

$\log A_{II}^3 = 14{,}1388266$

$\log Z_{II} = 2{,}8131585 \qquad Z_{II} = 650{,}36 \quad$ „

$\log A_{III}^3 = 13{,}4073732$

$\log Z_{III} = \underline{2{,}0817051}$ $\quad Z_{III} = 120{,}70$ Jahre

$\log A_{IV}^3 = 12{,}6759198$

$\log Z_{IV} = \underline{1{,}3502517}$ $\quad Z_{IV} = 22{,}40$ „

$\log A_{V}^3 = 11{,}9444664$

$\log Z_V = \underline{0{,}6187983}$ $\quad Z_V = 4{,}15$ „

$\log A_{VI}^3 = 11{,}2130130$

$\log Z_{VI} = \underline{0{,}8873449-1}$ $\quad Z_{VI} = 0{,}77$ „

$\log A_{VII}^3 = 10{,}4815596$

$\log Z_{VII} = \underline{0{,}1558915-1}$ $\quad Z_{VII} = 0{,}14$ „

$\log A_{VIII}^3 = 9{,}7501062$

$\log Z_{VIII} = \underline{0{,}4244381-2}$ $\quad Z_{VIII} = 0{,}02$ „

$\Sigma\, Z_{VIII} = 4302{,}93$ Jahre.

Dieses Zeitresultat setzt voraus, daß die Erdkugel vor Ablagerung des Mondringes ein Grenzellipsoid zum Modul $\varkappa$ gewesen sei. Um aus diesem zum Modul λ überzugehen, war nach der Rechnung eine Zeit $Z_1' = 3504$ Jahre nothwendig. Während weiter das Erdenellipsoid für das Sinken der Pole zur Ablagerung der Mondschale eine Zeit von 650 Jahren nothwendig hatte, bedurfte es zur Ablagerung der zweiten Schale nur 120 Jahre und vollendete alsdann das weitere Sinken der Pole bis zur gänzlichen Anlagerung in etwa $27\tfrac{1}{4}$ Jahren.

111.

Zeitbestimmung für das Sinken der Pole des Jupiterellipsoids.

Wollen wir Formel (110. 1.) auf die Zeitbestimmung der Ringschalablagerungen Jupiters anwenden, so haben wir die Masse Jupiters $m_4 = 311{,}83$ einzuführen, indem wir $\mathfrak{H}_7$ damit divibiren. Wir werden den conſtanten Factor, dem Vorhergehenden entſprechend, mit H_4 bezeichnen.

Wir erhalten:

1) $$Z = H_4 \cdot A^3 \ ;$$

nämlich:

$\log H_7 = 0{,}6743319 - 12$ (110. 2.)

$\log m_4 = 2{,}4939179$

2) $\log H_4 = 0{,}1804140 - 14$

$\log A_I^3 = 16{,}9360482$ (74.)

$\log Z_I = 3{,}1164622$ $Z_I = 1307{,}56$ Jahre

$\log A_{II}^3 = 16{,}2045948$

$\log Z_{II} = 2{,}3850088$ $Z_{II} = 242{,}66$ „

$\log A_{III}^3 = 15{,}4731414$

$\log Z_{III} = 1{,}6535554$ $Z_{III} = 45{,}03$ „

$\log A_{IV}^3 = 14{,}7416880$

$\log Z_{IV} = 0{,}9221020$ $Z_{IV} = 8{,}35$ „

$\log A_V^3 = 14{,}0102346$

$\log Z_V = 0{,}1906486$ $Z_V = 1{,}55$ „

$\log A_{VI}^3 = 13{,}2787812$ (90.)

$\log Z_{VI} = 0{,}4591952 - 1$ $Z_{VI} = 0{,}28$ „

$\log A_{VII}^3 = 12{,}5473278$

$\log Z_{VII} = 0{,}7277418 - 2$ $Z_{VII} = 0{,}05$ „

$\Sigma \, Z_{VII} = 1605{,}48$ Jahre.

Die Erde hätte mithin mehr wie 2,68 mal ſo viel Zeit zur Ablagerung ihrer Ringe nothwendig gehabt als Jupiter!

Auch aus dieſem Reſultate geht die hohe Wahrſcheinlichkeit hervor, daß der uns bekannte äußerſte Mond Jupiters nicht wohl seiner ersten Schalablagerung angehören könne, daß diesem Monde vielmehr weitere Schalablagerungen vorausgegangen wären.

112.

Zeitbestimmung für das Sinken der Pole des Saturnellipsoides.

Indem wir Formel (110. 1.) auf die Zeit der Verdichtung Saturns anwenden, haben wir daselbst, dem Vorausgegangenen analog, $\mathfrak{H}_3$ anstatt $\mathfrak{H}_7$ zu schreiben und die Masse Saturns, m_3 = 93,53 einzuführen. Wir haben also:

1) $$Z = \mathfrak{H}_3 \cdot A^3,$$

nämlich:

$\log \mathfrak{H}_7 =\ 0{,}6743319 - 12$ (110. 2.)

$\log m_3 =\ 1{,}9709509$

2) $\log \mathfrak{H}_3 =\ 0{,}7033810 - 14$

$\log A_I^3 =\ 17{,}7670656$ (75. 1.)

$\log Z_I =\ 4{,}4704466 \qquad Z_I = 29542{,}4$ Jahre

$\log A_{II}^3 =\ 17{,}0356122$

$\log Z_{II} =\ 3{,}7389932 \qquad Z_{II} =\ 5482{,}6\ \ ,,$

$\log A_{III}^3 =\ 16{,}3041588$

$\log Z_{III} =\ 3{,}0075398 \qquad Z_{III} =\ 1017{,}5\ \ ,,$

$\log A_{IV}^3 =\ 15{,}5727054$

$\log Z_{IV} =\ 2{,}2760864 \qquad Z_{IV} =\ \ 188{,}8\ \ ,,$

$\log A_V^3 =\ 14{,}8412520$

$\log Z_V =\ 1{,}5446330 \qquad Z_V =\ \ \ 35{,}0\ \ ,,$

$\log A_{VI}^3 =\ 14{,}1097986$

$\log Z_{VI} =\ 0{,}8131796 \qquad Z_{VI} =\ \ \ \ 6{,}5\ \ ,,$

$\log \mathfrak{H}_3 = 0{,}7033810-14$

$\log A_{VII}^3 = 13{,}3783452$

$\log Z_{VII} = 0{,}0817262 \qquad Z_{VII} = 1{,}2$ Jahre

$\log A_{VIII}^3 = 12{,}6468918$

$\log Z_{VIII} = 0{,}3502728-1 \qquad Z_{VIII} = 0{,}2$ „

$\hspace{7cm} \Sigma Z_{VIII} = 36274$ „

113.

Summenformel für die Bestimmung der Zeit der Ablagerung aller Ringschalen eines Hauptkörpers.

Gleichung (107. 2.) giebt die Zeit für die Ringschalablagerung irgend eines Planeten oder vielmehr die Zwischenzeit, welche von der Ablagerung einer theoretischen Ringschale bis zur Ablagerung der folgenden stattfinden mußte. Wir wollen aus ihr die Summenformel für die Ablagerung aller Ringschalen, vom 1. bis zum n. ableiten.

Wir erhalten, wenn wir die Gesammtzeit mit ΣZ_n und die Entfernung der nächsten oder n. Ringschale von dem Mittelpunkte des Hauptkörpers mit A_n bezeichnen:

1) $\Sigma Z_n = \mathfrak{H} \cdot [A_I^3 + A_{II}^3 + A_{III}^3 + \ldots + A_n^3].$

$ = \mathfrak{H} \cdot [A_I^3 + A_I^3 \, \mathfrak{L}^{-3} + A_I^3 \cdot \mathfrak{L}^{-6} + \ldots + A_I^3 \cdot \mathfrak{L}^{3-3n}]$

$ = \mathfrak{H} \cdot A_I^3 [1 + \mathfrak{L}^{-3} + \mathfrak{L}^{-6} + \ldots + \mathfrak{L}^{3-3n}]$

also

2) $\qquad \Sigma Z_n = \mathfrak{H} \cdot A_I^3 \cdot \dfrac{1-\mathfrak{L}^{-3n}}{1-\mathfrak{L}^{-3}}.$

114.

Anwendung derselben auf die Bestimmung der Gesammtzeit der Ablagerungen der Planetenschalen.

Für die Gesammtzeit der Ablagerungen aller 15 Planetenringschalen ergiebt sich:

$$\log \frac{1-\mathfrak{L}^{-15}}{1-\mathfrak{L}^{-3}} = 0{,}0891551$$

$$\log A_1^3 = 27{,}0701340$$

$$\log \mathfrak{H} = 0{,}1604607-17 \quad (107.\ 2.)$$

$$\log \Sigma Z_{15} = 10{,}3197498$$

1) $\quad \Sigma Z_{15} = 20\,880\,920\,000$ Jahre,

wie in (108.).

Will man jenseits Neptuns weitere Planeten annehmen und demnach die Summenzeiten für 16, 17, 18, ... Ringschalablagerungen des Sonnenkörpers bestimmen, so ergeben sich:

2) $\log \Sigma Z_{16} = 11{,}0512032$; $\Sigma Z_{16} = 112\,513\,100\,000$ Jahre,
$\log \Sigma Z_{17} = 11{,}7826566$; $\Sigma Z_{17} = 606\,256\,700\,000$ „
$\log \Sigma Z_{18} = 12{,}5141100$; $\Sigma Z_{18} = 3\,266\,705\,000\,000$ „

u. s. w.

115.

Dauerzeit der Erdenringströme bis zu ihrem Zusammenflusse zu einer Kugel.

In (97. 2.) haben wir den Werth der halben Rotationsaxe für das Sonnenellipsoid, an welchem die Erdkugel ihre Rotation empfangen hat, nämlich

$$B = 12\,390\,370 \text{ g. M.}$$

gefunden.

Wenn wir diese Größe mit den verschiedenen für die accentuirten B gefundenen Werthe, in (78.), vergleichen, so ersehen wir, daß sie, wie es sein muß, zwischen B_8 und B_9 liegt. — Wir haben also drei Zeitpunkte zu unterscheiden: das Sinken des Poles aus B_8, das Eintreffen desselben in B und sein weiteres Fallen bis zu B_9.

Mit dem ersten Zeitpunkte beginnt die Ablösung der Ringschale durch das Freiwerden ihrer Masse von der Rotationsaxe, sowie ihre Annäherung nach dem restirenden Sonnenellipsoide durch die Anziehung der Sonnenmasse. Es verdichten sich die inneren Massetheile der Ringschale zu kleinen feuerflüssigen Körpern, welche Ringströme bilden, während die äußeren flüssigen Massetheile denselben in unverdichtetem Zustande folgen und sich an sie anlagern.

Mit dem Eintreffen des Poles in B war die Veränderung der Ringströme bereits so weit vorgeschritten, daß sich der größte Theil der Niederschläge zu einem Körper vereinigt hatte, der im Perihel der Bahn mit dem restirenden Sonnenellipsoide contingirte.

Durch diesen Contact wurde die den feuerflüssigen Kern umgebende flüssige Nebelmasse in Rotation gesetzt, diese Rotation aber, durch das Anlagern der rotirenden Masse, dem Kerne mitgetheilt. Wir müssen daher mit dem zweiten Zeitpunkte den Anfang der Rotation des Erdkörpers unterstellen.

Da wir uns also die Planeten aus dem Zusammenflusse der in eine unzählige Menge kleiner feuerflüssigen Körper verdichtete Theile der Ringschalmasse entstanden denken, die Ablagerung aller in eine einzige Ebene, die Schwerpunktskreisebene der Ringschale, aber nicht als wahrscheinlich voraussetzen, so können wir auch nicht annehmen, daß bei dem Beginne der Rotation des Erdkörpers bereits alle diese verdichteten Theile mit dem Planeten vereinigt waren. Wir werden vielmehr die Möglichkeit nicht übersehen, daß selbst nach beendigtem Contacte sich noch Ringschalrückstände mit dem Erdkörper vereinigt haben mögen.

175

Da wir also nicht im Stande sind, den Zeitpunkt für den gänzlichen Zusammenfluß a l l e r Ringschalniederschläge genauer festzustellen, so ist auch eine ganz g e n a u e Bestimmung der Zeit, während welcher die Erdmasse in der Gestalt von Ringströmen verharrte, nicht wohl möglich. — Wir werden jedoch für unsere Berechnungen den Proceß des Zusammenfließens als (annähernd) beendigt ansehen dürfen, sobald wir die zu einem Körper vereinigten Niederschläge mit dem restirenden Ellipsoide im Contacte vorfinden.

Mit dem Eintreffen des Poles in B_9 aber beginnt schon die Ablösung der folgenden Ringschale zur Bildung der Venus, mithin endigt damit jedenfalls der Contact des Erdkörpers mit dem Sonnenellipsoide.

In analoger Weise wie bei der Erdmasse haben wir den Vorgang bei allen Planeten uns vorzustellen.

116.

Zeitberechnung des Sinkens der Pole von B_8 nach B und von B nach B_9.

Da wir im Stande sind, die Zeiten für das Sinken der Pole annähernd zu bestimmen, so können wir auch die Dauerzeit der Ringströme für die Erdenmasse bis zum Beginn der Rotation des Erdkerns und ebenso die Dauerzeit des Contactes mit dem restirenden Sonnenellipsoide wenigstens ebenso bestimmen. Die Rechnung ergiebt, indem wir diese Dauerzeiten mit Z und beziehungsweise $\mathfrak{Z}$ bezeichnen:

$$\log B_8^3 = 21{,}3327135 \quad (78.\ 3.); \quad B_8^3 = 2151362 \cdot 10^{15}$$
$$\log B^3 = 21{,}2792529 \quad (97.\ 2.); \quad B^3 = \underline{1902186 \cdot 10^{15}}$$
$$B_8^3 - B^3 = 249176 \cdot 10^{15}$$
$$\log (B_8^3 - B^3) = 20{,}3965062$$
$$\log (3 \, \mathfrak{H} \, M_8) = \underline{16{,}1782197} \quad (102.\ \text{u.}\ 81.)$$
$$\log Z = 4{,}2182865$$

1) $\qquad Z = 16530{,}51$ Jahre.

$$\log B^3_{\mathfrak{H}} = 20{,}9107272 \qquad \begin{aligned} B^3 &= 1902186 \cdot 10^{15} \\ B^3_{\mathfrak{H}} &= 814192 \cdot 10^{15} \\ \hline B^3 - B^3_{\mathfrak{H}} &= 1087994 \cdot 10^{15} \\ \log (B^3 - B^3_{\mathfrak{H}}) &= 21{,}0366265 \\ \log (3\,\mathfrak{H}\,M_8) &= 16{,}1782197 \\ \hline \log \mathfrak{Z} &= 4{,}8584068 \end{aligned}$$

2) $\qquad \mathfrak{Z} = 72178{,}33$ Jahre.

Es bezeichnet uns also Z die Zeit der Ablagerung der Erdringschalmasse bis zu ihrem Contacte mit dem restirenden Sonnenellipsoide, oder, abgesehen von einzelnen Rückständen, bis zu dem Zusammenflusse der Ringströme zu einer Kugel; die Zahl $\mathfrak{Z}$ dagegen drückt die Dauerzeit des Contactes der beiden Nebelmassen aus. Die erstere Zahl Z ist es also auch, welche uns die Dauerhaftigkeit der Erdringströme angiebt, die wir, in (65. 4.) mit $\mathfrak{D}_7 = 1$ bezeichnet haben.

117.

Dauerzeiten der Planetenringströme bis zu ihrer Vereinigung zu einem Körper.

Von dem Vorgesagten ausgehend lassen sich ferner die Dauerzeiten, welche sämmtliche Planetenmassen vom Beginn der Ringschalablagerung bis zum Contacte mit dem restirenden Sonnenellipsoide nothwendig hatten, annähernd bestimmen, wenn man die in dieser Beziehung für die Erdschalmasse gefundene Zeit (116. 1.)

$$Z = 16530{,}51 \text{ Jahre}$$

mit den, in (65. 4.) erhaltenen Verhältnißzahlen für die Dauerhaftigkeiten der Planetenringströme multiplicirt.

Es ergiebt sich so, indem wir die Dauerzeiten der Planeten=
ringströme mit accentuirten D bezeichnen,
für

♆	log D_1 = 6,4351873	D_1 = 2 723 875 Jahre
⛢	log D_2 = 6,1426407	D_2 = 1 388 803 „
♄	log D_3 = 5,6874695	D_3 = 486 933 „
♃	log D_4 = 5,2926363	D_4 = 196 171 „
♂	log D_6 = 4,4926327	D_6 = 31 091 „
⊕	log D_7 = 4,2182865	D_7 = 16 530 „
♀	log D_8 = 4,0072934	D_8 = 10 169 „
☿	log D_9 = 3,6000197	D_9 = 3 981 „

Leitet man ebenso die Dauerzeiten für die auf Merkur fol=
genden sechs Ringschalablagerungen ab, so ergiebt sich, mit Bei=
hülfe von (87. 4.) weiter

X	log D_X = 3,2342930	D_X = 1715 Jahre
XI	log D_{XI} = 2,8685663	D_{XI} = 738 „
XII	log D_{XII} = 2,5028396	D_{XII} = 318 „
XIII	log D_{XIII} = 2,1371129	D_{XIII} = 137 „
XIV	log D_{XIV} = 1,7713862	D_{XIV} = 59 „
XV	log D_{XV} = 1,4056595	D_{XV} = 25 „

118.

Rotation des Merkur.

Wenn wir die Zeiten, welche die verdichteten Niederschläge
einer Planetenringschalmasse in ihre Schwerpunktskreisebene bis
zu ihrer Vereinigung zu einem Körper — beziehungsweise bis
zum Contacte mit dem restirenden Sonnenellipsoide — nothwendig

hatten, und welche wir als die Dauerhaftigkeiten der Ringströme bezeichneten, in (117.), mit den Zeiten, in (109.), welche das Sinken der Pole von Schalablagerung zu Schalablagerung ausdrücken, im Allgemeinen vergleichen; so finden wir, daß beide abnehmen, daß letztere anfänglich größer sind, daß sich dieses Verhältniß aber später umgekehrt gestaltet.

So lange die Zwischenzeit für eine Schalablagerung größer ist, wie die Dauerhaftigkeit der vorausgehenden Ringströme, ist auch ein Contact des restirenden Ellipsoides mit der vorhergehenden Planetenkugel und der sie umhüllenden Nebelmasse möglich. Ist aber diese Dauerhaftigkeit größer wie die Zwischenzeit für die folgende Schalablagerung, so kann auch ein Contact beider Nebelmassen nicht wohl stattfinden, und mithin kann dann auch die die Kugel umhüllende Nebelmasse keine Rotation empfangen und also auch keine ihrem verdichteten Kerne mittheilen. Es folgt hieraus, daß die dem Hauptkörper entfernteren Nebenkörper zwar Rotation haben können, die ihm näheren aber nicht.

Wenden wir diese Betrachtung auf die Rotation des Merkur an, so ergiebt sich:

$Z_{10} > D_9$, nämlich $\qquad$ 6742 Jahre $>$ 3981 Jahre,

und hieraus folgt die Möglichkeit der Rotation für diesen Planeten. Dagegen ist aber:

$Z_{11} < D_x$, nämlich $\qquad$ 1251 Jahre $<$ 1715 Jahre,

und hieraus folgt, daß dem auf den Merkur folgenden Planeten, sowie auch allen übrigen, die Rotation mangele.

Diese Betrachtung wird durch den Umstand, daß jenseits des Merkur sich überhaupt keine Planeten mehr vorfinden, keineswegs dementirt, sie erklärt vielmehr die Erscheinung, daß den Trabanten der Planeten die Umdrehung um eine Axe fehlt.

119.

Rotation des Mondes.

In gleicher Weise, wie in (117.) für die Planeten, erhalten wir als Dauerzeit der Mondringströme

$$\log D = 3{,}0921958; \qquad D = 1236 \text{ Jahre},$$

d. h. die Mondringschale war schon nach Ablauf von 1236 Jahren, von dem Zeitpunkte ihrer Ablösung von dem Erdenellipsoide an gerechnet, beiläufig in demselben Stadium, zu welchem die Erdringschale 16530 Jahre nothwendig hatte.

Da nun, nach (110.), die Zeit von dem Beginn der Ablagerung der Mondringschale bis zum Beginn der Ablagerung der folgenden Ringschalmasse nur etwa 650 Jahre beträgt, so konnte auch ein Contact zwischen Mondkugel und Erdenellipsoid nicht stattfinden.

Die um den Mondkern angelagerte flüssige Nebelmasse konnte mithin von dem rotirenden Erdenellipsoide keine Rotation erhalten und mußte sich ohne zu rotiren nach und nach an den Mondkern anlagern. Sie konnte daher auch dem Mondkerne keine Umdrehung um eine Axe mittheilen, und seine Elemente mußten, dem Erdkörper immer dieselbe Seite zukehrend, nur ihre einfache Kreisbewegung fortsetzen.

Die Art und Weise der Bewegung des Mondes, d. h. der Umstand, daß sich derselbe während eines Umlaufes um den Erdkörper zugleich einmal um seine Axe dreht, ist demnach als eine Fortsetzung der Kreisbewegung seiner Schalelemente zu betrachten.

Wir haben hiermit die Frage, ob der Mond eine Axendrehung habe, unbedingt bejaht. Hätte er keine Axendrehung, dann müßte jede seiner Sehnen stets mit sich selbst parallel bleiben, oder er würde jedem, in seiner Bahnebene unendlich weit von der Erde abgelegenen Punkte immer eine und dieselbe Seite zukehren. Von der Erde aus betrachtet würde er dann aber während eines Bahnumlaufes scheinbar auch genau eine Axendrehung vollziehen.

Die Rotation des Mondes unterscheidet sich also von derjenigen der Planeten dadurch, daß seine Drehungsaxe genau mit seiner Bahnaxe zusammenfällt, beide Axen sich in einer einzigen durch den Schwerpunkt des Hauptkörpers gehenden Geraden vereinigen, während bei den Planeten die Drehungsaxe durch ihren eigenen Schwerpunkt, die Bahnaxe aber durch denjenigen des Hauptkörpers geht.

Die von uns dargelegte Entstehungsweise der Planeten und Monde stimmt ganz mit dieser Erscheinung überein, und es folgt aus ihr weiter, daß, wenn ein Planet während seiner einmaligen Bahnbewegung = n Umdrehungen um seine Axe vollzieht, hiervon n — 1 durch seinen Contact mit dem Sonnenellipsoid, aber auch eine Umdrehung durch die frühere Kreisbewegung seiner Schalmasse verursacht wird. Es begreift sich dieses ebenso unwidersprechlich, wenn man sich vorstellt, es höre plötzlich die Centripetalkraft dieser Himmelskörper auf, und sie seien somit lediglich der Centrifugalkraft überlassen. Alsdann würden sich diese Körper in geraden Linien bewegen, die Rotation des Mondes würde gänzlich aufhören, diejenige der Planeten aber fortbestehen; doch würden dann letztere in der Zeit ihres früheren Umlaufes eine Rotationsbewegung weniger vollziehen.

120.

Wahrscheinlichkeit der in (97.) aufgestellten hypothetischen Abmessungen des restirenden Sonnenellipsoides.

Unseren bisher gefundenen Resultaten über die Möglichkeit der Axendrehung der Himmelskörper liegen zum Theil die hypothetischen Abmessungen des nach Ablösung der Erdenringschale restirenden Sonnenellipsoides zum Grunde. Wir hatten nämlich hierfür, in (97.) als

Aequatorhalbmesser: $A_8 = 20\,027\,490$ M.

Periheldistanz der Erde: $\varrho = 19\,791\,867$ „

Winkel der Sonnenäquator-
ebene mit der Ekliptik: $\alpha = 7°$
Halbe Rotationsaxe bei Be-
ginn des Contactes: B = 12 390 370 M.

Aus diesen Abmessungen ergab sich bis jetzt kein mit unserer Theorie im Widerspruche stehendes Resultat und wir sind berechtigt, im Hinblicke auf den Schlußsatz von (98.), fortgesetzt anzunehmen, daß diese hypothetischen Abmessungen mit den wirklichen nahe übereinstimmen.

Hätten wir den Winkel $\alpha < 7°$, etwa $\alpha = 6° 30'$ angenommen, so würden wir die halbe Rotationsaxe B, nach (94. 16.), kleiner, in letzterem Falle

B = 11 823 890 M.   (log B = 7,0727605)

gefunden haben. Wir hätten dann, in (116.) für Z den Werth 33059 Jahre erhalten, woraus sich dann weiter

$D_8 = 20338$ Jahre und $D_9 = 7962$ Jahre,

nach (65. 4.) bestimmt hätten.

Wir würden aber dann, im Vergleiche zu den bezüglichen Werthen in (109.) zu große Werthe gehabt haben; nämlich:

$Z_9 > D_8$,   nämlich   45735 Jahre $>$ 20338 Jahre
$Z_{10} < D_9$,   „   6742 „ $<$ 7962 „

und es würde hiernach zwar noch die Möglichkeit der Rotation für die Venus nachgewiesen, die Möglichkeit einer Rotation des Merkur könnte aber ausgeschlossen sein. Ein weiteres Herabgehen in der Größe des Winkels auf 6° 30' statt 7° für den Winkel α wäre demnach bei der Größe von A_8 und ϱ verwerflich gewesen. —

Es liegt unseren bisher gefundenen Resultaten aber noch weiter die Annahme zu Grunde, daß für die Zeit des Zusammenfließens der einzelnen Ringströme ein gewisses Gesetz obwalte, das wir als ihre Dauerhaftigkeit bezeichneten und das wir, in (65.), als im Verhältniß der Umlaufszeiten stehend gefunden haben.

Weder dieses von uns aufgestellte Gesetz erhält durch unsere Rechnungen ein Dementi, noch weisen unsere Rechnungen auf einen Widerspruch bezüglich der Zeitbestimmungen über das Sinken der Pole hin. — Wir können daher auf Grund dieser günstigen Ergebnisse unsere bisher über die Entstehung des Sonnensystems aufgestellten Sätze, die wir als einen nothwendigen Ausfluß der Laplace'schen Hypothese gefunden haben, mit großer Sicherheit als mit der Wirklichkeit nahe übereinstimmend bezeichnen.

XIII.

Dichte der Planeten.

121.

Betrachtungen über die Ursache der Dichte der Planeten.

Indem wir unsere Untersuchung über die Ursache der Dichte der Planeten hier an (51. 3.) anknüpfen, mögen uns die homologen Abmessungen y und $\mathfrak{y}$ die bis zur Oberfläche des vorausgegangenen Erzeugungsellipsoides in den Aequatoren A und $\mathfrak{A}$ errichteten Senkrechten bedeuten, während uns fortwährend H und $\mathfrak{H}$ die Hemmungen in den inneren Schaltkreisen, sowie D und $\mathfrak{D}$ die Dichten zweier Planeten vorstellen.

Wir gehen dabei von der Annahme aus, es sei die um die Sonne rotirende Nebelmasse überall von gleicher Dichte gewesen, (denn nur so werden die Ordinaten y und $\mathfrak{y}$ ihre richtige Bedeutung von (51. 3.) erhalten), obgleich es wahrscheinlich ist, daß die Nebelmasse in der Nähe der Sonnenaxe selbst die geringste Dichte hat, weil bei dem Eintreten der Rotation die dichteren Massetheilchen sich von derselben entfernt haben mußten.

Nun verhalten sich als homologe Abmessungen ähnlicher Figuren:

1) $$y : \mathfrak{y} = A : \mathfrak{A}.$$

Hieraus folgt, im Vergleiche mit (51. 3.)

2) $$D : \mathfrak{D} = H . A : \mathfrak{H} . \mathfrak{A}.$$

Die Hemmungen in der Ebene der Aequatoren verhalten sich dagegen wie die Geschwindigkeiten der sich bewegenden Elemente, oder wie ihre Centrifugal-, also auch wie ihre Centripetalkräfte. Daher ist:

3) $$H : \mathfrak{H} = P : \mathfrak{P}.$$

Oder, da sich die Centripetalkräfte verkehrt wie die Quadrate der Halbmesser verhalten:

4) $$H : \mathfrak{H} = \mathfrak{A}^2 : A^2.$$

Es ergiebt sich mithin, aus 2) und 4):

5) $$D : \mathfrak{D} = \mathfrak{A} : A.$$

Da uns nun die Aequatorhalbmesser A und $\mathfrak{A}$ der restirenden Ellipsoide zugleich die Entfernungen der Planeten von der Sonne bezeichnen, so können wir sagen: Die Dichtigkeiten der Planeten verhalten sich (im Allgemeinen) zu einander, wie ihre Entfernungen von der Sonne verkehrt genommen.

Nach Formel 5) erhalten wir also die Dichte D eines Planeten, z. B. Saturns, indem wir die Dichte der Erde gleich 1 setzen, aus der Proportion:

6) $$D : 1 = ☿ : ♄ \quad\text{oder}\quad D = \frac{☿}{♄}$$

nämlich

$\log ☿ = 7{,}3016264$

$\log ♄ = 8{,}2810817$

7) $\log D = 0{,}0205447 - 1 \,;\quad D = 0{,}1048$

Das in 5) gefundene Dichtigkeitsgesetz gründet sich also auf die Annahme von ursprünglich gleicher Dichte der um die Sonne rotirenden Nebelmasse, es kann selbstredend nur für die Dichte der

Planeten zur Zeit des Ueberganges ihrer unverdichteten Schal=
materie in verdichtete Körper Gültigkeit haben, und mußte im
Laufe der Zeit nicht unerheblich modificirt worden sein (123.).
Wir haben daher, in 7), als die Dichtigkeit Saturns diejenige
zur Zeit seiner Entstehung.

122.

Dichte der Planeten.

Die astronomischen Mittheilungen weichen in keinen Angaben
mehr von einander ab, als in denen über die Dichtigkeit der Him=
melskörper. Selbst bei den mit Monden behafteten Planeten er=
geben sich fast für jede neue Berechnung abweichende Resultate.
Wir suchen diese Abweichungen in der großen Schwierigkeit die
Größe der Halbaxen aus den Beobachtungen genau zu bestimmen.

In nachstehender Tabelle sind die bezüglichen Angaben Bode's,
Mädler's und von Littrow's über die Dichtigkeit der Planeten
zusammengestellt und denselben die, von uns nach (121. 5.), ge=
fundenen Resultate beigefügt.

Dichte

von	nach					
	Bode 1793.	von Littrow 1854.	Nachtrag	Mädler 1861.	v. Littrow 1876.	(121. 5.) berechnet
♆	—	0,20	0,188	0,250	0,204	0,033
♅	0,22	0,25	0,240	0,167	0,162	0,052
♄	0,10	0,10	0,138	0,131	0,112	0,105
♃	0,22	0,25	0,238	0,227	0,234	0,192
♂	0,47	0,70	0,948	0,942	0,739	0,656
♁	1,00	1,00	1,000	1,000	1,000	1,000
♀	1,04	1,07	0,923	0,908	0,960	1,382
☿	2,72	3,61	2,940	1,225	1,408	2,583
☾	0,74	0,70	0,619	0,605		

123.

Verdichtung durch Abkühlung.

Mit der zunehmenden Verdichtung müssen wir auch den sich verdichtenden Elementen der Planeten von außen nach innen eine größere Wärmeentwickelung und damit verbundene Lichtintensität beimessen. Ob Letztere nach der Vereinigung der verdichteten Elemente zu einem Körper noch in voller Stärke bestand, kann für unsere Untersuchungen zwar gleichgültig sein, wir erkennen dagegen mit Sicherheit, daß für die verdichtete feuerflüssige Masse nothwendig Wärmeausstrahlung, also Abkühlung stattfinden mußte. Es dürfte daher zweifelhaft erscheinen, ob die vielen verdichteten Körperchen, welchen wir bis zu ihrer Vereinigung zu einem Körper einen langen Zeitraum beimaßen, nach dieser Vereinigung noch so viele Wärme enthielten, um zu leuchten. Wenigstens läßt die Heterogenität der Erdmasse, wie sie sich aus ihrer Abplattung ergiebt, vermuthen, daß bei der Vereinigung ihrer verdichteten Bestandtheile sich letztere größtentheils mehr in einem schon teigartigen, als noch durchaus flüssigen Zustande befunden haben mögen.

Die Erkaltung eines Körpers wird aber um so rascher von statten gehen, je geringer sein Volumen und seine Dichtigkeit sind. Mit jedem Verluste an Wärme stellt sich natürlich eine weitere Zusammenziehung der Massetheile ein, der Himmelskörper wird immer kleiner und erleidet so lange die Abkühlung dauert, daher eine fortgesetzte Verdichtung. Unzweifelhaft ist diese Art des Dichterwerdens eine Function der Zeit, und von zwei Himmelskörpern wird also, bei ursprünglich gleichem Umfange und gleicher Dichte, derjenige am dichtesten sein, der am längsten der Abkühlung ausgesetzt war.

Die Erscheinung nun, daß für die zwei äußersten Planeten von außen nach innen in obiger Tabelle eine Abnahme, statt einer Zunahme an Dichte stattfindet, ist dem Umstande beizumessen, daß diese Körper längere Zeit der Erkaltung ausgesetzt waren, als die

Inneren. — Nach unserer Rechnung fanden wir für Neptun ein um $(Z_2 - Z_3) = 1981\,650\,400$ Jahre längeres Bestehen als verdichteter Körper, wie für Uranus, und für diesen ein um $(Z_3 - Z_4) = 77\,882\,100$ Jahre längeres Bestehen als für Saturn. (109.)

Die Differenz der von uns für Neptun und Uranus gefundenen Dichten (0,033 und 0,052) mit denjenigen, welche von den genannten Astronomen angegeben werden, mag wohl daher rühren, daß unsere Zahlen nur die Dichten dieser Körper vor ihrer Abkühlung ausdrücken, während jene Astronomen die jetzige Dichtheit der beiden Planeten im Auge haben.

Unter der Voraussetzung also, daß das von uns aufgestellte Gesetz, nach welchem sich die Dichte der Planeten wie umgekehrt ihre Entfernungen von der Sonne verhalten, richtig sei, können wir auch die einstigen Halbmesser, also auch die früheren Volumina dieser Körper berechnen.

Ist nämlich der **gegenwärtige** Halbmesser eines Planeten r, der **frühere** vor der Abkühlung R, die gegenwärtige Dichte d, und die frühere D, so ergiebt sich alsbald

$$R = r \sqrt[3]{\frac{d}{D}}.$$

Nun sind die gegenwärtigen Halbmesser Neptuns und Uranus 3704,5 und beziehungsweise 3987 g. M. Legen wir weiter die astronomischen Mittheilungen von 1876 (0,204 und 0,162) der Dichtigkeiten zu Grunde, so findet sich

    für Neptun $R = 6798$ g. M.
    „ Uranus $R = 5823$ „

als frühere Halbmesser ihrer Kugelgestalt.

124.

Dichte der Sonne.

Da sich die Dichten D und d zweier Massen M und m zu einander verhalten, wie diese Massen, dividirt durch ihre körperlichen Inhalte, so erhalten wir für zwei kugelgestaltige Massen zu den Halbmessern R und r:

1) $\quad D : d = \dfrac{M}{R^3} : \dfrac{m}{r^3}\quad$ oder $\quad D = \dfrac{M}{m} \cdot \dfrac{r^3}{R^3} \cdot d$

Beziehen wir die kleinen Buchstaben auf unsere Erde, die großen auf einen andern Himmelskörper, und setzen $m = 1$ und $d = 1$, so wird:

2) $\quad\quad\quad\quad D = M \cdot \dfrac{r^3}{R^3}.$

Beziehen wir nunmehr die großen auf die Sonne, so erhalten wir:

$\log M =\ \ 5{,}5138715\quad (80.\ 3.)$
$\log r^3 =\ \ \underline{8{,}8011873}\quad (17.\ 18.)$
$\quad\quad\quad\ \ 14{,}3150588$
$\log R^3 = \underline{14{,}9113230}\quad (82.\ 4.)$

3) $\quad\log D =\ \ 0{,}4037358-1;\quad\quad D = 0{,}2533586$

als Dichte des Sonnenkörpers.

125.

Dichte des Jupiter und des Saturn.

Bei

Saturn Jupiter

sind die Halbaxen

1) $\quad a = 8152{,}5$ g. M. $\quad\quad a = 10009$ g. M.
2) $\quad b = 7348\quad\ \ $ „ $\quad\quad\ \ b =\ \ 9340{,}5$ „

Hieraus berechnen sich die Halbmesser r_3 und beziehungsweise r_4 von Kugeln, welche mit diesen Himmelskörpern gleichen Inhalt und gleiche Dichte haben, nämlich:

$r_3 = 7875 \mathfrak{M}.; \log r_3 = 3{,}8962502$ | $r_4 = 9781 \mathfrak{M}.; \log r_4 = 3{,}9903838$

Nun ist:

$\log m_3 = 1{,}9709316$ (80. 4.)	$\log m_4 = 2{,}4939212$ (80. 4.)
$\log r^3 = 8{,}8011873$ (17.18.)	$\log r^3 = 8{,}8011873$ (17.18.)
$10{,}7721189$	$11{,}2951085$
$\log r_3^3 = 11{,}6887506$	$\log r_4^3 = 11{,}9711514$
$\log d_3 = 0{,}0833693 - 1;$	$\log d_4 = 0{,}3239571 - 1;$
3) $d_3 = 0{,}1211625.$	$d_4 = 0{,}2108420.$

Allerdings nähern sich diese Resultate der Dichtigkeiten nur den, in (122.), angegebenen und stimmen nicht genau mit ihnen überein. Doch auch so können wir sie unter der Annahme, daß die oben angeführten Halbaxen richtig seien, weiteren Untersuchungen zu Grunde legen.

126.

Einfluß der Quantität einer nicht in Bewegung befindlichen Masse auf den Gang ihrer Verdichtung.

Es dürfte hier noch die Frage aufzuwerfen sein, ob denn nicht die Quantität der Masse auf den Gang ihrer Verdichtung einen Einfluß habe, weil mit der Zunahme an Masse „sich ein größerer Druck der äußeren auf die inneren Schichten ergeben müsse."

Denken wir uns zur Versinnlichung des zu erklärenden Verhältnisses eine Nebelmasse von ungemein großer Ausdehnung und von ungemein geringer, aber durchaus gleichmäßiger Dichte. Unterstellen wir sodann bei derselben für den Zustand des Gleichgewichts die Kugelgestalt, und nehmen wir ferner an, daß ihr keine Bewegung innewohne, daß überhaupt keine äußere Kraft auf diese Masse einwirke, und daß sie ihrer eigenen Anziehung überlassen sei. Wir finden für einen solchen Körper die Anziehung in seinem Mittelpunkte, nach (19. 3.) gleich Null, während sie mit der Entfernung vom Mittelpunkte wächst und an der Oberfläche am größten ist.

Es wird hiernach von jedem Punkte der Oberfläche aus eine Anziehung auf den Mittelpunkt der Kugel ausgeübt, und wiederum werden diese Punkte der Oberfläche ihrerseits von der Masse angezogen werden. Denken wir uns nun die Kugel in unendlich viele Pyramiden von gleichen Grundflächen zerlegt, deren Spitzen den Mittelpunkt der Kugel bilden, so wird sich in jeder Pyramide die Masse sowohl von ihrer Spitze wie von ihrer Grundfläche aus nach ihrem Schwerpunkte hin bewegen müssen, und so die ganze Masse der Kugel sich in eine hohle Kugelschale vereinigen, deren Schwerfläche um $\frac{3}{4}$ R von dem Mittelpunkte, also nur $\frac{1}{4}$ von der früheren Oberfläche der Kugel entfernt ist.

Eine solche hohle Kugelschale aber müßte aus ungemessener Weite betrachtet, ganz wie ein planetarischer Nebel erscheinen.

127.

Fortsetzung.

Wir setzten bei dieser Betrachtung immer eine durchaus gleichmäßige Dichte der Masse voraus.

Fänden sich aber in derselben **verschiedene** substanziellere Stellen vor, so wären wir genöthigt, eine wirksamere Anziehung in diesen Stellen, wo sie sich in der Masse auch immer vorfinden mögen, auf die **zunächst gelegenen** minder dichten Masseelemente anzunehmen, als wir bisher von Oberfläche und Mittelpunkt der Nebelkugel her unterstellten; und es würde sich demzufolge eine Anhäufung von Massetheilen an so verschiedenen Stellen der Kugel zeigen, daß Letztere nicht zur Kugelschale werden könnte, sondern in einen **Sternhaufen** aufgelöst würde.

Es begreift sich, daß sich solcher Stellen desto mehrere ergeben werden, von je gleichmäßigerer Dichte wir die Materie voraussetzen und daß mit der Zunahme dieser Stellen die einzelnen Anhäufungen **schwächer** werden müssen.

Diese Betrachtung ändert sich auch in keiner Weise, wenn wir uns die Quantität der Masse noch so vielmal vergrößert vorstellen.

Nehmen wir dagegen bei der gedachten Nebelmasse **einen** dichteren Kern an, so wird von ihm, in Folge pericentrischer Verdichtung, auf die ihm zunächst gelegenen Theile zwar eine Anziehung ausgeübt werden, die Kraft dieser Anziehung aber wird ebenfalls nicht mit der Quantität der den Kern umhüllenden Nebelmasse wachsen, sondern im Gegentheil mit dieser abnehmen. Denn mit der steigenden Menge dieser Masseelemente erhält auch **deren** Anziehung auf den Kern eine Vermehrung und die Kraft der Anziehung des Kerns an seiner Oberfläche muß hierdurch andererseits geschwächt werden, so daß sich dadurch die Verdichtung der Masse um den Kern herum selbstverständlich verringern muß.

Dieses Verhältniß wird sich jedoch gegen das Ende der Anlagerungen hin ändern, weil selbstredend mit vollzogener Anlagerung von Nebelmasse an den Kern sich die Anziehung des so vergrößerten Kerns auf die restirende Nebelmasse vermehrt, die Anziehung der restirenden Nebelmasse auf den Kern aber zugleich vermindert.

Zwei in der Quantität verschiedene Nebelmassen müssen sich daher, bei ursprünglich gleichen Kernen, nach vollzogener Anlagerung dadurch in der Dichte von einander unterscheiden, daß die kleinere Nebelmasse ihre größere Dichte in der Nähe des Kerns, die größere aber in der Nähe der Oberfläche haben wird.

Nach diesen Betrachtungen möchte die Annahme unrichtig sein, daß aus einer ursprünglich größeren Quantität von Masseelementen, welchen eine Bewegung mangelt und welche ihrer gegenseitigen Anziehung überlassen sind, „wegen eines größeren Drucks der äußeren auf die inneren Schichten", eine größere Dichte resultire. Vielmehr wird die Ansicht als die richtige zu gelten haben, welche die Quantität bei einer **ruhenden** Masse auf deren Verdichtung als ohne wesentlichen Einfluß erklärt.

XIV.

Rotationszeiten der Planeten.

128.

Vorbemerkungen.

Zu den Erweiterungen, welche man der Laplace'schen Hypothese angedeihen ließ und zu welchen namentlich die von uns, in (58.), erörterte Theorie über die Ursache der Rotation der Planeten gehört, welcher wir aber unsere Zustimmung versagen, ist auch die Annahme zu zählen, daß uranfänglich — nämlich nach dem Uebergange des Erdringes in die Kugelgestalt — mit der Bewegung der Erde um die Sonne auch die Bewegung der Erde um die eigene Axe gegeben und Tag und Jahr einander gleich gewesen seien; und diese Ansicht übertrug man auch auf die Planeten.

Sie setzt indessen voraus, daß sich alle Kugelsehnen, parallel mit sich selbst bleibend, in der Bahn bewegt hätten, und steht daher ebenfalls mit unserer Theorie im Widerspruche.

Nach dem bisher Abgehandelten bewegten sich ursprünglich die in die Schwerpunktskreisebene der Schale niedergeschlagenen verdichteten Schalelemente, sowohl vor wie nach ihrer Vereinigung zu einer einzigen Kugel, in einer Weise um die Sonne, daß sie dieser immer dieselbe Seite zukehrten, wie der Mond der Erde, und es hatte daher, ein Leuchten des Sonnenkörpers angenommen, die eine Hälfte des Kerns beständig Tag, die andere Nacht. Erst nach dem Beginne der Rotation der Nebelmasse, oder vielmehr nach dem Beginne der Anlagerung der rotirenden Nebelmasse an den Erdkern, konnte auch die Drehung des Kerns ihren Anfang nehmen. Da während des Sinkens der Pole des Erdenellipsoides eine Anlagerung der bereits in Rotation versetzten Nebelmasse an den Polen der Kugel stattfand, so geschah auch die Mittheilung der Drehung von den Polen nach dem Aequator hin. Sie konnte der Natur der Sache gemäß nur schwach und allmählig beginnen und mußte mit weiteren Anlagerungen der rotirenden Nebelmasse zunehmen, indem diese beständig einen Theil ihrer Drehungsgeschwindigkeit zur Erzeugung von Rotation an den Erdkern übertrugen, bis sich Ursache und Wirkung in's Gleichgewicht gesetzt hatten.

Und dieses Verhalten der Erdmasse müssen wir auch den Planetenmassen, bei der Betrachtung der Entstehung ihrer Drehung um eine Axe, beilegen.

Wir können nämlich von vornherein einsehen, daß, je weniger dicht die Masse des Kerns bei Beginn der Anlagerung der sich drehenden Nebelmasse war, desto leichter und schneller auch die Rotation des Kerns erfolgen, und daß mit der größeren Dichte der rotirenden Nebelmasse die Rotationsgeschwindigkeit zunehmen mußte.

Nun nahmen aber die Dichten der Planetenmassen von außen nach innen zu, während wir Ursache haben, den äußeren Schichten der Sonnennebelmasse eine größere Dichte beizumessen wie den inneren; und wir finden so in Beidem gegensätzlich den Grund, warum die Planeten jenseits der Planetoidenzone die diesseits gelegenen an Rotationsgeschwindigkeit übertreffen.

Man hat die Rotationszeiten der Planeten durch die Beobachtung festgestellt; sie betragen:

für					für			
♄	10^h	29^m	17^s		♁	23^h	56^m	4^s
♃	9	55	27		♀	23	21	22
♂	24	37	23		☿	24	5.	

Für ⛢ und ♆, welche wegen ihrer großen Entfernung keinen bemerkbaren Punkt auf ihrer Oberfläche markiren, an welchem sich ihre Rotation erkennen ließe, ist wohl wenig Hoffnung vorhanden, daß sich ihre Umdrehungszeit aus der Beobachtung je direct ergebe werde. Nur aus der Abplattung des Uranus hat man bisher auf theoretischem Wege auf dessen Umdrehungszeit geschlossen. Diese Abplattung beträgt, nach Mädler, $\frac{1}{10{,}28}$, und aus ihr fand Houzeau (Bulletin de l'Académie de Bruxelles 1856) die Umdrehungszeit für Uranus aus theoretischen Gründen zwischen $7\frac{1}{4}$ und $12\frac{1}{4}$ Stunden.

Wir wollen diese Umdrehungszeit ebenfalls auf theoretischem Wege zu ermitteln versuchen.

129.

Bestimmung der ungefähren Umdrehungszeit eines Planeten aus seiner Abplattung und Dichte.

Indem wir die Umdrehungszeiten der Planeten einer Betrachtung unterwerfen, wollen wir nicht übersehen, daß wir hierbei Körper von bereits verdichteten Massen behandeln, und daß das Verhalten dieser ein anderes ist, als dasjenige aufgelockerter Massen, für deren Umdrehung wir das dritte Keppler'sche Gesetz nachgewiesen haben.

Vergleichen wir die Formeln (22. 5.) mit (15. 1.), so erhalten wir:

1) $\quad \dfrac{C}{P} = \dfrac{\frac{4\pi^2}{T^2}}{M} \cdot R^3 \,; \qquad \dfrac{c}{p} = \dfrac{\frac{4\pi^2}{t^2}}{m} \cdot r^3.$

Für die Entfernung 1 von der Umdrehungsaxe wird daher wenn wir c für C, und p für P schreiben:

2) $$\frac{c}{p} = \frac{\frac{4\pi^2}{T^2}}{M},$$

oder, wenn wir die Masse M durch das Product aus dem Inhalt in die Dichte D ausdrücken:

3) $$\frac{c}{p} = \frac{\frac{4\pi^2}{T^2}}{\frac{4}{3}\pi D} = q \qquad (36.\ 13.)$$

Es drückt mithin der Bruch, in (36. 13.), d. h. die Größe q, das Verhältniß der Centrifugal- zur Centripetalkraft in der Entfernung 1 von der Rotationsaxe aus.

Wir wollen aber in dem Folgenden unter q das Verhältniß der Tangentialkraft c zur Schwere p am Aequator für **jeden** Halbmesser verstehen.

Bezeichnen demnach für zwei Planeten die correspondirenden Buchstaben

    A, a,   die Aequatorhalbmesser,
    B, b,   die halben Rotationsaxen,
    C, c,   die Tangentialkräfte,
    D, d,   die Dichten,
    M, m,   die Massen,
    P, p,   die Centripetalkräfte,
    Q, q,   die Verhältnisse der Tangential- zu den Centripetalkräften,
    T, t,   die Umlaufszeiten,
    $\varLambda, \lambda$, die Verhältnisse der Excentricitäten zu den halben kleinen Axen;

so werden wir haben:

4) $$Q = \frac{C}{P}\ ; \qquad q = \frac{c}{p},$$

und es folgt hieraus:

5) $$\frac{c}{C} = \frac{p}{P} \cdot \frac{q}{Q}.$$

130.

Fortsetzung.

Die Anziehung des Mittelpunktes auf die Punkte des Aequators wirkt bei dem Ellipsoid anders wie bei der Kugel. Nach Laplace[*]) ergiebt sich die Anziehung P auf einen Punkt des Aequators eines Ellipsoides, dessen Aequatorhalbmesser A und dessen halbe Rotationsaxe B ist, durch die Formel:

1) $$ P = \frac{3\,A\,M}{2\,B^3} \cdot \frac{1}{A^3} \left(\text{arc tg } A - \frac{A}{1+A^2} \right). $$

Analog ist daher:

2) $$ p = \frac{3\,a\,m}{2\,b^3} \cdot \frac{1}{\lambda^3} \left(\text{arc tg } \lambda - \frac{\lambda}{1+\lambda^2} \right). $$

Zur Abkürzung wollen wir die mit A und λ behafteten Factoren beider Ausdrücke mit Φ und φ bezeichnen. Wir erhalten demgemäß, wenn wir diese Ausdrücke in Reihen auflösen:

3) $$ \Phi = \frac{2}{3} - \frac{4}{5} A^2 + \frac{6}{7} A^4 - \frac{8}{9} A^6 + \ldots, $$

4) $$ \varphi = \frac{2}{3} - \frac{4}{5} \lambda^2 + \frac{6}{7} \lambda^4 - \frac{8}{9} \lambda^6 + \ldots, $$

also ist:

5) $$ P = \frac{3\,A\,M}{2\,B^3} \cdot \Phi; $$

6) $$ p = \frac{3\,a\,m}{2\,b^3} \cdot \varphi. $$

Wenn wir nun, in (129. 5.), für C und c die Werthe aus (22. 5.) substituiren, indem wir daselbst A für R, und a für r

---

[*]) In (35. 2.), P für Q', A für β und A für λ geschrieben.

schreiben, für P und p die Werthe aus 5) und 6) einführen, die Massen M und m durch ihre körperlichen Inhalte und ihre Dichten D und d ausdrücken und abkürzen, so ergiebt sich:

7) $$\frac{T^2}{t^2} = \frac{a^3}{b^3} \cdot \frac{B^3}{A^3} \cdot \frac{\varphi}{\psi} \cdot \frac{d}{D} \cdot \frac{q}{Q}.$$

Aus (36. 14.) folgt:

8) $$q = \frac{(9+3\lambda^2) \cdot \text{arc tg } \lambda - 9\lambda}{2\lambda^3}$$

nämlich:

9) $q = \frac{3 \cdot 2}{3 \cdot 5} \lambda^2 - \frac{3 \cdot 4}{5 \cdot 7} \lambda^4 + \frac{3 \cdot 6}{7 \cdot 9} \lambda^6 - \frac{3 \cdot 8}{9 \cdot 11} \lambda^8 + \ldots$

oder

10) $q = \frac{2}{5} \lambda^2 - \frac{12}{35} \lambda^4 + \frac{2}{7} \lambda^6 - \frac{8}{33} \lambda^8 + \ldots$

und ebenso:

11) $Q = \frac{2}{5} \Lambda^2 - \frac{12}{35} \Lambda^4 + \frac{2}{7} \Lambda^6 - \frac{8}{33} \Lambda^8 + \ldots$

131.

Annähernde Bestimmung der Rotationszeit des Uranus.

Beziehen wir die kleinen Buchstaben in (129.) auf die Erde, die großen auf Uranus, so ergiebt sich für erstere, aus (17. 14. und 16.), nach (34.):

1) $\lambda^2 = 0{,}006684368$; $\qquad \log \lambda^2 = 0{,}8252815 - 3$;

und dann, aus (130. 10.):

2) $q = 0{,}002658513$; $\qquad \log q = 0{,}4246388 - 3$;

sowie, aus (130. 4.):

3) $\varphi = 0{,}6613578$; $\qquad \log \varphi = 0{,}8204365 - 1$;

Nun ist für Uranus:

A = 4111,5 M.;   B = 3711,5 M.;   D = 0,173,

wenn die Dichte der Erde = 1 gesetzt wird.

Hieraus erhalten wir:

4) $A^2 = 0{,}2271612$; $\log A^2 = 0{,}3563343 - 1$;

und dann, aus (130. 11.)

5) $Q = 0{,}0757505$; $\log Q = 0{,}8793826 - 2$;

sowie, aus (130. 3.):

6) $\Phi = 0{,}5207157$; $\log \Phi = 0{,}7166007 - 1$.

Die wahre Rotationszeit t der Erde ist:

7) $t = 23^{St.}{,}93446972$; $\log t = 1{,}3790237$.

Führt man die Zahlenwerthe für t, A, B, a. b, d, D, Φ, φ, q, Q in (130. 7.) ein, so ergiebt sich:

$\log t^2 = 2{,}7580474$	
$\log a^2 = 5{,}8684276$	$\log b^2 = 5{,}8655346$
$\log B^2 = 7{,}1390990$	$\log A^2 = 7{,}2280006$
$\log \varphi = 0{,}8204365 - 1$	$\log \Phi = 0{,}7166007 - 1$
$\log d = 0$	$\log D = 0{,}2380461 - 1$
$\log q = 0{,}4246388 - 3$	$\log Q = 0{,}8793826 - 2$
13,0106493	10,9275646
10,9275646	
$\log T^2 = 2{,}0830847$	

8) $\log T = 1{,}0415423$: $T = 11^{St.}{,}00378$. *)

---

*) Die Schrift: „Die Bewegung der Himmelskörper um ihre Axen" (von J. G. Greiffenstein. Darmstadt 1872.) widmet der Berechnung der Umdrehungszeit der Planeten aus ihrer Abplattung ein besonderes Augenmerk. Um den Nachweis zu liefern, daß auch Uranus eine weit kürzere Umdrehungszeit, also eine schnellere Rotationsbewegung habe, wie die diesseits der Planetoidenzone gelegenen Planeten, möge unsere Ausführung genügen.

Nach dem Greiffenstein'schen Verfahren, das für Jupiter und Saturn sehr annähernde Resultate liefert, ergiebt sich für Uranus, dessen Abplattung zu $\frac{1}{10{,}28}$ gesetzt, eine Umdrehungszeit von $9^{St.}$ $41^{M.}$ $55''{,}98$.

Auch dieses Resultat kann nur als ein annäherndes betrachtet werden, weil die Methode der Rechnung voraussetzt, daß Homogenität in der Dichte der Uranuskugel bestehe, was gegen die Wahrscheinlichkeit ist.

Nicht selten wird die Rotationszeit des Uranus aus seiner Bahngeschwindigkeit abzuleiten versucht.

Bei Jupiter und Saturn sind die Rotations- und Bahngeschwindigkeiten nahezu einander gleich. Will man nun annehmen, daß eine solche Gleichheit auch bei Uranus stattfinde, so würde sich seine Umlaufszeit zu 7 St. 36 M. 29 S. ergeben.

Wir haben übrigens nach unserer Theorie keine Veranlassung, Gleichheit zwischen der Rotations- und Bahngeschwindigkeit eines Planeten als Regel zu unterstellen, und betrachten daher dieselbe bei Jupiter und Saturn nur als eine zufällige.

132.

Die Elemente des restirenden Sonnenellipsoides wirkten mit nahezu gleichen und parallelen Kräften auf die Elemente der Nebelmasse einer Planetenkugel.

Wir gingen, in (64.), bei der Betrachtung der Kräfte, welche beim Contacte eines Planetenellipsoides mit dem Sonnenellipsoide auf die Nebelmasse des ersteren stattfanden, zwar von der Voraussetzung aus, daß die Dichten beider contingirter Massen nahe einander gleich gewesen, und daß mithin nur ihre Geschwindigkeiten in Anschlag zu bringen seien; aber auch für den Fall, daß wir die Dichtigkeiten beider Nebelmassen als einander verschieden und nur in sich als gleich unterstellen, können wir bei der Betrachtung der Art und Weise, wie die Elemente der Sonnennebelmasse auf diejenige des Planeten einwirkten, lediglich die Geschwindigkeit und die Richtung der Ersteren in Betracht zu ziehen haben.

Wir wollen nunmehr für den Contact des Erdenellipsoides mit dem Sonnenellipsoide die Geschwindigkeiten bestimmen, mit welchen die Endpunkte P und R des senkrecht auf dem Sonnenellipsoide stehenden Halbmessers (P R =) R , Fig. 2., angegriffen werden, und es sei, der Einfachheit wegen, dabei vorausgesetzt, der Contact beider Körper habe in ihren Aequatorebenen stattgefunden.

Wir haben dabei zuerst zu untersuchen, um wieviel der Aequatorhalbmesser ☉ des restirenden Sonnenellipsoides den Aequatorhalbmesser A_1 des Erdenellipsoides an Größe übersteige und alsdann die Geschwindigkeit der Punkte P und R aus ihren bezüglichen Entfernungen P S und R S von der Sonne hieraus zu bestimmen.

Die Rechnung ergiebt:

$$(P\,S) = ☉ = 20\,027\,490 \quad (70.)$$
$$(P\,R) = A_1 = 90\,523 \quad (89.\ 3.)$$

1) $\qquad (R\,S) = 19\,936\,967\,; \qquad \log(R\,S) = 7{,}2996576$

Bezeichnet weiter T die Umlaufszeit des Punktes R, so ergiebt sich, aus (69. 3.)

$$\log V = 0{,}0933437-7 \quad (69.\ 2.)$$
$$\log (R\,S)^3 = 21{,}8989728$$
$$\log T^2 = 14{,}9923165$$

2) $\qquad \log T = 7{,}4961582\,; \qquad T = 31\,344\,270^s$

Nennen wir nun die Geschwindigkeiten, mit welchen sich die Punkte P und R des Sonnenellipsoides bewegen, beziehungsweise G und g , so erhalten wir, weil aus (22. 8.), wenn wir daselbst $\mathfrak{T}$ für T, T für t, (P S) für (☉ =) R, und (R S) für r schreiben, folgt:

3) $\qquad \dfrac{G}{g} = \dfrac{\mathfrak{T}}{T} \cdot \dfrac{(R\,S)}{(P\,S)}\,;$

$\log \mathfrak{T} = 7{,}4991116$ (69.)	$\log T = 7{,}4961582$
$\log (R\,S) = 7{,}2996576$	$\log (P\,S) = 7{,}3016264$ (70.)
$14{,}7987692$	$14{,}7977846$

$$\begin{array}{r}14{,}7987692\\14{,}7977846\end{array}$$

4) $\log \dfrac{G}{g} = 0{,}0009846$; $G = 1{,}00227 \cdot g$.

Wir ersehen hieraus, daß für den Contact des Erdenellipsoides die Geschwindigkeit G des Punktes R des Sonnenellipsoides der Geschwindigkeit g des Punktes P des Sonnenellipsoides sehr nahe kommt, und daß daher auch alle Elemente der Nebelmasse des Erdenellipsoides sehr nahe von gleichen (und parallelen) Kräften angegriffen wurden.

Da uns diese Untersuchungen, wenn wir sie auf den Contact des Jupiter- und des Saturnellipsoides mit dem jeweiligen Sonnenellipsoide anwenden, zu demselben Schlusse führen, so werden wir ganz allgemein sagen dürfen:

Die Elemente der eine Planetenkugel umhüllenden unverdichteten flüssigen Masse wurden von den unverdichteten Elementen der restirenden Sonnenellipsoide von gleichen und parallelen Kräften in Bewegung gesetzt.

133.

Ursache des dritten Keppler'schen Gesetzes bei den Trabanten der Planeten.

Vergleichen wir die Größen (PS) und (PR) geometrisch miteinander, anstatt, wie in (132. 1.) arithmetisch, so findet sich:

$$\frac{(PS)}{(PR)} = 221{,}2414.$$

Es ist also (PR) etwa $\dfrac{1}{221}$ von (PS), und wir können erstere Größe in Bezug auf letztere in der That als ungemein klein ansehen, weil wir die Geschwindigkeiten g und G der Punkte P und R als nahe einander gleiche, (132. 4.) gefunden haben.

Hätte aber (PR) in Bezug auf (PS) eine solche Größe, daß die Geschwindigkeiten g und G in P und R nicht so nahe einander gleich wären, so würden auch die Endpunkte des Halbmessers (PR) nicht mit gleichen Geschwindigkeiten in Bewegung gesetzt werden. — Es würde dann alles das nicht stattfinden können, was wir, in (31.), auf die Voraussetzung hin, daß der Halbmesser des Kreises zum Mittelpunkte S gegen den Halbmesser des Kreises zum Mittelpunkte P ungemein groß sei, abgehandelt haben. Die Elemente des Kreises zum Mittelpunkte P würden mithin keine gleiche Centralbewegung erhalten können, d. h. sie würden sich nicht nach dem 3. Keppler'schen Gesetze bewegen.

Es würde sich vielmehr in diesem Falle dasjenige ergeben müssen, was uns in (33.) zur Vorstellung gekommen ist. —

Wir ersehen hieraus, daß bei Erzeugung von Rotation einer ungemein dünnflüssigen Nebelmasse um einen verdichteten Kern herum, — der ihre Elemente durch seine Anziehung im umgekehrten Verhältniß der Quadrate ihrer Entfernungen festhält, — dieselbe nach dem dritten Keppler'schen Gesetze stattfindet, sobald die Elemente der einen Hälfte der dünnflüssigen Kugelschale in parallelen Richtungen mit gleichen Geschwindigkeiten in Bewegung gesetzt, sagen wir von gleichen Kräften angegriffen werden.

Da nun die Trabanten der Planeten nach der Beobachtung wirklich nach dem dritten Keppler'schen Gesetze ihre Umläufe um ihre Planeten machen, so ist diese Erscheinung mit unserer Hypothese von der Art und Weise der Entstehung dieser Trabanten durchaus im Einklange, und wir können rückschließend bei ihnen die Ursache des dritten Keppler'schen Gesetzes auf den Contact zurückführen, der zwischen dem betreffenden Planetenellipsoide und dem restirenden Sonnenellipsoide stattfand.

Und da dieser Contact für jeden Planeten unter anderen Masseverhältnissen, also auch unter anderen Anziehungs- und Geschwindigkeitsbedingungen der contingirten Nebelmassen stattfand, so ist auch erklärlich, warum sich das Gesetz der Umläufe und Entfernungen ihrer Monde nicht von einem Planeten auf einen andern oder auf die Sonne übertragen läßt, oder warum die Werthe von v_3, v_4, v_7,... in (69.), nicht sämmtlich unter einander gleich sind und mit dem Werthe von V übereinstimmen.

134.

Zweifel an der Ursache unserer Rotationstheorie.

Man könnte unserer aufgestellten Theorie über die Ursache der Rotation der Planeten entgegenhalten: wenn die Rotation der Planetenkugeln wirklich durch die Anlagerung rotirender Nebelmassen an ihren Polen (oder vielmehr in der Richtung ihrer gegenwärtigen Drehaxen) veranlaßt worden wäre, so müßten ja die Durchmesser ihrer Drehaxen in Folge dieser Anlagerungen größer sein wie die Durchmesser ihrer Aequatoren, während doch offenbar das Gegentheil stattfindet.

Diese Entgegnung würde jedoch nur unter der Voraussetzung ihre Berechtigung haben, wenn wir uns die Planeten zur Zeit der Anlagerung dieser Nebelmassen bereits in einen **festen Zustand** übergegangen denken dürften. Da wir ihnen aber bei ihrer Entstehung **Feuerflüssigkeit** imputiren, (also immer noch bei sehr großer Dichte eine leichte Beweglichkeit ihrer Massetheile erkennen), so müssen wir auch annehmen, daß in Folge der hervorgebrachten Drehung selbst der Aequator sich ausdehnte, wodurch wiederum die Rotationsaxe eine Verkleinerung erleiden mußte.

Dieses Kleinerwerden der Rotationsaxe in Folge der Drehung mußte aber wiederum von dem Volumen und der Dichte des zu drehenden Körpers abhängen, der durch sein Beharrungsvermögen der rotirenden sich anlagernden Nebelmasse Widerstand leistete. Je größer also die Masse einer Himmelskugel ist, desto größer ist auch die Kraft, mit welcher sie dem Impulse der Drehung widersteht und desto geringer wird sich die Abplattung ergeben.

Wir können es daher mit der bedeutenden Größe der Sonnenmasse nur im Einklange finden, daß ihre Umdrehungsgeschwindigkeit eine so geringe ist, und daß die Beobachtung ihre Rotationsaxe selbst **größer** gefunden hat, wie den Durchmesser ihres Aequators. Ja der letztere Fall würde, wenn er auf Wahrheit beruht, unsere Theorie, daß die Rotation der Himmelskörper durch

Anlagerung von rotirender Nebelmasse an ihren Polen verursacht worden sei, auf das Erwünschteste unterstützen.

135.

Bestimmung der Centrifugalkraft für die Erde, die Sonne, den Saturn und den Jupiter.

Es sei r der Halbmesser der Erde in Meter, p ihre Centripetal- und c ihre Centrifugalkraft. Ihre wahre Umlaufszeit t beträgt $86164^s,091$; $\log t = 4{,}9353263$. Hieraus findet sich, nach (22. 5.):

$\log 4\pi^2 = 1{,}5963596$

$\log t^2 = 9{,}8706526$

———————

$0{,}7257070 - 9$

$\log r = 6{,}8041588$ (17. 17.)

1) $\log c = 0{,}5298658 - 2$; $c = 0{,}03387395$.

Um zu untersuchen, um wievielmal schneller sich die Erde drehen müßte, damit ihre Centrifugalkraft der Centripetalkraft gleich wäre, haben wir, in (22. 5.), p für c zu setzen. Wir wollen dann auch t_{vii} für t schreiben und der Ausdruck $\frac{t}{t_{vii}}$ wird uns die verlangte abstracte Zahl bestimmen.

Wir erhalten also:

2) $$t_{vii}^2 = \frac{4\pi^2}{p} \cdot r$$

$\log 4\pi^2 = 1{,}5963596$

$\log r = 6{,}8041588$

———————

$8{,}4005184$

$\log p = 0{,}9921159$

$\log t_{vii}^2 = 7{,}4084025$

3) $\log t_{vii} = 3{,}7042012$;

und weiter:

$$\log t = 4{,}9353263$$
$$\log t_{\text{VII}} = 3{,}7042012$$

4) $\qquad \log \dfrac{t}{t_{\text{VII}}} = 1{,}2311251 \; ; \qquad \dfrac{t}{t_{\text{VII}}} = 17{,}02649 \; .$

Hiernach müßte sich also die Erde etwa 17mal schneller drehen, damit ihre Centrifugalkraft am Aequator der Centripetal=kraft daselbst gleich käme.

In der Weise von 1) findet sich, wenn C die Centrifugal=kraft der Sonne ausdrückt, und ihre Umdrehungszeit $25\tfrac{1}{4}$ Tage beträgt, ingleichen, wenn c_3 und c_4 die bezüglichen Centrifugalkräfte Saturns und Jupiters bedeuten, und sich Saturn in $10^{\text{St}}\ 30^{\text{M}} = 37800^{\text{S}}$, und Jupiter in $9^{\text{St}}\ 55^{\text{M}}\ 26^{\text{S}} = 35726^{\text{S}}$ um ihre Axen drehen, und man für deren Halbmesser die Werthe in (82.), auf Meter reducirt, zu Grunde legt, für

5) Sonne: $C = 0{,}005637966$; $\qquad \log C = 0{,}7511225 - 3$
6) Saturn: $c_3 = 1{,}614567$; $\qquad \log c_3 = 0{,}2080559$
7) Jupiter: $c_4 = 2{,}244938$; $\qquad \log c_4 = 0{,}3512043$.

136.

Die Summe der Centrifugalkräfte an dem Meridianquadranten einer Kugel.

Wir wollen die an dem Umfange eines Meridianquadranten wirkenden Centrifugalkräfte summiren. Zu dem Ende sei r a n M r, Fig. 10., der Durchschnittsquadrant einer Kugel zum Halb=messer $aM = rM = r$; $r'r = C$ bezeichne die Centrifugalkraft am Aequator; $am = a$ sei der Halbmesser irgend eines Parallel=kreises zur Breite $aMr = \alpha$, $a'a = c$ bezeichne die Centrifugal=kraft unter diesem Parallelkreise, so ist, nach (24. 2.)

1) $\qquad\qquad c = C \cdot \cos \alpha \; .$

Da auch

2) $$a = r \cdot \cos \alpha$$

ist, so folgt, wenn wir die Summe der an dem Meridianquadranten wirkenden Centrifugalkräfte mit ΣC bezeichnen, alsbald:

3) $$C : r = \Sigma C : \frac{1}{4} r^2 \pi,$$

also:

4) $$\Sigma C = \frac{1}{4} C r \pi.$$

In Fig. 10 veranschaulicht uns also die Fläche r a a' r' die Summe der Centrifugalkräfte am Meridianquadranten unter der Voraussetzung, daß die Linie r' r die Centrifugalkraft am Aequator bedeute.

137.

Bestimmung der Centrifugalkräfte, welche von der rotirenden Nebelmasse an die nicht rotirende Kugel zur Erzeugung von Rotation übergehen.

Wenn die Ansicht, daß den Planeten von der sie umhüllenden rotirenden Nebelmasse die Umdrehung um eine Axe ertheilt wurde, richtig steht, so muß sich ein mathematischer Ausdruck finden lassen, der das Gesetz für diese Drehung darstellt. Versuchen wir daher im Nachstehenden die Ableitung eines solchen Ausdrucks. —

Wir denken uns zu diesem Zwecke eine Kugel von verdichteter Masse zum Halbmesser r ohne Rotation, also auch ohne Centrifugalkraft, aber von einer rotirenden Flüssigkeit umgeben, so sind zunächst die Centrifugalkräfte zu bestimmen, welche die sich anlagernde Flüssigkeit an die verdichtete Masse überträgt.

Es sei (r' r =) C, Fig. 10., die Centrifugalkraft am Aequator der rotirenden Flüssigkeit, und für einen Punkt a, der mit einem Punkte a der Oberfläche der Kugel zusammenfällt, sei sie gleich (a' a =) c, so ist wiederum:

1) $$c = C \cdot \cos \alpha \qquad (24.\ 2.)$$

die in der Ebene a m des Parallelkreises wirkende Centrifugalkraft. Von dieser Centrifugalkraft wirkt aber, nach (24. 3.), nur

2) $$c' = C \cdot \cos^2 \alpha$$

dem Halbmesser a M entgegen.

Und diese Kraft c' haben wir nochmals in die Ebene des Parallelkreises zu reduciren. — Nennen wir diese reducirte Kraft c'', so ist:

3) $$c'' = c' \cdot \cos \alpha = C \cdot \cos^3 \alpha.$$

Allein selbst von dieser Kraft c'' kann sich wiederum nur der Theil c''' zur Erzeugung von Rotation der Kugel aufbrauchen, welcher im Verhältniß der sich senkrecht auf die Parallelkreise anlagernden Masse steht. Hiernach ist also:

4) $$c''' = c'' \cdot \operatorname{sinv} \alpha = C \cdot \operatorname{sinv} \alpha \cdot \cos^3 \alpha.$$

In der Figur sind c' durch die Linie k a, c'' durch die Linie f a, und c''' durch die Linie f l = e a dargestellt. —

Die Centrifugalkraft c''' wirkt also in der Ebene des Parallelkreises a m; sie wirkt also gleichsam an dem Hebelarme (a m =) a, und wir können daher den Ausdruck a . c''', wenn wir ihn mit der Dichte d der Nebelmasse multipliciren, als die Ursache der Drehung des Punktes a um die Axe n M betrachten. Bezeichnen wir sie mit f, so ist:

5) $$f = C \cdot d \cdot a \cdot \operatorname{sinv} \alpha \cdot \cos^3 \alpha.$$

Da aber a = r . cos α ist, so können wir auch schreiben:

6) $$f = C \cdot d \cdot r \cdot \operatorname{sinv} \alpha \cdot \cos^4 \alpha = C \cdot d \cdot r \cdot (1 - \cos \alpha) \cos^4 \alpha.$$

Setzen wir in dieser Gleichung $\alpha = 0$, so wird f = 0, d. h. die Centrifugalkraft der Nebelmasse am Aequator wirkt nicht auf die Drehung der Kugel ein.

Diese Schlußfolge stimmt ganz mit dem Satze überein, der uns Gleichheit zwischen Centripetal- und Centrifugalkraft in der Aequatorebene der rotirenden Nebelmasse erkennen ließ. Es konnte nämlich wegen dieser Gleichheit eine Anlagerung der Nebelmasse in ihrer Aequatorebene an den Aequator der Kugel nicht stattfinden, und daher auch die Centrifugalkraft der Nebelmasse daselbst keine Drehung erzeugen.

Setzen wir ferner in obiger Gleichung $\alpha = 90°$, so wird ebenfalls $f = 0$, d. h. auch an den Polen konnte die rotirende sich anlagernde Nebelmasse keinen Impuls zur Drehung der Kugel hervorbringen, und zwar aus dem einfachen Grunde, weil daselbst überhaupt keine Centrifugalkraft besteht.

Differenziren wir die Gleichung in 6), um das Maximum der Kraft zu bestimmen, so ergiebt sich, wenn wir den Differenzialquotienten gleich Null setzen:

7) $\quad -4(1-\cos\alpha)\cos^3\alpha \cdot \sin\alpha + \cos^4\alpha \cdot \sin\alpha = 0$

und hieraus bestimmt sich:

8) $\quad \cos\alpha = \dfrac{4}{5}; \qquad \log\cos\alpha = 0{,}9030900 - 1$

oder

$$\alpha = 36° \ 52' \ 11'',65;$$

so daß die größte Kraft der Drehung etwa unter der Breite von 37° stattfindet.

138.

Fortsetzung.

So wie wir den Punkt a des Meribianquadranten als ein Element desselben betrachten können, so dürfen wir auch die Größe f, in (137. 6.), als ein **Element der ganzen in dem Meribianquadranten wirkenden Centrifugalkraft** ansehen, die wir mit Σf bezeichnen wollen.

Wir werden den Werth von Σf, b. h. denjenigen der Centrifugalkraft, welchen die rotirende Nebelmasse an dem Meridianquadranten zur Erzeugung der Rotation der Kugel verbrauchte erhalten, wenn wir den Ausdruck, in (137. 6.), in Bezug auf die Veränderliche α integriren.

Es ergiebt sich:

1) $\quad \Sigma f = C.\mathfrak{d}.r. \int d\alpha . [\cos^4 \alpha - \cos^6 \alpha] + $ Const.

$$= C.\mathfrak{d}.r. \left[\frac{3}{8}\alpha - \frac{8}{15}\sin^3\alpha - \frac{1}{2}\sin\alpha.\cos\alpha \left(\frac{2}{5}\cos^3\alpha - \frac{1}{2}\cos^2\alpha + \frac{8}{5}\cos\alpha - \frac{3}{4}\right)\right]$$

Für $\alpha = 0°$ ist $\Sigma f = 0$; daher Const. $= 0$;

„ $\alpha = \frac{1}{2}\pi$ „ $\cos\alpha = 0$ und $\sin\alpha = 1$.

Mithin ist:

2) $\quad \Sigma f = \left(\frac{3}{16}\pi - \frac{8}{15}\right).C.\mathfrak{d}.r$

oder, wenn wir den constanten Factor mit n bezeichnen:

3) $\Sigma f = $ n . C . $\mathfrak{d}$. r $= 0{,}0557154$. C . $\mathfrak{d}$. r; log n $= 0{,}7459752 - 2.$

Wir können uns also wiederum die auf die Drehung der Kugel wirkende Centrifugalkraft als eine Fläche vorstellen. In Fig. 10 veranschaulicht der Flächenraum **r a n e r** die Summe Σf, b. h. diejenige der Centrifugalkräfte, welche die rotirende Nebelmasse zur Erzeugung von Rotation der Kugel an dem Meridianquadranten verwendete, jedoch immer unter der Voraussetzung, daß der Flächenraum **r a n a′ r′** die Summe der Centrifugalkräfte der rotirenden Nebelmasse **an dem Meridianquadranten überhaupt** bedeute. —

Wir werden dann nicht viel von der Wahrheit abweichen, wenn wir uns vorstellen, es fiele der Schwerpunkt der Fläche **r a n e r** mit dem Punkte des Maximums der drehenden Kraft zusammen, es habe also derselbe von dem Aequator einen Abstand unter dem Winkel $a =$ etwa 37°. Denken wir uns diese ganze Kraft, welche die Rotation bewirkt, in diesem Schwerpunkte vereinigt, so wird dieselbe an einem Hebelarme (a m =) a wirken, der gleich $r \cdot \cos a$ ist.

Sobald die Centrifugalkraft der Nebelmasse aufhört wirksam zu sein, wird sich die Umdrehung der Kugel um die Axe wegen des Beharrungsvermögens fortsetzen, und sie selbst wird dann durch diese Umdrehungsbewegung Centrifugalkraft erzeugen. Zur Bestimmung derselben können wir uns vorstellen, es sei die durch die Umdrehung der Kugel e r z e u g t e Centrifugalkraft gleich der diese Umdrehung e r z e u g e n d e n Centrifugalkraft der Nebelmasse. Ihre größte Wirkung läge dann in der Aequatorebene und nähme nach den Polen hin im Verhältniß der Cosinus der Breitegrade ab. In diesem Falle wäre sie dann auch an einem größeren Hebelarme thätig, und wir haben mit Rücksicht auf diese verschiedenen Hebelarme in 3) für r die Größe $r \cdot \cos a =$ a zu substituiren. Wir erhalten dann

4) $$\Sigma f = n \cdot C \cdot \mathfrak{d} \cdot a,$$

in welcher Formel uns nunmehr f die Centrifugalkraft der gedrehten Kugel am Aequator vorstellt. —

Es ist aber, nach (136. 4.)

5) $$\Sigma f = \frac{1}{4} f \cdot r \pi$$

mithin ist auch:

6) $$\frac{1}{4} f \cdot r \pi = n \cdot C \cdot \mathfrak{d} \cdot a$$

oder

7) $$f = \frac{4n}{\pi} \cdot \frac{a}{r} \cdot C \cdot \mathfrak{d}.$$

Da aber die Größe C, welche uns bisher die Centrifugalkraft der Nebelmasse an dem Aequator der Kugel bezeichnete, gleich der Centripetalkraft p der Kugel selbst ist, so könnten wir auch schreiben:

8) $$f = \frac{4n}{\pi} \cdot \frac{a}{r} \cdot p \cdot \mathfrak{d} = \frac{4n}{\pi} \cdot \cos \alpha \cdot p \cdot \mathfrak{d},$$

ober, wenn wir den constanten Factor $\frac{4n}{\pi} \cdot \cos \alpha$ mit n, bezeichnen:

9) $f = n, \cdot p \cdot \mathfrak{d} = 0{,}0445723 \cdot p \cdot \mathfrak{d}$; $\log n, = 0{,}6490652 - 2$.

Es geht aus diesem Resultate noch hervor, daß sich stets nur ein kleiner Theil der Centrifugalkraft der rotirenden Nebelmasse zur Hervorbringung von Rotation der Himmelskörper aufbraucht, und daß daher auch niemals eine solche Umbrehungsbewegung der Kugel entstehen könnte, durch deren Geschwindigkeit Theile ihrer Oberfläche der Gefahr einer Abschleuderung ausgesetzt wären.

139.

Anwendung dieser Bestimmung auf die Rotation einiger Himmelskörper.

Wenden wir die Gleichung (138. 9.) auf die Erde an und nennen ihre Centrifugalkraft am Aequator c und ihre Centripetalkraft p, so ist:

1) $\qquad n, p \mathfrak{d} = c \qquad$ oder $\qquad \mathfrak{d} = \frac{c}{n, p}$

und wir erhalten:

$\log n, = 0{,}6490652 - 2$ | $\log c = 0{,}5298658 - 2 \;(135.\,1.)$
$\log p = 0{,}9921159 \;(28.\,1.)$ | $\log(n, p) = 0{,}6411811 - 1$
$ 0{,}6411811 - 1$ | $\log \mathfrak{d} = 0{,}8886847 - 2$

2) $\qquad\qquad\qquad \mathfrak{d} = 0{,}07739002.$

Für die Sonne erhalten wir, unter analoger Bezeichnung, auf dieselbe Weise:

3) $\quad n, P \mathfrak{D} = C \quad$ oder $\quad \mathfrak{D} = \dfrac{C}{n, P}$;

also:

$\log n, = 0{,}6490652-2 \quad\quad \log C = 0{,}7511225-3$ (135.5.)
$\log P = 2{,}4325633 \quad$ (82.6.) $\quad \log(n, P) = 1{,}0816285$

$\quad\quad\quad 1{,}0816285 \quad\quad\quad\quad \log \mathfrak{D} = 0{,}6694940-4$

4) $\quad\quad\quad \mathfrak{D} = 0{,}00046719.$

Aus 2) und 4) ergiebt sich

5) $\quad \log \dfrac{\mathfrak{d}}{\mathfrak{D}} = 2{,}2191907 ; \quad \dfrac{\mathfrak{d}}{\mathfrak{D}} = 165{,}6497$

nämlich das Verhältniß der Dichte der die Erde drehenden Nebelmasse zur Dichte der die Sonne drehenden Nebelmasse.

Für Saturn erhalten wir ebenso

$\log n, = 0{,}6490652-2 \quad\quad \log c_3 = 0{,}2080559$ (135.6.)
$\log p_3 = 1{,}0380053 \quad$ (82.3.) $\quad \log(n, p_3) = 0{,}6870705-1$

$\quad\quad\quad 0{,}6870705-1 \quad\quad\quad\quad \log \mathfrak{d}_3 = 0{,}5209854$

6) $\quad\quad\quad \mathfrak{d}_3 = 3{,}318833.$

Für Jupiter ergiebt sich:

$\log n, = 0{,}6490652-2 \quad\quad \log c_4 = 0{,}3512043$ (135.7.)
$\log p_4 = 1{,}3727277 \quad$ (82.3.) $\quad \log(n, p_4) = 0{,}0217929$

$\quad\quad\quad 0{,}0217929 \quad\quad\quad\quad \log \mathfrak{d}_4 = 0{,}3294114$

7) $\quad\quad\quad \mathfrak{d}_4 = 2{,}135066.$

Vergleichen wir die Dichte der rotirenden Nebelmasse Saturns und Jupiters mit der Sonne, so findet sich:

8) $\quad \log \frac{D_3}{D} = 3{,}8514914$; $\qquad \frac{D_3}{D} = 7103{,}811$

9) $\quad \log \frac{D_4}{D} = 3{,}6599174$; $\qquad \frac{D_4}{D} = 4570{,}012$

Vergleichen wir aber die Dichtigkeiten der rotirenden Nebelmassen, durch welche die Sonne, Jupiter und Saturn Rotation erhielten, mit derjenigen der Erde, so findet sich die relative Dichte der Nebelmasse für

10) die Sonne: $\quad 0{,}00604 \quad\big|\quad \log \frac{D}{\mathfrak{D}} = 0{,}7808093 - 3$

11) „ Erde: $\quad 1$

12) Jupiter: $\quad 27{,}58841 \quad\big|\quad \log \frac{D_4}{\mathfrak{D}} = 1{,}4407267$

13) Saturn: $\quad 42{,}88444 \quad\big|\quad \log \frac{D_3}{\mathfrak{D}} = 1{,}6322997$

Es sind die hier gefundenen Resultate der Dichtigkeit der die Rotationen der Planeten und der Sonne erzeugenden Nebelmassen aber keineswegs auf die Dichtigkeiten der Planeten selbst zurückzuführen, denn unsere Zahlen bezeichnen eben nur die verschiedenen Dichtigkeiten, obiger Nebelmassen unter sich. — Sie stehen indessen mit der Annahme einer gleichmäßigen Dichte der Nebelmasse, in (121.), nicht im Einklange, da wir diese Dichte nach der Sonne hin abnehmend finden.

Wir dürfen daher auch die größere Rotationsgeschwindigkeit der Planeten jenseits und die kleinere diesseits der Planetoidenzone dieser Ursache beimessen, sowie wir als Ursache der geringen Rotationsgeschwindigkeit der Sonne die äußerst geringe Dichte der Nebelmasse erkennen, die ihre Rotation bewerkstelligte.

140.

Das Rotationsgesetz der Himmelskörper.

Beziehen wir die Formeln (139. 1. und 3.) auf zwei beliebige, sich um eine Axe drehende, Himmelskörper, so ergiebt sich hieraus im Allgemeinen:

1) $$\frac{C}{P} : \frac{c}{p} = D : d$$

oder, wenn wir die beiden ersten Glieder dieser Proportion mit Q und q bezeichnen:

2) $$\frac{d}{D} = \frac{q}{Q}.$$

Beziehen wir weiter Formel (130. 7.) auf eine Kugel anstatt auf ein Ellipsoid, so geht dieselbe, unter Beibehaltung der Bedeutung für diese Buchstaben, über in:

3) $$\frac{T^2}{t^2} = \frac{q}{Q} \cdot \frac{d}{D}.$$

Daher folgt, mit Bezug auf 2)

4) $$\frac{T^2}{t^2} = \frac{d}{D} \cdot \frac{d}{D} \quad \text{oder} \quad \frac{D}{d} = \frac{d \cdot t^2}{D \cdot T^2}.$$

Es verhalten sich also die Quadrate der Rotationszeiten zweier Himmelskörper, wie umgekehrt die Producte aus der Dichte ihrer rotirenden Nebelmasse in ihre eigene Dichte.

Sind also die Rotationszeiten zweier Himmelskörper, sowie ihre relativen Dichten bekannt, so lassen sich die relativen Dichten der Nebelmassen, welche die Rotationen veranlaßten, hieraus bestimmen.

Führen wir in 4), anstatt der Dichten d und D, die Massen m und M und die Halbmesser r und R der Himmelskörper ein, so geht die Gleichung 4) über in:

5) $$\frac{T^2}{t^2} = \frac{\mathfrak{d}}{\mathfrak{D}} \cdot \frac{m}{M} \cdot \frac{R^3}{r^3}.$$

Denken wir uns nun die Dichten $\mathfrak{d}$ und $\mathfrak{D}$ der rotirenden Nebelmasse einander gleich, und ebenso die Massen m und M der Himmelskugeln, so würden wir haben:

6) $$\frac{T^2}{t^2} = \cdot \frac{R^3}{r^3}.$$

Die Rotation dieser Kugeln würde also nach dem Keppler'schen Gesetze stattfinden, oder wir könnten sagen: bei Himmelskörpern von gleichen Massen, deren Rotation von gleich dichten Nebelmassen verursacht wird, verhalten sich die Quadrate der Rotationszeiten wie die Würfel ihrer Halbmesser.

Und da für die Planeten diesseits der Planetoidenzone die Umlaufszeiten (— also in Betracht der Formel 4) die Größen T und t —) nahe einander gleich sind, die Dichten D und d der Planeten aber von außen nach innen zunehmen, so folgt aus 4) ferner, daß die Dichten $\mathfrak{D}$ und $\mathfrak{d}$ der bezüglichen rotirenden Nebelmassen auch nahe in demselben Verhältnisse abnahmen, in welchem die Dichten der in Rotation versetzten Körper größer wurden.

Bemerken wir schließlich noch, daß die hier aufgestellten Sätze auch selbst dann als richtig werden gelten müssen, wenn der, in (138. 9.), für n, gefundene Werth mit der Wahrheit nicht genau übereinstimmen würde.

XV.

Jupiter und die Planetoiden.

141.

Die mögliche Zahl der Schalablagerungen eines Planeten jenseits seines äußersten bekannten Mondes.

Wir haben, in (83.), die Vermuthung ausgesprochen, daß die Zahl der bekannten Jupitersmonde nicht der möglichen Zahl der Schalablagerungen dieses Planeten entspräche, und wir haben es bei der Vergleichung seiner Masse mit der Masse Saturns, in (83.), wahrscheinlich gefunden, daß dem uns bekannten äußersten Trabanten Jupiters wenigstens zwei Ringschalablagerungen der Schichten vorausgegangen seien.

Da wir aber auch bei Saturn nicht sicher sind, ob sein äußerster Trabant aus einer ersten Schalablagerung gebildet sei, so wollen wir einen directen Weg aufsuchen, der uns die Zahl der möglichen Ringschalablagerungen jenseits des äußersten bekannten Mondes eines Planeten annähernd finden läßt.

Nehmen wir zu dem Ende an, es seien wirklich dem äußersten bekannten Monde I eines Planeten noch n Ringschalablagerungen vorausgegangen, und es sei $\mathfrak{X}_n$ die Entfernung des Schwerkreises der äußersten oder n. Schale vom Mittelpunkte des Planeten, so ist, nach (45. 9.), indem wir $\mathfrak{L}$ zur n. Potenz erheben:

1) $$\mathfrak{X}_n = \mathfrak{L}^n \cdot I.$$

Ist weiter T_n die Umlaufszeit des inneren Kreises der n. Ringschale, sowie T die des bekannten äußersten Mondes I, so folgt, nach (30. 1.):

2) $$T^2 : T_n^2 = I^3 : (\mathfrak{L}^n . I)^3;$$

also ist:

3) $$T_n = \mathfrak{L}^{\frac{3n}{2}} . T.$$

Bezeichnet $\mathfrak{g}$ die Geschwindigkeit des inneren Kreises der n. Ringschale während der Zeit von 24 Stunden, so findet sich, nach (95. 9.)

4) $$\mathfrak{g} = 2\pi . \frac{\mathfrak{L}^n . I}{\mathfrak{L}^{\frac{3n}{2}} . T} = 2\pi . \frac{I}{\mathfrak{L}^{\frac{n}{2}} . T}.$$

Nun ist, nach (64.)

5) $$\mathfrak{g} \text{ nahe} = g - G,$$

in welcher Darstellung g die Geschwindigkeit des Planeten in seinem Perihel und G die Rotationsgeschwindigkeit des Sonnenellipsoides an der Stelle des Contactes während der Zeit von 24 Stunden ausdrückt. Aus 4) und 5) folgt:

6) $$2\pi . \frac{I}{\mathfrak{L}^{\frac{n}{2}} . T} \text{ nahe} = g - G,$$

und hieraus ergiebt sich:

7) $$\text{n nahe} = \frac{\log(4\pi^2 . I^2) - \log[T^2 (g-G)^2]}{\log \mathfrak{L}}$$

8) $$\log \log \mathfrak{L} = 0{,}3870654 - 1$$
$$\text{D. E. } \log \log \mathfrak{L} = 0{,}6129346.$$

Um die Zahl der möglichen Ringschalen zu bestimmen, haben wir also nothwendig zu wissen:
   a. Die Rotationsgeschwindigkeit des Sonnenellipsoides an der Stelle des Contactes;

b. die Bahngeschwindigkeit des Planeten im Perihel;

c. die Bahngeschwindigkeit seines äußersten bekannten Mondes.

Zur Bestimmung der Rotationsgeschwindigkeit des Sonnenellipsoides aber müssen wir seine Ausdehnungen kennen, nämlich seine Halbaxen und zugleich die Stelle des Contactes.

Um letztere annähernd zu finden, haben wir die Bahnschiefe des Planeten zu Rathe zu ziehen, sowie den Winkel, welchen die Ebene der Planetenbahn mit der Sonnenäquatorebene bildet. Oder wir haben überhaupt aus 3 von den 5 Größen, in (94.), die beiden andern zu bestimmen.

142.

Der Contact der Jupiterschalmasse mit dem Sonnenellipsoide.

Wenden wir nun die im Vorstehenden gefundenen allgemeinen Regeln auf unseren speciellen Fall an, so können wir in folgender Weise für Jupiter eine Vergleichung der Differenz seiner Bahngeschwindigkeit im Perihel und der Rotationsgeschwindigkeit des Sonnenellipsoides an der Stelle des Contactes mit der Bahngeschwindigkeit seines äußersten uns bekannten Mondes anstellen, um daraus die Zahl der möglichen vorausgegangenen Ringe zu bestimmen.

Wir haben bereits, in (70. und 78.) den Aequatorhalbmesser $A_5 = 104\,197\,200$ g. M., und die halbe Rotationsaxe $B_5 = 67\,163\,650$ g. M. für das auf die abgelöste Jupiterschale folgende restirende Sonnenellipsoid bestimmt und wollen diese Größen unseren Untersuchungen zu Grunde legen.

Bezüglich der halben Rotationsaxe B_5 des restirenden Sonnenellipsoides haben wir zu bemerken, daß sich dieselbe von der Ablösung der Jupiterschale an bis zum Contacte der Kugelnebelmasse Jupiters verkleinert hat, wir also, anstatt B_5, eine noch zu bestimmende Größe B einzuführen haben.

Der zu suchende Werth von B bestimmt sich nun, nach (103. 12.), indem wir daselbst B für $\mathfrak{B}$, B_5 für B, und D_4, (117.), für Z schreiben. Die Rechnung ergiebt:

$\log B_5^3 = 23{,}4814029$ $\quad B_5^3 = 30297230 \cdot 10^{16}$

$\log 3\,\mathfrak{H}\,M_5 = 16{,}1782213$ $\quad 3\,\mathfrak{H}\,M_5\,D_4 = 361375 \cdot 10^{16}$

$\log D_4 = 5{,}2926363$ $\quad B^3 = 29935855 \cdot 10^{16}$

$\log (3\,\mathfrak{H}\,M_5\,D_4) = 21{,}4708576$ $\quad \log B^3 = 23{,}4761917$

1) $\qquad\qquad\qquad\qquad\qquad\qquad \log B = 7{,}8253972$

$\qquad\qquad\qquad\qquad\qquad\qquad B = 66895550$ g. M.

Hiernach fielen also die Pole des restirenden Ellipsoides bis zu seinem Contacte mit Jupiter um $B_5 - B = 268100$ g. M., und sie hatten hierzu eine Zeit von etwa 196171 Jahre ($= D_4$ in 117.) nothwendig.

Wir haben nunmehr von den fünf Größen, in (94.) zwei, nämlich A (oder A_5) und B, als bekannt zu betrachten, und könnten veranlaßt werden, die Größe ϱ, als dritte Größe, aus ♃ und der Excentricität seiner Bahn abzuleiten und dann aus diesen drei Größen A, B, ϱ die Winkel α und β zu bestimmen.

Aber die auf seiner Bahnebene fast senkrecht stehende Drehungsaxe Jupiters deutet mit zu großer Bestimmtheit darauf hin, daß dieser Planet seine Rotation nahe der Sonnenäquatorebene empfangen habe. Wir ziehen es daher vor, den Winkel α als dritte bekannte Größe zu unterstellen und ihm eine geringe Größe, etwa 1°, beizumessen. Unter der Voraussetzung nun, daß

2) $\qquad \log A = 8{,}0178562 \qquad A = 104197200$ g. M.

$\qquad\quad \log B = 7{,}8253972 \qquad B = 66895550$ „

$\qquad\quad \log \cos \alpha = 9{,}9999338$

$\qquad\quad \log \sin \alpha = 8{,}2418553 \Big\} \quad \alpha = 1^\circ$

sei, findet sich, aus (94. 17.)

3) $\qquad \log \varrho = 8{,}0177620; \qquad \varrho = 104174600$ g. M.

143.

Fortsetzung.

Bezüglich des Abrollens der Kugelnebelmasse Jupiters an dem restirenden Sonnenellipsoide haben wir nun, ganz wie in (98.), folgende Rechnung auszuführen.

$$\log \mathfrak{y} = 9{,}1880217 \quad (95.\ 5.)$$
$$\log \cos \alpha = 0{,}9999338 - 1 \quad (\alpha = 1^\circ)$$
$$\log \varrho = 8{,}0177620 \quad (142.\ 3.)$$
$$\overline{17{,}2057175}$$
$$\log A_\xi^\xi = 12{,}0267843 \quad (142.\ 2.)$$

1) $\quad \log G = 5{,}1789332 \ ; \qquad G = 150984$ g. M.

Die 24stündige Winkelbewegung Jupiters im Perihel beträgt:

$$\mathfrak{G} = 0^\circ\ 5'\ 31'' = 331'' \ ;$$

also ist, nach (95. 8.)

$$\log \mathfrak{g}' = 0{,}6855748 - 6$$
$$\log \mathfrak{G} = 2{,}5198280$$
$$\log \varrho = 8{,}0177620$$

2) $\quad \log g = 5{,}2231648 \ ; \qquad g = 167172$ g. M.

Mithin ergiebt sich;

3) $\quad g - G = 16188$ g. M.: $\quad \log (g - G) = 4{,}2091852.$

Nun beträgt die Umlaufszeit des äußersten Jupitermondes (1), nach (71. 2.)

$$t = 16^x{,}6890164 \ ; \qquad \log t = 1{,}2224307 \ ;$$

wir erhalten daher, nach (95. 9.)

$$\log 2\pi = 0{,}7981798$$
$$\log (1) = 5{,}4015316 \quad (71.\ 4.)$$
$$\overline{6{,}1997114}$$

$$\begin{aligned} & 6{,}1997114 \\ \log t = {} & 1{,}2224307 \end{aligned}$$

4) $\quad \log \mathfrak{g} = 4{,}9772807;\qquad \mathfrak{g} = 94903$ g. M.

Aus der Vergleichung von 3) und 4) folgt dann weiter:

5) $\quad \mathfrak{g} > g - G \quad$ nämlich: $\quad 94908$ M. > 16188 M.

Da wir hier $\mathfrak{g}$ über $5\tfrac{5}{6}$ mal größer finden wie $g - G$, so überzeugen wir uns, im Hinblicke auf (64.), daß der äußerste Mond Jupiters nicht aus der ersten Ringschalablagerung dieses Planeten gebildet sein könne, daß ihm vielmehr noch Ringschalen vorausgegangen sein müssen. Zur Ermittelung der Zahl derselben greifen wir nunmehr auf das Verfahren in (141.) zurück.

Wir erhalten:

$$\begin{array}{l|l} \log 4\pi^2 = 1{,}5963596 & \log (g-G)^2 = 8{,}4183704 \\ \log (1)^2 = 10{,}8030632 & \log t^2 = 2{,}4448616 \\ \hline 12{,}3994228 & 10{,}8632320 \\ 10{,}8632320 & \\ \hline 1{,}5361908 & \end{array}$$

$$\begin{aligned} \log 1{,}5361908 & = 0{,}1864452 \\ D.\,E.\,\log \log \mathfrak{L} & = 0{,}6129346 \quad (141.\ 8.) \\ \hline \log n & = 0{,}7993798 \end{aligned}$$

6) $\qquad\qquad\qquad n = 6{,}30\ldots.$

Es würden mithin dem uns bekannten äußersten Trabanten Jupiters noch 6 Ringschalablagerungen vorausgegangen sein.

Den Aequatorhalbmesser des Jupiterellipsoides, welches über den bekannten äußersten Mond noch weitere 6 Monde einschließt, erhalten wir, wenn wir, in (83. 4.), $(A_{-\text{II}})$ noch weiter mit $\mathfrak{L}^4$ multipliciren, nämlich:

$$\begin{aligned} \log \mathfrak{L}^4 & = 0{,}9752712 \\ \log (A_{-\text{II}}) & = 6{,}1289850 \quad (83.\ 4.) \end{aligned}$$

7) $\log (A_{-\text{VI}}) = 7{,}1042562; \qquad (A_{-\text{VI}}) = 12713240$ g. M. gleich (a ♃) in Taf. II. Fig. 12.

144.

Eingreifen der Jupiternebelmasse in die Planetoidenschale.

Es geht aus dieser Rechnung hervor, daß das Jupiterellipsoid nahe an 13 Millionen g. Meilen in das restirende Sonnenellipsoid, also in die Ringschale der Planetoiden eingegriffen habe.

Nun war in dem Perihel die Bahnbewegung des Planeten größer wie die Rotationsgeschwindigkeit des Sonnenellipsoides, in dem Aphel aber kleiner. In dem Perihel erhielt daher die Nebelmasse des Planeten eine mit der Rotation des Sonnenellipsoides übereinstimmende Rotation, in dem Aphel aber mußte sie eine entgegengesetzte erhalten.

Da die Rotationsgeschwindigkeit der Sonnennebelmasse, (30. 5.), von außen nach innen zunahm, so war die äußere Nebelmasse des Planeten, bei ihrem tiefen Eingreifen in das Sonnenellipsoid, auch in dem Perihel der Rotation des Sonnenellipsoides entgegengesetzt.

Die Nebelmasse Jupiters mußte demnach in der Nähe des Kerns zwar von West nach Osten, in der Nähe der Oberfläche aber anfangs von Ost nach Westen rotiren. Es konnten daher die Ringschalablagerungen anfänglich nur unregelmäßig stattfinden und eine regelmäßige dann erst beginnen, nachdem sich durch jene unregelmäßigen Ablagerungen das Planetenellipsoid in soweit verkleinert hatte, daß sein Aequatorhalbmesser als sehr klein gegen den Aequatorhalbmesser des restirenden Sonnenellipsoides zu betrachten ist.

Wir suchen in den anfänglich unregelmäßigen Ablagerungen des Jupiterellipsoides die Ursache, daß sich die verdichteten Theile nicht zu einem Körper vereinigten, und daß also die um Jupiter jenseits des uns bekannten äußeren Mondes rotirenden Körper, ihrer geringen Größe wegen, sich unserer Beobachtung entziehen.

Fragen wir, um den wievielten Theil der Planetoidenschale das Jupiterellipsoid in seinem Perihel in das letztere eingegriffen habe, so ergiebt die Rechnung:

1) $\quad A_5 - A_{VI} = 47\,808\,780$ g. M. $\quad$ (78. 1. und 2.)

als Breite der äußeren Schale des restirenden Sonnenellipsoides. Der größte Halbmesser des Jupiterellipsoides ist daher in dieser Schalbreite enthalten:

$$\log (A_5 - A_{VI}) = 7{,}6795076$$
$$\log (A_{-VI}) = 7{,}1042562 \quad (143.\ 7.)$$

2) $\quad$ also num. log $0{,}5752514 = 3{,}76\ldots$

mithin nahe viermal, oder es griff das Jupiterellipsoid in dem Perihel nahe in den vierten Theil der Planetoidenringschale ein.

Zur annähernden Bestimmung der Größe x des Eingreifens der Jupiternebelmasse in dem Aphel ihrer Bahn in die Planetoidenringschale haben wir nur von dem Aequatorhalbmesser des Jupiterellipsoides zweimal die Bahnexcentricität e abzuziehen.

Die Rechnung ergiebt:

3) $\log e = 0{,}6359861 - 2$ (96.) $\quad|\quad A_{-VI} = 12\,713\,240 \quad (143.\ 7.)$
$\log A_5 = 8{,}0178562$ (78; 70.) $\quad|\quad 2e = 9\,010\,600$
$\log e = 6{,}6538423$ (in M.) $\quad|\quad x = 3\,702\,640$ g. M.
$e = 4\,505\,300$ g. M.

Wir erhalten dann weiter:

4) $\quad \log (A_5 - A_{VI}) = 7{,}6795076$
$$\log x = 6{,}5685115$$

also $\quad$ num. log $1{,}1109961 = 12{,}91\ldots$

In dem Aphel betrug daher das Eingreifen Jupiters in die Planetoidenschale nur etwa $\frac{1}{13}$ dieser Schalbreite.

145.

Die Planetoiden.

1) Die Jupiternebelmasse erhielt also nach unserer Betrachtung ihre Rotation an dem Sonnenellipsoide, indem sie bis nahe

zum vierten Theile der Planetoidenringschale in dieselbe eingriff, und es ist, wegen der großen Masse Jupiters und der geringen Summenmasse der Planetoiden, wohl anzunehmen, daß sich ein Theil der Planetoidenringschalmasse mit der Jupiternebelmasse vereinigt habe.

2) Durch das tiefe Eingreifen des Jupiterellipsoides in die Planetoidenringschale konnte das Herausdrehen der Letzteren aus der Sonnenäquatorebene nur unregelmäßig erfolgen und die Niederschläge der verdichteten Massetheile konnten daher auch nur zum geringsten Theile in der Schwerpunktskreisebene erfolgen, oder es mußte der größte Theil der Ablagerung der verdichteten Massetheile oberhalb und unterhalb dieser Ebene stattfinden. Die Ebenen der Ringströme schnitten sich daher unter größeren Winkeln, wodurch zwar der Zusammenfluß der Ringströme zu größeren Kugeln ermöglicht, eine Vereinigung dieser Kugeln aber zu einer einzigen ausgeschlossen wurde.

3) Mit dieser unserer Erklärung über die Entstehungsweise der Planetoiden stimmt deren Verhalten in jeder Beziehung überein. Für dieselbe spricht vor Allem die große Winkelverschiedenheit der Ebenen, in welchen sie sich bewegen, und ferner die zum Theil großen und verschiedenen Excentricitäten, sowie das kettenringartige Ineinandergreifen einiger ihrer Bahnen. —

4) Wir ersehen namentlich aus den großen Excentricitäten der Planetoiden- gegenüber der Planetenbahnen, den Zusammenfluß einzelner Ringströme zu Kugeln und schließen, nach (55.), daß, hätte ein weiterer Zusammenfluß dieser Kugeln zu einer einzigen stattfinden **können**, sich deren Bahnexcentricität wieder dem Kreise genähert haben würde.

5) Wir haben, in Tafel II, Fig. 12., übrigens die Planetoidenzone nur nach der mittleren Entfernung des äußersten (Camilla, C) und des innersten (Flora, F) der kleinen Planeten von der Sonne bestimmt, hierbei also die Excentricität der Planetoiden unberücksichtigt gelassen. Zugleich sind beide Planeten, C und F, nebst dem Planeten Pallas, P, der die größte Neigung zur Ekliptik

hat, in Bezug auf ihre Neigungen so dargestellt, als fiele der Aequator Jupiters, a a, mit der Ekliptik selbst zusammen. —

6) Es ergiebt sich aus den Verhältnissen der dargestellten Entfernungen weiter das große Eingreifen der Planetoiden in die theoretische Marsschale nnd es dürfte hierin die Ursache zu finden sein, warum überhaupt Mars so wenig Masse hat, und verhältnißmäßig der Erde so nahe steht.

7) Der Durchmesser Jupiters, a a, entspricht der Größe der ihm nach unserer Theorie im Ganzen beigegebenen 12 Ringschalen, von welchen die verdichteten Theile der äußeren Schale nicht von West nach Osten, sondern, im Gegensatze zur Rotation des Sonnenellipsoides, nur von Ost nach Westen rotiren können.

8) Unsere Erklärung über die Entstehung der Planetoiden steht also mit derjenigen, welche sie als die auseinander gesprengten Theile eines früheren Planeten erklärt, in geradem Widerspruche.

146.

Eingreifen der Saturnnebelmasse in die Jupiterschale.

Wir können hier die, wohl nicht unberechtigte, Frage aufwerfen: wenn das Jupiterellipsoid so tief in die Planetoidenschale eingriff, daß es deren Gleichgewicht und Zusammenhang bis zur regelmäßigen Ablagerung ihrer Schalmasse in die Schwerpunktskreisebene störte, wie weit hat denn das Saturnellipsoid in die Jupiterschalmasse eingegriffen, und mußte nicht jenes auf diese in derselben störenden Weise einwirken?

Diese Frage läßt sich in Folgendem kurz beantworten: Die Halbaxen ($\hbar =$) $A_4 = 191\,021\,260$ g. M. und $B_4 = 123\,128\,800$ g. M. des die Jupiterschale einschließenden Sonnenellipsoides haben, nach (70. und 78. 3.) als gegeben zu gelten und bei Bestimmung der halben Rotationsaxe des Saturnellipsoides zur Zeit seines Contactes mit dem Sonnenellipsoide haben wir einfach, analog

(142.) zu verfahren und den Werth $D_3 = 486933$ Jahre (117.) einzuführen. Wir erhalten hierdurch

$$B = 122967100 \text{ g. M.}$$

Nun beträgt die Bahnschiefe Saturns etwa 30°, ist also nicht unwesentlich, nämlich um etwa 6° 30′ größer wie die Bahnschiefe der Erde. Es folgt hieraus, daß zur Zeit, als Saturn seine Rotation empfing, der Winkel α, welchen seine Bahnebene gegen die Sonnenäquatorebene bildete, größer gewesen sein muß, als der bei dem Erdenellipsoide. Wir können daher seine gegenwärtige Neigung, etwa 2° 30′, dem Winkel von 7° 30′, welchen die Ekliptik mit der Sonnenäquatorebene bildet, zuzählen, und so den Werth von $\alpha = 10°$ als dritte Größe betrachten. Wir finden dann, aus (94. 17.), $\varrho = 187077000$ g. M. Aus ϱ, α und A_4 ergiebt sich dann die 24stündige Rotationsgeschwindigkeit des Sonnenellipsoides an der Stelle des Contactes mit Saturn, nämlich

$$G = 107590 \text{ g. M.}$$

Die 24stündige Winkelgeschwindigkeit Saturns im Perihel beträgt $\mathfrak{G} = 136″$ und es ergiebt sich $g = 123348$ g. M., also ist $g - G = 15758$ g. M.

Der Bahnhalbmesser seines äußersten Mondes ist: (1) = 477021 g. M. Die Umlaufszeit $t = 79^x,3294$. — Hieraus ergiebt sich n nahe $= 3,11\ldots$ also $n = 3$, und nach dieser Rechnung sind demnach bei Saturn jenseits seines äußersten bekannten Mondes noch drei Ringschichten angezeigt.

Der größte Halbmesser Saturns berechnet sich folglich

$$(A_{\text{—III}}) = 4506180 \text{ g. M.}$$

Nun ist für das Sonnenellipsoid $(A_4 - A_5) = 86824060$ g. M. und hieraus bestimmt sich dann das Eindringen des Saturnellipsoides in die Schalmasse Jupiters zu etwa $\frac{1}{20}$.

XVI.

Die Mondbahnen.

147.

Vorbemerkungen.

Wir haben, in (48.), die Erscheinung, daß sich die Bahnebene unseres Mondes nicht mehr in der Aequatorebene der Erde befindet, mit der sie doch offenbar hätte zusammenfallen müssen, damit erklärt, daß die anziehende Kraft der Sonne die leichtflüssige, freischwebende Mondringschale, die nur noch durch ihren Schwerpunkt mit dem Erdenellipsoid Verbindung hatte, aus der Aequatorebene heraushob und in die Bahnebene hineinzog.

Und wir stützten auch die Erklärung der weiteren Erscheinungen, daß die Ebenen der Planetenbahnen nicht mit der Sonnenäquatorebene zusammenfallen, auf die ganz analoge Ursache des Herausdrehens jener Ebenen aus der Sonnenäquatorebene durch die Centralkraft, welche die Sonne von ihrer geradlinigen Richtung ablenkt. —

Gegen diese Schlußfolgerung läßt sich sicher nichts einwenden, vorausgesetzt, daß sie durch die Mondsysteme der übrigen Planeten nicht dementirt wird. Sehen wir daher zu, wie es sich damit verhält.

148.

Reflexionen über die Lage der Mondbahnebenen.

Gewöhnlich nimmt man an, es fielen die Mondbahnebenen mit den Aequatorebenen ihrer Planeten nahe zusammen. Diese Annahme gründet sich zunächst auf die Erscheinung, daß dieses bei den Planeten Jupiter und Saturn wirklich der Fall ist, und man übertrug diese Wahrnehmung dann als muthmaßliche Regel auch auf das Mondsystem des Uranus. Da dessen Mondbahnen nahezu senkrecht auf der Ebene der Planetenbahn stehen, so vindicirte man seiner Rotationsaxe eine mit seiner Bahnebene zusammenfallende Lage.

Leider findet nun aber für den Erdkörper ein Zusammenfallen von Mondbahnebene und Aequatorebene nicht statt und deshalb können wir den aus der Lage der Mondbahnen des Uranus auf die Lage seiner Rotationsaxe gezogenen Schluß für durchaus nicht ganz gerechtfertigt erkennen.

Wir haben bei der Erde, wie bemerkt, das Herausdrehen der von dem Ellipsoide losen, leichtflüssigen und freischwebenden Mondringschale aus der Ebene des Erdäquators in die Bahnebene der Anziehungskraft der Sonne zugeschrieben, und fanden die Drehung selbst um einen Winkel von etwa 24 Grad. Bei der Untersuchung, ob eine Drehung aus der Aequator= in die Bahn= ebene der Erde auch dann hätte stattfinden können, wenn der Winkel, den beide Ebenen mit einander bilden, mehr betragen haben würde wie 24°, ist zuerst festzustellen, ob überhaupt ein größerer Winkel hätte stattfinden können? Letzteres können wir, im Hinblicke auf unsere Formel (94. 12.), sofort unbedingt bejahen. — Wir ersehen aus derselben, daß der Vorwinkel β der Bahnschiefe wächst, wenn die Rotationsaxe B des restirenden Sonnen= ellipsoides abnimmt.

Die Größe der halben Rotationsaxe B ist also eine Function des Vorwinkels β. Wäre nun die Dauerhaftigkeit der Erden= ringströme eine größere gewesen, so würde sich bis zum Contacte des Erden= mit dem Sonnenellipsoide die Rotationsaxe des letzteren mehr verkleinert haben, der Vorwinkel β und zweifellos auch der Nachwinkel γ (also die ganze Schiefe der Ekliptik) würden größer geworden sein als sie sind, und die anziehende Kraft der Sonne hätte die Mondringschale um einen größeren Winkel als 24° zu drehen gehabt. —

Hätte aber in diesem Falle der Winkel um ebenso viele Grade unter 90° betragen, als er in Wirklichkeit über 0° beträgt, so hätte die anziehende Kraft der Sonne die Mondschale nicht in die Bahnebene zu ziehen vermocht, sie würde sie vielmehr unter dem **kleinsten** Winkel gedreht, also senkrecht auf diese Ebene gestellt haben.

149.

Fortsetzung.

Zur Versinnlichung des hier Gesagten sei, in Taf. V. Fig. 21., ϱ der Punkt des Contactes zwischen dem Erdenellipsoide zum Mittelpunkte ϱ und dem restirenden Sonnenellipsoide zum Durchschnittsquadranten A S B; die durch (S ϱ) auf die Papierfläche senkrecht gedachte Ebene repräsentirt uns alsdann die Ebene der Ekliptik, geneigt gegen die Sonnenäquatorebene (S A) unter dem Winkel (ϱ S A =) α. Es stehe ferner die Linie S′ ϱ S senkrecht auf der Oberfläche des Sonnenellipsoides in ϱ, und es bezeichne der Winkel S ϱ s die Schiefe der Ekliptik, zerlegt in den Vorwinkel (S ϱ S′ =) β und den Nachwinkel (S′ ϱ s =) γ (94.), so wird uns die auf die Papierfläche in (s′ ϱ s) senkrecht gedachte Ebene die Erdäquatorebene bezeichnen.

Nach unserer Vorstellung wurde nun die äußere Mondschale, sobald durch das Sinken der Pole des Erdenellipsoides das Axenverhältniß zum Modul λ hergestellt war und sie hierdurch ihren Zusammenhalt mit ihrem restirenden Ellipsoide zum Modul κ verloren hatte, durch die Anziehung der Sonne aus der Ebene s′ ϱ s herausgedreht und der Ekliptik S ϱ nahe gebracht.

Alle hier in Frage kommenden Winkel sind zunächst abhängig von den Abmessungen des restirenden Sonnenellipsoides, nämlich von dem Aequatorhalbmesser A ($= SA$) und von der halben Rotationsaxe B ($= SB$), sodann von dem Halbmesser ϱ ($= S\varrho$) oder auch dem Winkel α ($= \varrho S A$).

Hätte nun das restirende Sonnenellipsoid bis zu seinem Contacte mit der die Erdkugel umhüllenden Nebelmasse einer längeren Zeit bedurft, so würde sich offenbar auch der Pol in B tiefer gesenkt haben und die halbe Rotationsaxe (SB $=$) B würde, wie in Fig. 22, kleiner geworden sein.

Mit diesem Abnehmen der Rotationsaxe würde aber, wie sich aus (94. 12.) ergiebt, der Vorwinkel β, und damit zweifellos die ganze Schiefe der Ekliptik ($\beta + \gamma$) größer geworden sein; die Lage s'ϱs der Erdäquatorebene hätte sich dann auch mehr der auf die Ekliptik (Sϱ) in ϱ errichteten Senkrechten q'ϱq nähern können wie der Ekliptik selbst, d. h. es hätte Winkel sϱq kleiner werden können als Winkel Sϱs, und in diesem Falle hätte die Drehung der Erdäquatorebene s'ϱs um die in dem Punkte ϱ auf die Papierfläche gedachten Senkrechte nicht in die Ebene (Sϱ) der Ekliptik stattfinden können, sie hätte vielmehr in die Senkrechte q'ϱq selbst stattfinden müssen.

In diesem Falle würde dann unsere Mondbahn, während sie jetzt nahe mit der Ekliptik zusammenfällt, nahe eine senkrechte Lage zu deren Ebene erhalten haben.

Wir können daraus folgern, daß es für die Größe der Bahnschiefe eines Planeten wohl eine Grenze giebt, an welcher das Herausziehen einer Mondschale aus der Ebene des Planetenäquators eine Unmöglichkeit wird, und wir werden diesem Grenzwinkel eine Größe von 45° beizumessen haben.

Daß aber diese Grenze keine scharfe sein möge, daß vielmehr auch bei einem etwas kleineren oder einem etwas größeren Winkel als 45° gleichfalls ein Herausbrechen einer Mondschale aus der Planetenäquatorebene durch die anziehende Kraft der Sonne nicht mehr stattfinden könne, dürfen wir umsomehr annehmen, als die Wirkung dieser Kraft nicht allein von der Entfernung der Schale abhängt, auf welche sie wirkt, sondern auch von dem Beharrungsvermögen der rotirenden Schalmasse selbst.

150.

Die Mondbahnebenen des Jupiter, Saturn und Uranus.

1) Die Neigungen der Mondbahnen Jupiters gegen die Aequatorebene dieses Planeten sind so gering, daß wir sie als mit derselben zusammenfallend gelten lassen können. Dagegen steht die Rotationsaxe Jupiters fast senkrecht auf seiner Bahnebene, und seine Aequatorebene fiel also zur Zeit seines Contactes nahezu mit der Sonnenäquatorebene zusammen. Die Mondbahnebenen Jupiters konnten mithin eine Drehung von der anziehenden Kraft der Sonne nicht erhalten.

2) Bei Saturn dagegen finden wir nur die Bahnebene seines äußersten Mondes aus der Aequatorebene herausgehoben, dabei ist die Neigung beider Ebenen veränderlich und soll von $6\frac{1}{2}°$ bis beiläufig $37°$ schwanken. Seine Aequatorebene ist nahezu $30°$ gegen seine Bahnebene geneigt und unzweifelhaft ebenfalls Schwankungen unterworfen. Wir können daraus schließen, daß, nach Ablagerung der ersten Ringschale, die Neigung seiner Aequator- zu seiner Bahnebene eine solche Größe hatte, daß das Beharrungsvermögen der übrigen Schalen durch die Anziehungskraft der Sonne nicht bewältigt werden, also ein Herausdrehen derselben aus der Aequatorebene Saturns nicht mehr erfolgen konnte.

3) Die Erscheinung endlich, daß die Mondbahnebenen des Uranus fast senkrecht auf der Bahnebene dieses Planeten stehen, läßt sich damit erklären, daß die Dauerhaftigkeit der Uranusringströme verhältnißmäßig sehr groß, also die halbe Rotationsaxe des restirenden Sonnenellipsoides zur Zeit des Contactes in gleicher Weise verhältnißmäßig sehr klein gewesen sei, und daß sich dadurch seine Bahnschiefe mehr einem Winkel unter $90°$, als einem solchen über $0°$ genähert habe. Das Herausdrehen der Mondschalen aus seiner Aequatorebene konnte deshalb nicht in seine Bahnebene, sondern mußte senkrecht auf dieselbe erfolgen.

Durch alle diese Betrachtungen wird also unsere Theorie von dem Herausdrehen der Planetenringe aus der Sonnenäquator=

ebene burch die Centralkraft, welche die Sonne von der geraden Richtung ablenkte, nur wiederholte Bestätigungen finden.

151.

Geschwindigkeiten der Monde.

Um die Bahngeschwindigkeit G eines Mondes mit der Bahngeschwindigkeit g seines Planeten in Vergleichung zu bringen, nehmen wir an: es bezeichne die Kreislinie ... m' e' e, e e„ m" e" ..., Taf. VI. Fig. 23, die Bahn eines Planeten, und ... m' m, e m„ m" ... die Bahn eines ihm angehörigen Mondes. Die Entfernung des Planeten von der Sonne sei gleich R, die Entfernung des Mondes von seinem Planeten sei (m' e' = m" e" =) r; der Mond befinde sich im Anfange unserer Betrachtung in dem Punkte m' der Planetenbahn, während sich der Planet selbst in e' befindet, und die Bewegung beider Körper geschehe in der Figur von unten nach oben (von West nach Osten). Es stehe also der Mond in seiner Bahnrichtung im Anfange hinter dem Planeten.

Der Mond wird sich unter diesen Voraussetzungen nach dem Verlassen des Punktes m' von der Sonne so lange entfernen, bis er in m, die größte Entfernung von ihr erlangt hat. Dann wird er sich der Sonne wieder nähern, die Planetenbahn in e durchschneiden, um in m„ die kleinste Entfernung von der Sonne zu erreichen. Hierauf wird er sich nochmals von ihr entfernen und in dem Punkte m" die Planetenbahn zum zweitenmal schneiden, sich also wieder hinter dem Planeten befinden.

Auf dem Wege von m' nach m" hat somit der Mond einen Umlauf um den Planeten zu beschreiben, außerdem aber noch denselben Weg zurückzulegen wie der Planet selbst.

Bezeichnen wir den von dem Planeten vollzogenen kreisförmigen Weg e' e e" mit w, so ist der Weg des Mondes: $w + 2 r \pi$. Und, weil sich bei der gleichförmigen Bewegung für gleiche Zeiten die Geschwindigkeiten zu einander wie die zurückgelegten Wegstrecken verhalten, so ist:

1) $$G : g = w + 2r\pi : w$$

folglich:

2) $$G = \frac{w + 2r\pi}{w} \cdot g$$

Nun sei die Zeit, welche der Planet zu einem Umlaufe um die Sonne nothwendig braucht, gleich T, die Zeit eines Mond=umlaufes um seinen Planeten aber t, dann drückt uns offenbar $\frac{T}{t}$ die Zahl der Umläufe aus, welche der Mond um den Planeten vollzieht, während der Planet gleichzeitig genau einen Umlauf um die Sonne zurücklegt.

Drücken wir nunmehr den Weg (e' e e" =) w, welchen der Planet vollendet, während sein Mond genau einen Umlauf um ihn macht, durch R, T und t aus, so ergiebt sich alsbald

3) $$w = 2R\pi : \frac{T}{t} = 2R\pi \cdot \frac{t}{T}$$

und diesen Werth in 2) substituirt giebt

4) $$G = \left(1 + \frac{r \cdot T}{R \cdot t}\right) \cdot g \ .$$

152.

Bahngeschwindigkeit des Erdenmondes.

Um die Formel (151. 4.) auf die Bestimmung der Geschwin=digkeit des Erdenmondes anzuwenden, wollen wir die Größe $\frac{r \cdot T}{R \cdot t}$ in besonderen Betracht ziehen.

Mit Berücksichtigung der Formeln (69. 3. 4. u. 5.) ergiebt sich alsbald

1) $$\frac{r \cdot T}{R \cdot t} = \frac{r \cdot R \sqrt{V \cdot R}}{R \cdot r \sqrt{v_7 \cdot r}} = \sqrt{\frac{V \cdot R}{v_7}} \cdot r^{-\frac{1}{2}}.$$

Es ist nun weiter, wenn wir $\mathfrak{B}$ für $\sqrt{\frac{V \cdot R}{v_7}}$ schreiben:

$$\log V = 0{,}0933437 - 7 \quad (69.\ 2.)$$
$$\log \mathring{o} = \log R = \underline{7{,}3016264} \quad (70.)$$
$$0{,}3949701$$
$$\log v_7 = \underline{0{,}6072152 - 2} \quad (69.\ 5.)$$
$$\log \mathfrak{B}^2 = 1{,}7877549$$

2) $\log \mathfrak{B} = 0{,}8938774$; $\qquad \mathfrak{B} = 7{,}832085$.

Wir erhalten also:

3) $$\frac{r \cdot T}{R \cdot t} = \mathfrak{B} \cdot r^{-\frac{1}{2}}$$

nämlich:

4) $$G = \left(1 + \mathfrak{B} \cdot r^{-\frac{1}{2}}\right) \cdot g.$$

Diese Formel drückt uns die Bahngeschwindigkeit auch für jeden fingirten Erdenmond, dessen Bahnhalbmesser gleich r angenommen wird, im Vergleiche zur Bahngeschwindigkeit der Erde aus.

Da, nach (89. 1.), wenn wir daselbst r für I schreiben, r = 51634 g. M. ist, so findet sich für den Erdenmond die Bahngeschwindigkeit G_1 wie folgt:

$$\log \mathfrak{B} = 0{,}8938774$$
$$\log r^{\frac{1}{2}} = \underline{2{,}3564711}$$

5) $\log (\mathfrak{B} \cdot r^{-\frac{1}{2}}) = 0{,}5374063 - 2$; $\qquad \mathfrak{B} \cdot r^{-\frac{1}{2}} = 0{,}0344672$

also ist:

6) $$G_1 = 1{,}0344672 \cdot g.$$

Die Bahngeschwindigkeit des Erdenmondes übersteigt also die Bahngeschwindigkeit der Erde noch nicht um $\frac{7}{200}$.

Da die Erde, um ihre Bahn zu durchlaufen, $31\,558\,150^{s}{,}7496$ nothwendig hat, so findet sich ihre Geschwindigkeit g wie folgt:

$$\log 2\pi = 0{,}7981798$$
$$\log \delta = \underline{7{,}3016264} \quad (70.)$$
$$8{,}0998062$$
$$\log (1\text{ J. in S.}) = \underline{7{,}4991116}$$

7) $\qquad \log g = 0{,}6006946 ; \qquad g = 3{,}987443$ g. M.

Mithin ist die Geschwindigkeit G_1 des Erdenmondes:

$$\log 1{,}0344672 = 0{,}0147166$$
$$\log g = \underline{0{,}6009646}$$

8) $\qquad \log G_1 = 0{,}6154112 ; \qquad G_1 = 4{,}124880$ g. M.

Bezeichnen wir die Geschwindigkeiten der, nach (89.), berechneten theoretischen sechs Monde mit weiter accentuirten G, so ergiebt das Rechnungsresultat, indem wir für r nach und nach die Werthe II bis VII, aus (89.), in Formel 4) substituiren und die mittlere Bahngeschwindigkeit der Erde für g, aus 7), einführen:

9) $\qquad \log G_{II} = 0{,}6200754 ; \qquad G_{II} = 4{,}169418$ g. M.
$\qquad \log G_{III} = 0{,}6261749 \qquad G_{III} = 4{,}228388 \quad ,,$
$\qquad \log G_{IV} = 0{,}6341215 \qquad G_{IV} = 4{,}306470 \quad ,,$
$\qquad \log G_{V} = 0{,}6444245 \qquad G_{V} = 4{,}409856 \quad ,,$
$\qquad \log G_{VI} = 0{,}6577006 \qquad G_{VI} = 4{,}546745 \quad ,,$
$\qquad \log G_{VII} = 0{,}6746768 \qquad G_{VII} = 4{,}727991 \quad ,,$

XVII.

Schalrückstände.

153.

Die Anziehung des Mittelpunktes wirkt widerstrebend bei Abschleuderung der Schalmasse.

Wir haben bisher bei Bildung der Schalniederschläge in ihre Schwerpunktskreisebene nur diejenigen Massetheile in Betracht gezogen (50.), die oberhalb und unterhalb dieser Ebene einander direct gegenüberstanden, dagegen diejenigen Massetheile außer Acht gelassen, welche, im Durchschnitte der Schale durch die Rotationsaxe, nach den Polen hin gleichsam „flügelartig" auslaufen. Es wird jetzt an der Zeit sein, auch das Verhalten dieser Theile bei dem Ablösen der Schale näher in's Auge zu fassen, und es wird sich dabei im Allgemeinen herausstellen, daß es die Anziehungskraft der pericentrischen Verdichtung ist, welche die Massetheile an den Schwerpunkt des Systems fesselt.

Eine gleichartige flüssige Masse, die nur allein durch ihre eigene Molecularanziehung in der Kugelgestalt festgehalten wird, nimmt, wenn sie Umdrehungsbewegung erhält, ebenfalls die Gestalt eines Ellipsoides an, dessen Abplattung (unter sonst gleichbleibenden Umständen), sich desto stärker ergiebt, je weniger dicht die Masse und je größer die Umdrehungsbewegung ist. — Die größere Abplattung wird also durch die schnellere Umdrehungsbewegung bestimmt. Umgekehrt können wir auch sagen, daß die Umdrehungsbewegung im Verhältniß mit der größeren Abplattung zunimmt.

Durch das Sinken der Pole einer sich drehenden flüssigen Masse aber, es möge nun der Aequator hierbei unverändert bleiben oder vergrößert werden, wird die Abplattung immer vergrößert, und mithin ist dies auch mit der Umdrehungsbewegung dann der Fall, wenn die Geschwindigkeit am Aequator sich gleich bleibt. Dieses Verhalten der Masse haben wir bereits bei den dünnflüssigen Sonnen- und Planeten-Ellipsoiden erkannt, aus welchen die Planeten und Monde hervorgingen.

Denken wir uns nun eine solche gleichartige flüssige Masse ohne pericentrische Verdichtung (also bloß durch ihre eigene Molecularanziehung zusammengehalten) von dem Mittelpunkte aus in immer stärkere Umdrehungsbewegung versetzt, so muß ihre Abplattung mit der Stärke dieser Bewegung wachsen, und sie wird, sobald das Grenzverhältniß der Axen erreicht ist, die möglichst größte Umdrehungsbewegung erlangt haben. Da aber die hier unterstellte Masse ohne pericentrische Verdichtung ist, so mangelt ihr auch die Centripetalkraft oder die Anziehung nach dem Mittelpunkte, d. h. der durch die Umdrehung erzeugten Centrifugalkraft fehlt die Gegnerin, und sie tritt daher allein in Thätigkeit. Die Massetheilchen erhalten also sämmtlich nur das Bestreben sich von der Drehungsaxe zu entfernen, ohne daß eine andere Kraft diesem Streben widersteht — die ganze Masse wird also von der Drehungsaxe abgeschleudert werden und muß sich verflüchtigen. Leistet ihr dagegen hierbei irgend ein Mittel einigen Widerstand, wie dies bei dem bekannten Plateau'schen Experiment mit dem Oeltropfen der Fall ist, so entfernt sich dieselbe Masse zwar ebenfalls von der Drehungsaxe, bildet aber einen Ring, dessen Halbmesser offenbar abhängig ist von der Widerstandskraft des Mittels selbst.

Bei den Sonnen- und Planetenellipsoiden verhält es sich wegen der ihnen innewohnenden Centripetalkraft allerdings anders; denn die von der Drehungsaxe lose gewordenen Schalelemente konnten wegen dieser stets thätigen Kraft ihrem centrifugalen Bestreben nicht Folge geben, und so waren die durch die Schwerpunktskreisebene von einander getrennten und sich direct gegeneinander überstehenden Theile genöthigt, sich gegenseitig selbst anzu-

ziehen und in der genannten Ebene als verdichtete Masse nieder=
zuschlagen.

Der Unterschied zwischen dem Plateau'schen Experiment und
der Ablagerung einer Planeten= oder Mondringschale besteht also
darin, daß dort, bei dem Mangel einer anziehenden Kraft im
Mittelpunkte, ein widerstehendes Mittel das Zerstreuen der abge=
schleuderten Masse verhindert, hier aber, bei dem Nichtvorhanden=
sein eines widerstehenden Mittels, die Anziehungskraft des Mittel=
punktes eine Abschleuderung der Masse überhaupt nicht zuläßt.

154.
Die Elemente der Schalmasse erleiden durch das Losewerden von der Drehungsaxe Verlust an Geschwindigkeit.

Bei den Theilen der Schalmasse in der Nähe der Pole
dagegen dürfen wir, weil sie einander nicht direct gegenüber liegen,
eine solche gegenseitige Anziehung sicher nicht annehmen. Wir
sind aber nicht im Stande für die Schalmasse eine genaue Grenze
zu bestimmen, an welcher die Fähigkeit dieser Masse (oberhalb und
unterhalb der Schwerpunktskreisebene) aufhört, sich gegenseitig
anzuziehen. Wir können nur im Allgemeinen sagen, daß von dieser
Ebene auf= und abwärts nach den Polen hin, die gegenseitige An=
ziehung der Nebelmasse von der Attractionskraft des Mittelpunktes
nach und nach allein absorbirt werde.

Denken wir uns nun an der Oberfläche des Ellipsoides einen
Punkt ρ, **Fig. 5.**, als ein Element derselben, so wird vor Er=
reichung des Grenzzustandes dasselbe das Bestreben haben, sich in
dem Parallelkreise zum Halbmesser $\rho\,N$ um die Rotationsaxe BB
mit einer Geschwindigkeit, die wir g nennen wollen, zu bewegen
und seinen Umlauf in gleicher Zeit mit irgend einem Punkte des
Aequators zu vollziehen.

Der Halbmesser $\rho\,N$ selbst kann uns daher sowohl die Ge=
schwindigkeit dieser Umdrehungsbewegung, wie auch die Richtungs=
ebene, in welcher die Umdrehungsbewegung stattfindet, versinnlichen.

Beim Eintritte des Ellipsoides in den Grenzzustand wird
das Element ρ zwar seinen Anhalt an der Rotationsaxe verlieren,

dagegen sein Bestreben, sich in der Richtung seiner Tangente von der Axe zu entfernen, beibehalten. Nunmehr wirkt aber die Anziehungskraft des Mittelpunktes diesem Bestreben entgegen und zwingt das Element sich um diesen selbst zu bewegen. Der Punkt ϱ verläßt also die Ebene des Parallelkreises zum Halbmesser ϱ N und setzt seine Bewegung in einer, senkrecht auf die Durchschnittsfläche gedachten Ebene (und zwar in einem Kreise zum Halbmesser (ϱ S =) ϱ) fort.

Dieser Halbmesser, der stets den früheren Parallelkreishalbmesser an Größe übertrifft, wird uns nunmehr zwar die neue Richtungsebene der Bewegung (die wir uns senkrecht auf der Papierfläche zu denken haben), bezeichnen, nicht aber auch zugleich deren Geschwindigkeit. Letztere wird immer nur ein **Theil** derjenigen sein können, mit welcher sich das Element früher im Parallelkreise bewegt hatte. Sie läßt sich näher als **die neue Geschwindigkeit u** bestimmen, wenn wir von dem Punkte N der früheren Drehung auf den Halbmesser ϱ, mit welchem die neue Drehung um den Mittelpunkt S erfolgt, eine Senkrechte N M errichten. Der von dieser Senkrechten abgeschnittene Theil ϱ M des Halbmessers, also die Cathede ϱ M des rechtwinkeligen Dreiecks ϱ N M, ist es, die uns die Geschwindigkeit des Elementes ϱ im Verhältniß zu seiner früheren, welche wir uns durch den Parallelkreishalbmesser ϱ N versinnlichten, darstellt, und es wird das Element mit dieser kleineren Geschwindigkeit seine Bewegung in der neuen Richtung (d. h. mit dem Halbmesser ϱ in der Ebene ϱ S und um den Mittelpunkt S) fortsetzen. Der spitze Winkel N ϱ S = ϱ S A = γ bezeichnet uns denjenigen Winkel, um welchen die Bewegung nach einer anderen Richtung hin stattfindet, und die **neue Geschwindigkeit** selbst formulirt sich **aus der alten** durch den Ausdruck

$$u = g \cdot \cos \gamma.$$

Die Einbuße an Geschwindigkeit bei dem Elemente ϱ muß aber eine Verdichtung der Materie erzeugen, bei welcher sich Wärme entwickelt, und der Grad der Verdichtung und Wärmeentwickelung mit der Größe des Winkels γ zunehmen. —

Dieselbe Betrachtung, welche wir für den Endpunkt ϱ des Halbmessers ϱ, also für ein Element der äußeren Schaloberfläche anstellten, können wir auch auf ein Element r der **inneren** Schaloberfläche anwenden. Wir wollen dabei annehmen, es sei letzterer Punkt zugleich ein Punkt des Halbmessers ϱ. Der Punkt r, der sich früher um den Punkt N der Drehungsaxe bewegte, wird nunmehr seine Bewegung, gleichfalls in der senkrecht auf dem Durchschnitte und durch den Halbmesser r gelegten Ebene fortsetzen, und zwar mit einer Geschwindigkeit, welche durch die Linie r M veranschaulicht wird.

Es folgt aus dem Gesagten, daß **nicht alle Punkte des Halbmessers eines und desselben Parallelkreises** gleiche Ablenkung erhalten, daß dies dagegen für alle der Schalmasse angehörigen Punkte, welche gleichzeitig in einem und demselben Halbmesser ϱ liegen (also für alle zwischen ϱ und r liegenden Punkte), der Fall ist. Verdichtung und Wärmeentwickelung wird vielmehr für eine und dieselbe, die Schalmasse durchschneidende Parallelkreisebene, in der durch diesen Schnitt erzeugten Ringfläche, von außen nach innen zunehmen.

155.

Gleichung der Ellipse für Ordinaten aus dem Mittelpunkte. Bestimmung der äußeren und inneren Schalhalbmesser ϱ und r.

Wir ersehen hieraus, wie wichtig es für unsere Untersuchungen ist, jeden Winkel γ, welchen ein Halbmesser ϱ eines Grenzellipsoides zum Modul λ (und r eines solchen zum Modul $\varkappa$) mit der Aequatorebene bildet, genau zu kennen, um das Verhalten der Schalelemente, welche der Differenz ϱ — r beider Halbmesser angehören, näher zu prüfen.

Bezeichnen wir die Coordinaten der Durchschnittsellipse eines Grenzellipsoides zum Modul λ, (und zu den Halbaxen A und B) vom Mittelpunkt aus mit x und y, so wird uns die Abscisse x zugleich den Halbmesser (ϱ N =) a, Fig. 5, des entsprechenden

Parallelkreises ausdrücken. Wir erhalten dann aus einer der Gleichungen, in (34. 5. daselbst 𝔅 für B geschrieben), und aus: a = x = ϱ . cos γ, sowie: ϱ² = x² + y²:

1) $$\varrho = \frac{1}{\sqrt{1 + \lambda^2 . \sin^2 \gamma}} . A ;$$

und analog

2) $$r = \frac{1}{\sqrt{1 + \varkappa^2 . \sin^2 \gamma}} . \mathfrak{A}.$$

Indem wir in der letzteren Gleichung, nach (43. 7.), $\mathfrak{L}^{-1}$. A für 𝔄 schreiben, wird der Halbmesser r ebenfalls durch den Aequatorhalbmesser A des Grenzellipsoides zum Modul λ ausgedrückt.

In nachstehender Tabelle haben wir die Werthe von ϱ und r von 5 zu 5° berechnet, dieselben in Theilen von A = 1 ausgedrückt und denselben zugleich die Logarithmen beigefügt. Wir gingen hierbei von der Aequatorebene aus, weil wir die Grenze nicht kennen, in welcher die Anziehung des Mittelpunktes nur allein thätig ist.

Bestimmung der Halbmesser ϱ und r der äußeren und inneren Oberfläche der abgelösten Schale, (für Winkel von 5 zu 5°), ausgedrückt durch Theile des Aequatorhalbmessers A = 1 der äußeren Oberfläche.

Grade	ϱ	log ϱ	r	log r
0	1,000	0,0000000	0,570	0,7561822—1
5	0,977	0,9896960—1	0,567	0,7538740—1
10	0,916	0,9616970—1	0,559	0,7471606—1
15	0,837	0,9225530—1	0,545	0,7366281—1
20	0,756	0,8786852—1	0,529	0,7235995—1
25	0,683	0,8345282—1	0,510	0,7075072—1
30	0,620	0,7925675—1	0,491	0,6907411—1

Grade	ρ	log ρ	r	log r
35	0,568	0,7539914—1	0,472	0,6735703—1
40	0,524	0,7192552—1	0,454	0,6566797—1
45	0,488	0,6884424—1	0,437	0,6405224—1
50	0,459	0,6614634—1	0,422	0,6254844—1
55	0,435	0,6381603—1	0,409	0,6118349—1
60	0,415	0,6183589—1	0,398	0,5997653—1
65	0,400	0,6018936—1	0,389	0,5894025—1
70	0,388	0,5886202—1	0,381	0,5808396—1
75	0,379	0,5784190—1	0,375	0,5741335—1
80	0,373	0,5711981—1	0,371	0,5693214—1
85	0,369	0,5668915—1	0,368	0,5664261—1
90	0,368	0,5654602—1	0,368	0,5654601—1

156.

Das sich um seine Axe drehende Ellipsoid mit „trichterförmiger Vertiefung an den Polen."

Die Gleichung (155. 1.) liefert für die Ellipse zu den Halbaxen A und B (unter den Voraussetzungen 34. 2. bis 4.) die Ordinaten aus dem Mittelpunkte, (geneigt gegen die große Axe A unter dem Ordinatenwinkel γ). — Hat hierbei λ die Bedeutung von (38. 1.), so ist die Ellipse selbst der durch die Rotationsaxe eines Erzeugungsellipsoides geführte Durchschnitt und zwar (im Sinne von 40.) des von Laplace bestimmten (geometrischen) Grenzellipsoides.

Um die Gleichung für Ordinaten ϱ (geneigt unter demselben Ordinatenwinkel γ) aus dem Mittelpunkte des entsprechenden Grenzellipsoides mit **trichterförmigen Vertiefungen an den Polen** zu erhalten, haben wir daher in der Gleichung (155. 1.) dem Werthe von ϱ den Werth $c - c'$, aus (25. 1.), zuzufügen, und wir erhalten:

1) $$\varrho_{\prime} = \varrho + \frac{a}{A} \cdot C \left(1 - \frac{a}{\varrho}\right).$$

Wenn wir in dieser Gleichung den Halbmesser des Parallelkreises $a = \varrho \cdot \cos \gamma$ setzen, und für C aus (22. 5.) seinen Werth einführen, indem wir daselbst A für R schreiben, so ergiebt sich:

2) $$\varrho_{\prime} = \varrho \cdot \left[1 + \frac{4\pi^2}{T^2} \cdot \cos \gamma \, (1 - \cos \gamma)\right].$$

Nach (25. 3.) ist der zweite Summand dieser Parenthese am größten, wenn $\gamma = 60^{\circ}$ wird. Und wir sind veranlaßt in der Gleichung 2) $\gamma = 60^{\circ}$ zu setzen, weil der Umfang der Durchschnittsellipse „mit der trichterförmigen Vertiefung an den Polen" am besten aus dem größten Unterschiede $\varrho_{\prime} - \varrho$ zweier zusammengehörigen Halbmesser zu beurtheilen ist. — Gleichung 2) geht alsdann über in:

3) $$\varrho_{\prime} = \varrho \cdot \left(1 + \frac{\pi^2}{T^2}\right).$$

Es geht aus dieser, wie aus 2), hervor, daß der Werth von $\varrho_{\prime}$ wächst, wenn der von T abnimmt, d. h. wenn die Umlaufszeit kleiner, oder die Geschwindigkeit der Umdrehung größer wird.

Wenden wir diese Betrachtung beispielsweise auf den Augenblick an, bevor sich die Erdschale von dem Sonnenellipsoide ablöste, so haben wir für T seinen Werth aus (69. 3.) zu substituiren, indem wir daselbst $A_7 = \male$, aus (78. 1. oder 70.), für R schreiben. Wir erhalten:

4)
$\log V = 0{,}0933437 - 7$	$\log \pi^2 = 0{,}9942997$
$\log \male^3 = 22{,}4535714$	$\log T^2 = 15{,}5469151$
$\log T^2 = 15{,}5469151$	$\log \frac{\pi^2}{T^2} = 0{,}4473846 - 15$

Es folgt hieraus, daß für unser Beispiel der Werth der bedeutlichen Ziffern des zweiten Summanden der Parenthese in 3) erst mit der 16ten Decimalstelle beginnt, daß also der Werth dieses zweiten Summanden, oder der größte Unterschied der zusammengehörigen Halbmesser $\varrho, - \varrho$ für unsere Betrachtung gleichsam gleich Null wird.

Da das Axenverhältniß bei den Grenzellipsoiden ein bestimmtes ist, so können wir überhaupt auch nur insofern bei ihnen von einer „trichterförmigen Vertiefung" reden, als durch die Umdrehung des Ellipsoides sämmtliche Parallelkreise in Mitleidenschaft gezogen werden, welche sich dann oberhalb der Aequatorebene über dieselbe erheben, und während sie unterhalb dieser Ebene sich unter dieselbe senken.

Im vorliegenden Falle findet aber diese Erhebung oder Senkung, selbst unter dem 60°, in so geringem Maße statt, daß unser Festhalten an der Vorstellung des geometrischen Ellipsoides, in (40.), durchaus gerechtfertigt erscheint.

Aus Gleichung 2) geht indessen zur Evidenz hervor, daß sich diese Erhöhung (beziehungsweise Senkung) der Parallelkreise bis zum 60. Grad vergrößert und von da an zur Vertiefung an den Polen werden muß, wenn sich die Umdrehungszeit T bis zu einer gewissen Größe verkleinert. — Ehe wir aber eine Einsenkung an den Polen erhalten, muß sich der Parallelkreis unter dem 60. Grad so weit über die Aequatorebene erheben, daß er in das Niveau des Poles selbst gelangt, wodurch sich offenbar eine ebene Abplattung an dem Pole ergiebt, welche wir als einen Mittelzustand betrachten dürfen.

Nun folgt aus Gleichung 3)

5) $$T^2 = \frac{\varrho}{\varrho, - \varrho} \cdot \pi^2$$

und zu jenem Mittelzustande leiten uns die Formeln:

6) $$\varrho, = \frac{B}{\sin 60°} = \frac{2B}{\sqrt{3}} = \frac{2A}{\sqrt{3+3\lambda^2}} ; \quad (34.\ 4.)$$

7) $$\varrho = \frac{A}{\sqrt{1+\frac{3}{4}\lambda^2}} = \frac{2A}{\sqrt{4+3\lambda^2}} ; \quad (155.\ 1.)$$

Daher wird:

8) $$T^2 = \frac{\pi^2}{\sqrt{\frac{4+3\lambda^2}{3+3\lambda^2}} - 1}.$$

Führen wir in diese Gleichung für λ den Werth aus (38. 1.) ein, so findet sich

9) $\log T = 1{,}3231727$; $T = 21{,}^s 04615$. —

Das Ellipsoid von flüssiger Masse muß mithin, damit sich an seinen Polen eine **ebene** Abplattung herstelle, bevor es den Grenzzustand ganz genau erreicht und den Modul λ erhält, in 21 Secunden mindestens **eine** Umdrehung haben. Bei einer geringeren Zahl von Secunden, also einer größeren Umdrehungsgeschwindigkeit, würde dann durch eine weitere Erhebung der Parallelkreise diese Ebene in eine förmliche **Vertiefung** übergehen.

157.

Bestimmung der Anfangsgeschwindigkeit, mit welcher sich die verdichteten Elemente in der neuen Bahnebene bewegen.

Nachdem wir die Schalmasse des Erzeugungsellipsoides nach den Polen hin in Betracht gezogen und gefunden haben, daß auch **diese** sich durch gehemmte Geschwindigkeit verdichte und Wärme entwickele, werden wir sie uns auch dort, ebenso wie die in die Schwerpunktskreisebne niedergeschlagene Schalmasse, in feuerflüssige Körperchen übergegangen vorzustellen haben. —

Diese verdichteten kleinen Körper, welche sich ursprünglich in ihrem unverdichteten Zustande mit einem Halbmesser $a = \varrho \cdot \cos \gamma$ bewegten, waren bei dem Uebergange ihrer Bewegung in eine neue, nunmehr durch den Mittelpunkt gehende Bahnebene, gezwungen, ihren Lauf um denselben mit einem größeren Halbmesser zu beginnen. Dagegen hatten sie an ihrer Geschwindigkeit Einbuße er-

litten. Und da für eine gleiche Centralbewegung die Centrifugal=
kraft der Centripetalkraft gleich sein muß, so werden ihre Halb=
messer der neuen Bewegung sich offenbar nach den ihnen gebliebenen
Geschwindigkeiten zu regeln haben. —

Ziehen wir übrigens hier beispielsweise nur einen einzelnen
Parallelkreishalbmesser in Betracht, so finden wir, daß die Winkel,
um welche seine einzelnen Punkte oder Elemente Ablenkung er=
halten, nicht gleich groß sind, daß dieselben vielmehr für die in=
neren größer sind, wie für die äußeren. Hiernach steht dann
weiter fest, daß der Geschwindigkeitsverlust, und mithin auch die
Verdichtung und Temperatur der Elemente von innen nach außen
abnimmt.

Es wird nun vor Allem darauf ankommen, die Anfangsge=
schwindigkeit $u = g \cdot \cos \gamma$ (154.), mit welchen diese kleinen Körper
in neue Bahnen überzugehen genöthigt waren, näher zu bestimmen.

Nennen wir zu dem Ende G die Geschwindigkeit eines
Punktes A des Aequatorhalbmessers A des Erzeugungsellipsoides,
und T die Umlaufszeit desselben, so ist, für einen Punkt ϱ zum
Parallelkreishalbmesser (ϱ N =) a, die Geschwindigkeit g, nämlich:

$$1) \qquad g = \frac{a}{A} \cdot G,$$

weil sich (22. 8.) bei gleichen Umlaufszeiten die Geschwindigkeiten
wie die Halbmesser der sich drehenden Kreise verhalten. — Es
folgt dann weiter, nach (22. 4.), indem wir daselbst A für R
schreiben, und den Werth für G einführen:

$$2) \qquad g = a \cdot \frac{2\pi}{T}$$

Und wenn wir, da wir unsere Betrachtung für das Sonnen=
ellipsoid anstellen, für T dessen Werth, aus (69. 3.) setzen, so
werden wir erhalten:

$$3) \qquad g = a \cdot \frac{2\pi}{A\sqrt{V \cdot A}} = \frac{\varrho}{A} \cdot \frac{2\pi}{\sqrt{V \cdot A}} \cdot \cos \gamma.$$

Da aber, nach (154.), $u = g \cdot \cos \gamma$ ist, so findet sich nunmehr:

4) $$u = \frac{\varrho}{A} \cdot \frac{2\pi}{\sqrt{V \cdot A}} \cdot \cos^2 \gamma$$

als die Anfangsgeschwindigkeit, mit welcher der verdichtete kleine Körper seine neue Bahnbewegung beginnt, und wir haben dieselbe durchweg mit bekannten Größen ausgedrückt.

Aus dem Gefundenen haben wir nun eine Größe s abzuleiten, die uns die Wegstrecke bezeichnet, welche die kleinen Körper zurückzulegen haben, bis ihre Centrifugalkraft ihrer Centripetalkraft gleich sein wird. — Wir werden hierdurch auf den freien Fall der Körper aus großen Entfernungen hingewiesen, den wir in Nachstehendem in besonderen Betracht ziehen wollen.

158.

Der freie Fall der Körper aus großen Entfernungen.

Ist die Entfernung eines von einem Himmelskörper angezogenen Körpers von jenem eine sehr große, und hat dieser außerdem bei einer bereits innewohnenden Geschwindigkeit, große Räume zu durchlaufen, so können wir nicht mehr die Attractionskraft dieses Himmelskörpers als eine unveränderliche Kraft wie an seiner Oberfläche betrachten, mithin auch das Fallgesetz wie es für diese gültig ist, nicht seinem ganzen Wesen nach in Anwendung bringen. Die Physik löst in dieser Beziehung nachstehende auf Fig. 31 versinnlichte

Aufgabe. Ein von einem Himmelskörper aus weiter Entfernung angezogener Körper falle (von A aus) mit einer Anfangsgeschwindigkeit gleich u. Wie groß ist seine Endgeschwindigkeit v in irgend einem Punkte B des Fallraumes?

Auflösung. Es bezeichne M den Mittelpunkt des Himmelskörpers, und es sei (AM) = R, (CM) = r; es bezeichne ferner

B irgend einen beliebigen Punkt des Fallraumes und es sei (A B) = s ein durchlaufener Theil desselben, die Geschwindigkeit des fallenden Körpers in B sei v.

Da für gleichförmige Bewegung die Geschwindigkeit v gleich dem durchlaufenen Raum, dividirt durch die Zeit z ist, so ist auch:

1) $$v = \frac{ds}{dz}.$$

Schreiben wir in Formel (16. 7.) P für f und v für g, so werden wir haben:

2) $$P = \frac{dv}{dz}.$$

Aus 1) und 2) folgt dann:

3) $$v \cdot dv = P \cdot ds$$

In dem Punkte B, d. h. in der Entfernung R — s vom Mittelpunkte M des Himmelskörpers sei P die Geschwindigkeit des fallenden Körpers am Ende der ersten Secunde, wenn p die Geschwindigkeit eines fallenden Körpers an der Oberfläche des Himmelskörpers am Ende der ersten Secunde bedeutet, so ist, nach (15. 3.):

4) $$p : P = (R - s)^2 : r^2$$

also ist auch:

5) $$P = \frac{p r^2}{(R - s)^2}.$$

Führt man diesen Werth von P in 3) ein, so ergiebt sich:

6) $$v \cdot dv = \frac{p r^2}{(R - s)^2} \cdot ds;$$

daher ist:

7) $$\frac{1}{2} v^2 = \frac{p r^2}{R - s} + \text{Const.}$$

Setzt man (A B =) s = 0, so wird v = u, daher

8) $$\text{Const.} = \frac{1}{2} u^2 - \frac{p r^2}{R}$$

und das vollständige Integrale ergiebt sich:

9) $$v^2 = u^2 + \frac{2 p r^2 \cdot s}{R(R-s)}.$$

159.

Allgemeine Bestimmung der Halbmesser, mit welchen sich die verdichteten Elemente um die Sonne bewegen.

Es kommt jetzt darauf an die erlangte Endgeschwindigkeit v, mit welcher sich die kleinen Körper von nun an beständig mit dem Halbmesser $\varrho - s$ um die Sonne bewegen, noch auf eine andere Weise durch s auszudrücken. — Da die Geschwindigkeit eines rotirenden Körpers, nach (22. 4.), gleich 2π, multiplicirt mit dem Halbmesser und dividirt durch die Umlaufszeit ist, so findet sich alsbald:

1) $$v = \frac{2(\varrho - s)\pi}{T}.$$

Substituiren wir nun für T seinen Werth aus (69. 3.), so wird

2) $$v = \frac{2\pi}{\sqrt{V(\varrho - s)}}.$$

Und substituiren wir ferner diesen Werth von v in (158. 9.), schreiben daselbst ϱ für R, und setzen für u seinen Werth, aus (157. 4.), so werden wir haben:

3) $$\frac{4\pi^2}{V(\varrho - s)} = \frac{\varrho^2}{A^3} \cdot \frac{4\pi^2}{V} \cdot \cos^4 \gamma + \frac{2 p r^2 s}{\varrho(\varrho - s)}$$

und hieraus findet sich:

4) $$s = \varrho \cdot \frac{1 - \frac{\varrho^3}{A^3} \cdot \cos^4 \gamma}{\frac{V}{4\pi^2} \cdot 2 p r^2 - \frac{\varrho^3}{A^3} \cdot \cos^4 \gamma}.$$

Bestimmen wir vorerst den Werth von $\frac{V}{4\pi^2} \cdot p r^2$ aus dieser Gleichung näher. Da uns hier offenbar r den Halbmesser des Sonnenkörpers und p die Fallgeschwindigkeit an seiner Oberfläche ausdrückt, wir diese Größen aber (die wir in (82.) mit R und P bezeichnet haben) kennen, so erhalten wir, wenn wir überdies den an der Sonnenoberfläche in Metern ausgedrückten Fallraum am Ende der ersten Secunde in Meilen verwandeln, nämlich:

$$\begin{aligned}
\log p &= 2{,}4325636 & (82.\ 6.) \\
\log (1\text{ M. in M.}) &= 0{,}1295703-4 & (17.\ 10.) \\
\log r^2 &= 9{,}9408820 & (82.\ 4.) \\
\log V &= 0{,}0933437-7 & (69.\ 3.) \\
& \ 1{,}5963596 \\
\log (4\pi^2) &= 1{,}5963596 \\
\log \frac{p r^2 \cdot V}{4\pi^2} &= 0{,}0000000
\end{aligned}$$

also

5) $$\frac{p r^2 \cdot V}{4\pi^2} = 1.$$

Es geht mithin die Gleichung 4) über in:

6) $$s = \varrho \cdot \frac{1 - \frac{\varrho^3}{A^3} \cdot \cos^4 \gamma}{2 - \frac{\varrho^3}{A^3} \cdot \cos^4 \gamma}.$$

Diese Formel drückt uns also den Weg s aus, welchen irgend ein verdichtetes Element der äußeren Schaloberfläche des Grenzellipsoides zum Modul λ in der neuen Bahnebene nach dem Mittel=

punkte hin zurückzulegen hat, damit Gleichheit zwischen seiner Centripetal= und Centrifugalkraft stattfinde.

Nennen wir τ den Halbmesser, mit welchem sich ein verdichtetes Element der äußeren Oberfläche der Schale endlich um die Sonne bewegt, so ist $\tau = \varrho - \mathfrak{s}$, und es findet sich alsbald, aus 6):

7) $$\tau = \frac{\varrho}{2 - \frac{\varrho^3}{A^3} \cdot \cos^4 \gamma}.$$

Ganz auf obige Weise erhalten wir für den Weg $\mathfrak{s}$, welchen irgend ein verdichtetes Element der inneren Schaloberfläche des Grenzellipsoides zum Modul λ in der neuen Bahnebene nach dem Mittelpunkte hin zurückzulegen hat, wenn wir seine ursprüngliche Entfernung vom Mittelpunkte mit r bezeichnen, und den Aequatorhalbmesser $\mathfrak{A}$ des folgenden Grenzellipsoides zum Modul $\varkappa$ zu Grunde legen, nämlich:

8) $$\mathfrak{s} = \frac{1 - \frac{r^3}{\mathfrak{A}^3} \cdot \cos^4 \gamma}{2 - \frac{r^3}{\mathfrak{A}^3} \cdot \cos^4 \gamma}$$

Nennen wir t den Halbmesser, mit welchem sich ein verdichtetes Element der inneren Schaloberfläche endlich um die Sonne bewegt, so ist $t = r - \mathfrak{s}$, und es findet sich, aus 8)

9) $$t = \frac{r}{2 - \frac{r^3}{\mathfrak{A}^3} \cdot \cos^4 \gamma}.$$

160.

Numerische Bestimmung dieser Halbmesser.

Bei der numerischen Bestimmung der Werthe τ und t setzen wir am zweckmäßigsten $A = 1$ und drücken $\mathfrak{A}$ durch A aus, schreiben also, nach (43. 7.), $\mathfrak{L}^{-1}$ für $\mathfrak{A}$.

In nachstehender Tabelle sind in dieser Weise die Halbmesser τ und t, mit welchen sich die verdichteten Elemente der äußeren und inneren Schaloberfläche endlich um den Mittelpunkt der Sonne bewegen, für Winkel von 0° bis 90° (von 5 zu 5°) bestimmt, und hierbei ist der Aequatorhalbmesser des Grenzellipsoides zum Modul λ, nämlich $A = 1$ gesetzt.

Bestimmung der Halbmesser τ und t,

mit welchen sich die verdichteten Elemente der äußeren und inneren Oberfläche der Schale um die Sonne bewegen, (für Winkel von 5 zu 5°), ausgedrückt in Theilen des Aequatorhalbmessers $A = 1$ der äußeren Oberfläche.

Grade.	τ	log τ	t	log t
0	1,000	0,0000000	0,570	0,7561822−1
5	0,902	0,9551485−1	0,550	0,7407364−1
10	0,716	0,8551434−1	0,501	0,6994084−1
15	0,561	0,7493201−1	0,440	0,6433900−1
20	0,455	0,6578499−1	0,384	0,5845331−1
25	0,383	0,5829199−1	0,336	0,5262451−1
30	0,332	0,5217077−1	0,299	0,4753494−1
35	0,296	0,4712122−1	0,270	0,4316408−1
40	0,269	0,4291138−1	0,248	0,3949847−1
45	0,248	0,3937686−1	0,232	0,3646239−1
50	0,231	0,3640243−1	0,219	0,3397496−1
55	0,218	0,3390648−1	0,209	0,3195638−1
60	0,208	0,3183021−1	0,201	0,3033666−1
65	0,200	0,3013067−1	0,195	0,2905668−1
70	0,194	0,2877636−1	0,191	0,2806954−1
75	0,189	0,2774420−1	0,188	0,2733768−1
80	0,186	0,2701783−1	0,186	0,2683457−1
85	0,184	0,2668621−1	0,184	0,2653995−1
90	0,184	0,2644303−1	0,184	0,2644303−1

161.

Erklärung der Fig. 15.

Wir wollen nunmehr das über die, in verdichtete Körper übergegangene Ringschalelemente Abgehandelte graphisch darstellen. Es bezeichne in Taf. IV. Fig. 15., (A S =) A = 1 den Aequatorhalbmesser eines Erzeugungsellipsoides. Um nun einen äußeren Meridianquadranten der abzulösenden Schale zu construiren, beschreibe man aus S als Mittelpunkt, mit einem beliebigen Halbmesser einen Kreis, theile denselben quadrantenweise und am Aequator beginnend, (etwa von 5 zu 5) in Grade bis zu 90°, verbinde die Eintheilungspunkte mit dem Mittelpunkte S und trage sodann von S aus die, in (155.), gefundenen Werthe für ϱ gehörig auf und verbinde die so erhaltenen Endpunkte der Schalhalbmesser durch eine stetig krumme Linie, die Linie der ϱ, mit einander.

Wir wählen hier diese, sonst nicht gebräuchliche Constructionsweise, um daran unten unsere Deduction in einigen neuen Punkten anzuknüpfen. —

Trägt man in gleicher Weise auf dieselben Schalhalbmesser die, in (155.), für r gefundenen Werthe auf, und verbindet die einzelnen Endpunkte ebenfalls durch eine stetig krumme Linie, die Linie der r, so ist der zugehörige innere Meridianquadrant dargestellt. — Wir können dann die Differenz $\varrho - r$ zweier zusammengehöriger Halbmesser als die Breite der Schale betrachten. Sie ist in der Aequatorebene am größten, nimmt nach den Polen hin ab und ist an den Polen selbst gleich Null.

Wir haben auf diese Weise, in Fig. 15, successiv die abzulösenden Schalen für drei aufeinanderfolgende Planeten dargestellt. Befindet sich der von der äußersten Schale gebildete Planet in einem Abstande (A S = I S = $\mathfrak{A}$ =) I von der Sonne, und hat der zweite einen solchen (a S = II S = $\mathfrak{a}$ =) II, und der dritte (α S = III S = $\mathfrak{a}$ =) III von derselben, so verhalten sich diese Abstände nach unseren Ausführungen theoretisch zu einander und zu A, nach (44.), nämlich:

$$A : I : II : III = 1 : \mathfrak{L}^{-1} : \mathfrak{L}^{-2} : \mathfrak{L}^{-3}.$$

Der äußere Meridian jeder der drei Schalen ist mit ϱ, der innere mit r bezeichnet. Es wird trotz dieser gleichmäßigen Bezeichnung nicht schwer fallen, die zu I, II und III gehörigen Schaldurchschnitte von einander zu unterscheiden. — Wir wollen übrigens, wo sich eine solche Unterscheidung nicht schon deutlich aus dem Zusammenhange ergeben sollte, irgend einem der betreffenden Endpunkte ϱ oder r (der Halbmesser ϱ oder r), dessen Neigungswinkel gegen die Aequatorebene beifügen, und außerdem, wo es nöthig erscheint, zugleich die römische Ziffer vorsetzen, welche dem betreffenden Planeten oder seiner früheren Schale entspricht. So werden wir z. B. den Punkt P des inneren Meridians der äußersten Schale (oder auch den Halbmesser PS) I r_{30} nennen, und ihn auf diese Weise von einem anderen Punkte, etwa dem Punkte p des inneren Meridians der Schale II, (oder bem Halbmesser pS), welchen wir mit II r_{30} bezeichnen, zu unterscheiden ꝛc.

Wir haben weiter, von dem Mittelpunkte S aus, auf die Schenkel der bezüglichen Winkel die Werthe der Halbmesser τ und t, nach (160.), aufgetragen und die Endpunkte derselben durch stetig krumme Linien mit einander verbunden. Die Linie der τ bezeichnet uns somit die Grenze für alle Punkte des äußeren Schalmeridians, und ebenso die Linie der t die Grenze für alle Punkte des inneren Schalmeridians, bis zu welchen diese Punkte, nämlich die bezüglichen Punkte ϱ und r, durch die Anziehungskraft der Sonne gelangen mußten. —

Wir sehen also beispielsweise die unverdichteten Elemente der äußersten Schale, innerhalb der Breite $ϱ_{30}$ r_{30} als verdichtete Elemente nach $τ_{30}$ t_{30} gerückt. Um den Vorgang der Verdichtung im Ganzen zu betrachten, können wir uns die unverdichtete Schalmasse, welche sich im Durchschnitte als die von den Linien der ϱ und r eingeschlossene Fläche darstellt, nunmehr — als verdichtete Masse — in einen Raum, der im Durchschnitte durch die Linien der τ und t begrenzt wird und in Fig. 15 schraffirt ist, übergegangen vorstellen.

Wir bemerken, daß bei dem Uebergange der Schalmaterie aus dem unverdichteten in den verdichteten Zustand, die Punkte A und A des äußeren und inneren Schalkreises in ihrer Entfernung vom Mittelpunkte S keine Aenderung erleiden.

Es läßt sich nachweisen, daß im Durchschnitt durch die Rotationsaxe sowohl die Linie der τ wie der t Ellipsen bilden, welche die halbe große Axe mit den entsprechenden Grenzellipsoiden zum Modul λ und $\varkappa$ gemein haben, daß dagegen ihre halbe Rotationsaxe nur gleich der Hälfte der halben Rotationsaxe der entsprechenden Grenzellipsoide ist. Bezeichnen wir die halbe Rotationsaxe des Grenzellipsoides zum Modul λ mit B, so finden sich, nach (159. 7. und 9.) die Werthe sowohl von τ wie von t, bei einem Winkel von 90°, also die halbe kleine Axe, gleich ½ B. Wir hätten daher auch die τ=Linie und t=Linie wie Ellipsen aus ihren Axen construiren können.

162.

Die verdichteten Körper der Polargegenden der Schalmasse.

Es geht hieraus hervor, daß die verdichteten kleinen Körper, welche sich früher als unverdichtete Elemente um die Sonnen-Rotationsaxe in einem körperlichen Raume bewegten, dessen Flächendurchschnitt die ϱ= und die r=Linie begrenzen, und den sie ganz erfüllt hatten, — nunmehr ihre Bahnbewegung als verdichtete kleine Körper in einem anderen körperlichen Raume vollziehen, dessen (in Fig. 15. schraffirter) Flächendurchschnitt von der τ= und t=Linie eingeschlossen wird, ohne diesen Raum jedoch ganz auszufüllen. Wir stellen uns dabei vor, daß die rotirende Nebelmasse des restirenden Ellipsoides, in welcher sich nunmehr verdichtete kleine Körper der Polartheile der abgelösten Schale bewegen, von dieser Bewegung auf keinerlei Art eine Störung erleiden, und nehmen an, daß sich diese verdichteten Körperchen, ihrer verschiedenen Bahnhalbmesser und Bahnebenen wegen, nicht vereini=

gen konnten, sondern fortwährend als Rückstände der Polartheile der Schalmasse die Sonne umkreisen.

Wir werden aber deshalb die Möglichkeit des Verbleibens **einzelner Rückstände** solcher kleinen Körper auch für diejenigen Theile der Schalmasse, für welche zugleich eine **gegenseitige Anziehung** stattfand (50.), in keiner Weise verkennen dürfen, wir können vielmehr annehmen, daß Einzelne solcher kleinen Körper auch unter **kleineren Winkeln** gegen die Bahnebene der Planeten ihre Umläufe um die Sonne vollziehen.

Wir folgern weiter aus dieser Betrachtung, daß wir für größere Winkel **ganze Ströme** solcher Körperchen, als sich um die Sonne bewegend, mit der größten Wahrscheinlichkeit vermuthen dürfen. Von diesen Körperchen werden solche, deren Elemente sich vor der Ablagerung in noch unverdichtetem Zustande in benachbarten Punkten eines und desselben Parallelkreises, also **hintereinander** bewegten, nach derselben in verdichtetem Zustande **nebeneinander** bewegen, während solche, welche sich vor der Ablagerung in einer und derselben Schalbreite $\varrho - r$ (161.) bewegten, nach derselben ihre Bewegung um die Sonne zwar stets in einer und derselben Ebene, die benachbarten jedoch mit nur wenig verschiedenen Halbmessern und Geschwindigkeiten fortsetzen und in dieser Weise gleichsam hintereinander herlaufen.

Fassen wir übrigens in's Auge, daß die kleinen Körper, bei Herstellung der Gleichheit zwischen Centripetal- und Centrifugalkraft, durch die Wucht der Beschleunigung unzweifelhaft einen weiteren Antrieb erhielten, als uns die für s (159. 6.) gefundene Größe ergiebt, so werden wir nicht übersehen können, daß ihre Bewegungen um die Sonne sich nicht genau in Kreisen, sondern in Ellipsen vollziehen, und daß wir daher die für die Halbmesser τ und t gefundenen Größen auch nur als mittlere Werthe zu betrachten haben.

Demzufolge dürfen wir die von uns mathematisch genau bestimmten Räume, welche im Durchschnitt durch die Rotationsaxe von der τ- und t-Linie begrenzt werden, auch nur als **annähernd** richtige ansehen, und zwar um so mehr, als wir uns ohnedies die

Schalablagerungen in einer Weise gedacht haben, als ob hierbei ein Herausdrehen der Schalmasse aus der Sonnenäquatorebene gar nicht stattgefunden habe. — Dieses Herausdrehen aber, welches gleichzeitig mit der Verdichtung der Schalelemente allerdings stattfinden mußte, konnte ebenfalls nur ein weiteres Zerstreuen der kleinen verdichteten Körper zur Folge haben.

163.

Richtung ihrer Bewegung.

Denken wir uns in 4 symmetrischen Punkten eines inneren oder äußeren Meridians einer Ringschale — etwa in den vier Punkten I ϱ_{35}, Fig. 15. — auf die Durchschnittsfläche der Schale (also auf die Ebene des Papiers) Senkrechte errichtet, und zwar in dem oberen und unteren Punkte zur Linken vom Papier aufwärts, in dem oberen und unteren Punkte zur Rechten dagegen vom Papier abwärts, so werden uns diese Linien die tangentiale Richtung bezeichnen, nach welcher sich die unverdichteten Elemente zu bewegen strebten. Bei ihrer Verdichtung mußte also das Element I ϱ_{35}, links oben, eine Bewegung oberhalb der Durchschnittsfläche, und in der auf sie senkrecht gedachten und durch den Mittelpunkt S gehenden Ebene, nach rechts unten hin, das Element I ϱ_{35}, rechts oben, dagegen eine solche unterhalb der Durchschnittsfläche in gleicher Weise nach links unten hin einhalten. — Das Element I ϱ_{35}, links unten, mußte sich dagegen oberhalb der Durchschnittsfläche nach rechts oben, und das Element I ϱ_{35}, rechts unten, wieder unterhalb der Durchschnittsfläche nach links oben hin bewegen.

Wenden wir diese Betrachtung auf die neue Bewegung aller Schalelemente an, so erhellet, daß diese Bewegung aller verdichteten Schalelemente zwar stets nach einerlei Hauptrichtung hin, — nämlich wie die der Planeten von West nach Osten — stattfindet, daß aber dieselbe doch unter allen möglichen Elongationswinkeln bis zu 90° von jener Hauptrichtung abweicht.

Um diese Art der Bewegung durch einen recht handgreiflichen Vergleich zu versinnlichen, mag man sich vorstellen, sie fände in ihrer Gesammtheit in ähnlicher Weise statt — wie der Seiler die Aufwickelung eines Bindfadens zu einem Gebunde vornimmt. —

Die Bewegungsrichtungen laufen bei dieser Manipulation bekanntlich nach der Axe hin einander entgegen. Zwei Körperchen, deren Bahnebenen rechts und links der Rotationsaxe der Sonne unter Winkeln (die 45° nicht übersteigen) — gegen diese Axe geneigt sind, werden ihre Bahnbewegungen also in einander entgegengesetzten Richtungen ausführen. Sie sind also insofern entgegenläufig unter sich, obgleich ihre Bahnbewegungen gleichzeitig in Bezug auf die Sonnenäquatorebene oder (was — auf so lange wir diese Ebene mit den Bahnebenen der Planeten zusammenfallend uns vorstellen, dasselbe ist —) im Vergleich zu den Bahnbewegungen der Planeten als rechtläufige zu betrachten sind.

So ergiebt sich denn — im Hinblicke auf die Ausführungen in (VI.) — daß alle verdichteten Planeten-Schalmassen, deren Bahnebenen mit der Schwerpunktskreisebene der Schale kleine Winkel bildeten, sich zu einem Körper vereinigen mußten, während solche, wo Obiges unter größeren Winkeln stattfand, niemals mehr mit dem zusammengeflossenen Hauptkörper werden zusammentreffen können. — Denn wir fanden diese kleinen verdichteten Körper unter allen Winkeln gegen die Schwerpunktskreisebene der Schale (und mithin auch sowohl gegen die Sonnenäquatorebene wie gegen die Ebenen der Planetenbahnen) geneigt, und diese Betrachtung führte uns zur Erkenntniß von der Existenz unzähliger, uns ewig unsichtbarer, kleiner Körper, die um die Sonne laufen.

164.

Die Schneidungspunkte ihrer Bahnen mit den Planetenbahnebenen.

Dürften wir uns die Schwerpunktskreisebene der Schalmasse bei deren Ablagerung nicht aus der Sonnenäquatorebene herausgedreht, vielmehr jene mit dieser fortgesetzt zusammenfallend vorstellen, so würde es leichter sein, diejenigen Punkte der betreffenden Planetenbahnebenen, in welchen sie von diesen verdichteten kleinen Körpern bei ihrem Umlaufe um die Sonne möglicherweise geschnitten werden, genau zu bestimmen.

Wir hätten uns unter dieser Voraussetzung einfach wieder einen durchaus regelmäßigen Vorgang bei der Ablagerung zu denken, uns dann nur weiter vorzustellen, es seien, Fig. 15., die Punkte A, A, a und a Punkte von Aequatoren aufeinanderfolgender Grenzellipsoide, so würden wir den aus der äußersten Schale entstandenen Planeten I in A, den zweiten Planeten, II, in a, und den dritten, III, in a vorfinden. Setzen wir dann, wie bisher, (A S =) A = 1, so fänden sich die theoretischen Bahnhalbmesser dieser Planeten, aus (43. 7.), nämlich:

$$(\mathfrak{A} S =)\ \text{I} = 0{,}570\ ;\qquad \log\ \text{I} = 0{,}7561822 - 1$$
$$(\mathfrak{a} S =)\ \text{II} = 0{,}325\ ;\qquad \log\ \text{II} = 0{,}5123644 - 1$$
$$(\mathfrak{a} S =)\ \text{III} = 0{,}186\ ;\qquad \log\ \text{III} = 0{,}2685466 - 1.$$

Um ferner die Punkte zu finden, in welchen die verdichteten kleinen Körper bei ihrem Umlaufe um die Sonne die Sonnenäquatorebene schneiden, dürften wir uns nur die Ebenen der drei Planetenbahnen in die Verticalebene umgelegt denken oder mit den Halbmessern I, II, und III aus S Kreise beschreiben. — Wir fänden dann sogleich, daß die Sonnenäquatorebene sowohl außerhalb wie innerhalb der drei Planetenbahnen geschnitten wird, weil die drei Flächen, welche von den bezüglichen τ- und t-Linien eingeschlossen werden und in welchen sich die Bahnen der verdichteten kleinen Körper um die Sonne bewegen, noch in die Bahnebene des dritten Planeten eingreifen.

Die Bestimmung der Durchschnittslinien, welche die Bahnlinien der Planeten mit den von den τ- und t-Linien eingeschlossenen Flächen bilden, sind uns um deswillen für unsere Untersuchungen von Interesse, weil nur in ihrer Nähe für den betreffenden Planeten die Möglichkeit vorliegt, diese kleinen Körper zu beobachten. Immerhin könnte aber nur der kleinste Theil dieser Körperchen zur Beobachtung gelangen, und bei weitem ihr größter Theil würde den Bewohnern dieser Himmelskörper unsichtbar bleiben. Denn diese Körperchen sind für ihre geringe Größe zu weit von ihnen entfernt, und nur diejenigen, welche sich mit einem etwas größeren Bahnhalbmesser wie die Planeten selbst um die Sonne bewegen, können von den bezüglichen Planeten aus gesehen werden; bezüglich derjenigen, deren Bahnhalbmesser etwas kleiner sind, verhindert das Sonnenlicht dieselbe Wahrnehmung zu machen.

Aber auch schon aus der Vergleichung der Bahnhalbmesser, welche wir für drei aufeinanderfolgende Planeten auf theoretischem Wege gefunden haben, mit denjenigen, in Tabelle (160.) für die Grenzbahnen der verdichteten kleinen Körper gefundenen Werthen — nämlich aus der Vergleichung von I, II und III mit τ und t — lassen sich annähernd die Grenzen bestimmen, an welchen die von der τ- und t-Linie eingeschlossene Fläche von jenen drei Planetenbahnen geschnitten werden. —

So finden wir, indem wir einen einzelnen Quadranten des Durchschnitts in Betracht ziehen, aus der Gleichheit von I und t_0, daß der Schnitt der ersten Planetenbahn bei 0° beginnt, und aus der Interpolation von I zwischen die Werthe von τ, daß dieser Schnitt den 15° nicht erreicht.

In gleicher Weise findet sich durch Interpolation von II zwischen die Werthe von t und τ, daß dieser Schnitt nahe mit 25° beginnt und nahe mit 30° aufhört, und ebenso, daß die Fläche der τ- und t-Linien von der Bahn des dritten Planeten nahe zwischen dem 80° und 85° geschnitten wird.

165.

Gruppen solcher Schneidungspunkte.

1) Hiernach lassen sich aus der von der τ- und t-Linie eingeschlossenen Fläche der Planetenschalmasse I gleichsam drei be-

merkenswerthe Stellen ausscheiden. Für die erste derselben, in welcher sich die Körperchen nahe mit dem Halbmesser I um die Sonne bewegen, liegt die Möglichkeit ihrer Beobachtung für denselben Planeten vor. Für die zweite Stelle, in welcher sich die Körperchen mit einem Bahnhalbmesser bewegen, der demjenigen des Planeten II entspricht, ergiebt sich die Möglichkeit der Beobachtung für den zweiten Planeten, und an der dritten Stelle können in gleicher Weise die Körperchen für den dritten Planeten sichtbar werden.

Denken wir uns nun für jedes der drei Erzeugungsellipsoide zu den Halbmessern A, A und a die von der τ- und der t-Linie eingeschlossene Fläche construirt, so werden wir einsehen, daß von dem Bahnhalbmesser III des dritten Planeten jede der drei construirten Flächen geschnitten wird, oder — was dasselbe ist — daß jede dieser drei Flächen Körperchen enthält, welche mit einem Bahnhalbmesser = III ihre Umläufe um die Sonne vollziehen. — Für den Himmelskörper III selbst liegt also auch die Möglichkeit vor, an jeder der drei Stellen solche Körperchen in Gruppen zu beobachten.

2) Die erste Gruppe wird aus solchen bestehen, welche der eigenen früheren Schalmasse des Planeten III angehörten; ihre Bahnebenen bilden nur kleine Winkel gegen die Sonnenäquatorebene. Die Bahnebenen der zweiten Gruppe, welche sich aus Körperchen der vorhergehenden Schalmasse zusammensetzt, werden unter mittleren Winkeln gegen die Sonnenäquatorebene geneigt sein, und die Bahnebenen der dritten Gruppe, gebildet aus der früheren Schalmasse des zweit vorausgegangenen Planeten, werden die Ebene des Sonnenäquators unter beträchtlichen Winkeln, die dem Rechten nahe kommen, schneiden.

3) Wir haben bisher das Verhalten der kleinen verdichteten Körper auf die Voraussetzung gegründet, daß ein Herausdrehen der lose gewordenen Schalmasse aus der Sonnenäquatorebene nicht stattgefunden habe, daß also die Ebenen der Planetenbahnen mit dieser zusammengefallen wären. Da aber diese Voraussetzung, wie wir oben hervorhoben, nicht zutreffend ist, so kann unsere Be=

trachtung über die Größe der Winkel, welche die Bahnebenen der kleinen Körper gegen die Ebenen der Planetenbahnen bilden, auch nicht genau mit der Wirklichkeit übereinstimmen.

Durch das mit der Verdichtung gleichzeitig stattfindende Herausbrechen der Schalmasse aus der Sonnenäquatorebene kann aber das Resultat unserer Betrachtungen im Allgemeinen nicht vernichtet werden, es muß nur Abänderungen erleiden, die sich dem Calcul vorerst nicht unterwerfen lassen. —

Trotzdem sind wir, bei dem unleugbaren Vorhandensein der Körperchen, fortwährend zu der Annahme berechtigt, daß durch das Herausbrechen die Bahnebenen der kleinen Körper eine Verschiebung erhielten, die ihre Winkel zur Bahnebene des Planeten ebensowohl vergrößern wie verkleinern konnte, und daß zum Theil gleichsam eine Zerstreuung dieser Körperchen stattfand. Ja es steht der Ansicht Nichts entgegen, daß für den dritten Planeten die Winkel, welche die Bahnen der aus der ersten Planetenschale entstandenen kleinen Körper mit seiner eigenen Bahnebene bilden, sogar eine Größe von 90° übersteigen können. In diesem Falle würden sich solche Körper diesem Planeten III. selbst aber als rückläufig zeigen müssen.

4) Der Planet III hat also, nach unseren zwar theoretischen aber ziemlich sicheren Ausführungen, in jedem Quadranten seines Umlaufes um die Sonne sich durch drei Schichten kleiner Körper zu bewegen, von welchen die eine seiner eigenen Schalmasse, und zwar den inneren Aequatorialtheilen derselben angehörten, die beiden anderen aber aufeinanderfolgend sich aus den im Durchschnitt flügelartig gestalteten Massetheilen der beiden vorausgegangenen Schalen gebildet hatten.

Diese beiden letzteren Schichten bestanden bereits, als der Planet III sich bildete und als verdichteter Körper seine Bewegung um die Sonne antrat. Er mußte mithin auf seiner ganzen Bahn zwölf solcher Schichten gleichsam wie Mauern durchdringen und alle jene kleinen Körper in sich aufnehmen, die ihm bei seinen Umläufen begegneten. Hierdurch brach er Lücken in jene Schichten und schaffte sich selbst — sagen wir — eine freie Gasse, an deren beiden Seiten die kleinen Körper fortan nicht mehr mit ihm zusammenstoßen, also ihre Bahnumläufe ungestört fortsetzen konnten.

5) Es ist den Bewohnern des Planeten III hierdurch Gelegenheit gegeben worden, diejenigen kleinen Körper, die in unverdichtetem Zustande seiner eigenen und den beiden vorausgegangenen Schalmassen angehörten, und welche sich zunächst an dem Planeten vorüberbewegen, unter gewissen Bedingungen zu beobachten. Hierbei werden diejenigen Körperchen, welche durch die Bewegung in der Atmosphäre des Planeten leuchtend werden, voranstehen und sich die Möglichkeit der Beobachtung auf die außerhalb der Planetenbahn an dem Planeten vorübergehenden Körperchen beschränken, weil bei denjenigen, welche sich innerhalb derselben bewegen, das Sonnenlicht die Beobachtung verhindert.

6) Da diese Körperchen, nach (163.), zum Theil entgegenläufig unter sich sind, so müssen ihre Bahnen dem Beobachter auf Planet III möglicherweise auch als sich kreuzend, als aufsteigend und als nach dem Horizont absteigend erscheinen, je nachdem die Bahnebene des Planeten III von außen in dessen Nähe (und je nach dem Standpunkte des Beobachters) von ihnen geschnitten wird.

166.

Anwendung des Abgehandelten auf die Erde.

1) Wenden wir das bisher Abgehandelte auf unsere Erde an, indem wir sie uns als den Planeten III vorstellen, so werden wir zunächst die Unregelmäßigkeiten zu berücksichtigen haben, welche aus den nicht gleichmäßigen Ablagerungen der Planetenschalmassen hervorgehen. Hierbei bietet die Planetoidenschale, als die zweitvorhergehende, die größten Unregelmäßigkeiten der Ablagerungen dar. Da wir diejenigen Ablagerungen derselben, welche in ihrer Schwerpunktskreisebene erfolgen sollten, schon in einer Weise, nämlich unter so verschiedenen Winkeln gegen diese Ebene geneigt, stattfinden sahen, daß sich ein Zusammenfluß der Planetoiden zu einer Kugel nicht ergeben konnte, so dürfen wir auch bei den

Verdichtungen ihrer Massetheile nach den Polen der Sonnenrotationsaxe hin, mit größter Wahrscheinlichkeit bedeutende Abweichungen voraussetzen.

2) Wir werden also die verdichteten kleinen Körper aus den Polargegenden der Planetoidenschale keinenfalls an denjenigen Stellen zu suchen haben, die mit unseren rein theoretischen Betrachtungen genau im Einklange stehen.

Ihre Bahnebenen werden vielmehr gegen die Sonnenäquatorebene Winkel bilden müssen, die von denen, bei Regelmäßigkeit in der Ablagerung, beträchtlich abweichen.

Und aus diesem Grunde, nämlich dem der **unregelmäßigen Ablagerung**, dürfen wir gerade hier eine größere Zerstreuung dieser kleinen Körper annehmen.

3) Wir können daher, im Hinblicke auf den Schlußsatz von (165. 3.), weiter erwarten, daß jene verdichteten Körper der Polartheile der Planetoidenschale nicht allein in der That **gegenläufig** unter sich sind, sondern daß sie sich zum Theil auch **rückläufig** in Bezug auf die **Bahnbewegung der Erde** zeigen. —

4) Sodann haben wir, in (73.), gefunden, daß die wirkliche Entfernung des Mars von der Sonne hinter der **theoretischen** nicht unbeträchtlich zurücksteht, was bei der Erde nur in weit geringerem Maße der Fall ist. Die wirkliche Entfernung beider Körper von einander weicht also ebenfalls von der theoretischen ab. Wir sind demnach genöthigt, die Betrachtungen, in (165.), unserem speciellen Falle anzupassen. Indem wir zu dem Ende die Entfernung des Mars (oder des Planeten II) von der Sonne als **normal** annehmen und den Aequatorhalbmesser (A S =) A der Schale I, Fig. 15., also jetzt den der Planetoidenschale, = 1 beibehalten, ergiebt sich:

(a S =) $\male = 0{,}325$ log $\male = 0{,}5123644 - 1$

(α S =) $\female = 0{,}214$ log $\female = 0{,}3294670 - 1.$

5) Vergleichen wir den Bahnhalbmesser $\female$ mit dem Halbmesser III, in (164.), so finden wir ihn nicht unbeträchtlich größer. Die Erdbahn schneidet also die Gruppen der von uns in Betracht

gezogenen kleinen Körper auch an anderen als den von uns theoretisch bestimmten Stellen, sie schließt zugleich eine größere Menge derselben ein, und durchschneidet somit auch die von der τ = und t = Linie begrenzte Fläche in einer größeren Breite.

6) Nach dem Vorausgegangenen können wir nunmehr resumiren: Bilden die Bahnebenen kleiner, an der Oberfläche der Erde vorbeistreifender und sich um die Sonne bewegender, Körper nur **kleine Winkel** gegen die Ekliptik, so dürfen wir den Ursprung dieser Körper in der Verdichtung der früheren **Erdschalmaterie** finden, bei **mittleren Winkeln** dagegen ist ihre Entstehung auf verdichtete Materie der einstigen **Marsschale** zurückzuführen. Würden ihre Bahnen endlich gegen die Ebene der Ekliptik unter sehr beträchtlichen Winkeln (90° nahe erreichend oder auch übersteigend) geneigt sein, so hätten wir die Versicherung, daß ihre Entstehung sogar auf die Verdichtung von Polartheilen der **Planetoidenschalmaterie** zurückzuführen sei.

7) Da übrigens die Erde in ihrer Bahn in 24 Stunden nahezu nur einen Grad zurücklegt, ihre Bahn aber die von der τ = und t = Linie begrenzten Flächen der beiden vorhergehenden Ablagerungen (nämlich die der Mars= und der Planetoidenschale) in einer Breite von **mehreren Graden** durchschneidet, so müssen sich auch bei ihrem Durchgange durch diese Flächen die kleinen verdichteten Körper **mehrere Tage** hintereinander an derselben vorüberbewegen.

8) Unsere Resultate, welche wir, unter der Annahme regelmäßiger Schalablagerungen, bezüglich des Eingreifens einer Planetenbahn in verdichtete Schalmassetheile der beiden vorhergehenden Planeten erzielt hatten, werden also durch den Uebertrag der theoretischen Betrachtungen auf unseren concreten Fall nicht **aufgehoben**, sondern nur **modificirt**. Die verdichteten Polartheile der Planetoidenschale, sowie verdichtete Theile der Marsschale werden nur an **anderen Stellen** von der Erdbahn geschnitten — aber sie werden jedenfalls geschnitten.

XVIII.

Die Sternschnuppen.

167.

Die Sternschnuppen. Die Erdatmosphäre.

Wir sehen zeitweise am nächtlichen Himmel feurige Meteore aufleuchten, die wir Sternschnuppen nennen. Sie erscheinen plötzlich, markiren nur eine kleine Bahnstrecke unter sehr starker Winkelbewegung und verschwinden dann ebenso rasch als sie sichtbar wurden. Man war früher geneigt, ihnen einen atmosphärischen Ursprung beizumessen, später sie als Auswürfe von Mondvulcanen zu betrachten, ist aber jetzt längst darüber einig, daß sie kosmischen Ursprungs seien. Ihre durch Beobachtung hinlänglich nachgewiesene planetarische Geschwindigkeit läßt darüber nicht mehr den geringsten Zweifel obwalten.

Es weist schon ihre periodische, meistentheils jährliche Wiederkehr hierauf hin. — Und selbst bei einer vieljährigen Periode ihrer Wiederkehr sind wir nicht genöthigt, diesen Körperchen, wie fast allgemein geschieht, langgestreckte elliptische Bahnen zu vindiciren, denn ein geringer Unterschied der Umlaufszeit zwischen ihnen und der Erde ist geeignet, solche vieljährige Perioden hinlänglich zu erklären.

Es wird uns nicht schwer fallen, in diesen Meteoren oder Sternschnuppen jene Körperchen wieder zu erkennen, welche wir in dem Vorhergehenden abgehandelt haben, und deren Entstehen sich auf die Verdichtung sowohl eines Theiles der Materie der früheren Erdschale selbst, wie auch auf diejenige der beiden vorausgegangenen, nämlich der Schalmaterie des Mars und der Planetoiden, zurückführen läßt.

Wir beobachten sie nur zur Nachtzeit, also nur diejenigen, welche die Erde zwischen sich und der Sonne haben und schließen daraus, daß ihr momentaner Radiusvector größer sei wie der Bahnhalbmesser der Erde. Dabei wird allgemein angenommen, die Sternschnuppen würden wegen ihrer geringen Größe für uns nur sichtbar, wenn sie bei dem Eintritte in die Erdatmosphäre in Folge der hierdurch verursachten großen Reibung in derselben leuchtend werden — eine Annahme, welche wir adoptiren — und mit welcher wir zugleich consequent die weitere verknüpfen, daß sie mit dem Austritte aus der Atmosphäre auch wieder aufhören sichtbar zu sein.

Jedoch ist nicht zu übersehen, daß erfahrungsgemäß dieses Sichtbarwerden größtentheils schon in einer Höhe erfolgt, welche die Grenze, welche die Theorie unserer Luftatmosphäre zuweist, bei weitem übersteigt. — Wir müssen daher jenseits jener theoretischen Grenze noch ein anderes widerstehendes Mittel als die Luftatmosphäre annehmen und finden, im Rückblicke auf den Schlußsatz von (85.) und des gebrochenen Werthes von n·, in (88.), daß unsere sehr elastische Luftatmosphäre auch jetzt noch von einer weniger dichten, höheren Schichte restirender Schalmassetheilchen umgeben wird.

Diese wenig dichte Schichte hüllt also die elastische Luftatmosphäre ein, und wir gelangen somit zu der Erkenntniß, daß die Erdatmosphäre in zwei Hauptschichten von verschiedener Beschaffenheit zu theilen sei. — Die untere besteht aus dem elastischen Fluidum, das wir „Luft" nennen und das mit der Erde gleiche Umdrehung um die Axe hat, die obere dagegen ist von einer zwar weit dünneren, aber weniger elastischen Flüssigkeit gebildet und rotirt nach dem Keppler'schen Gesetze. Wir werden bei Betrachtung der Polarlichter noch einmal auf diesen Gegenstand zurückkommen. Doch werden die Sternschnuppen immer erst in einer relativ sehr kleinen Entfernung von der Erde dem Auge sichtbar. Ihr plötzliches Erscheinen und ihr rasches Verschwinden, nach Zurücklegung einer nur kleinen Bahnstrecke, machen übrigens eine exacte Beobachtung, wie sie zur genauen Bestimmung ihrer Geschwindigkeiten nothwendig wäre, außerordentlich schwierig und unsicher.

Die Sternschnuppen erscheinen gewöhnlich dem Beobachter in leicht gekrümmten Bahnen, die concave Seite derselben nach der Erde gerichtet und scheinbar auf dieselbe herabfallend. Mitunter werden aber auch senkrecht aufsteigende Sternschnuppen beobachtet, sowie solche, deren Bahnen sich einander kreuzen und wir sind geneigt, die Ursache auch dieser Erscheinungen auf (165. 6.) zurückzuführen. Es weichen auch manche Bahnen von den gewöhnlichen Formen ab, zeigen sich geschlängelt, andere in ihrer Ebene verbogen, ja zuweilen werden Sternschnuppen beobachtet, welche ihre Richtung durchaus verlassen und unter unserer Beobachtung eine entgegengesetzte einschlagen.

Man will alle diese anomalen Erscheinungen dem Widerstande zuschreiben, welche diese kleinen Körper bei ihrem Durchgange durch die Erdatmosphäre von dieser erleiden. —

Manchmal zeigen sich dem Beobachter viele Sternschnuppen auf einmal — sie scheinen dann aus einem einzigen Punkte des Himmels, dem s. g. Radiationspunkte, auszustrahlen, oder ihre rückwärts verlängerten Bahnen schneiden sich in einem Punkte. —

Wir sind nach unseren Ausführungen nicht im Zweifel, daß sich die Erde dann einer Stelle nähert, an welcher verdichtete, den früheren Polartheilen der Mars- oder der Planetoidenschalmasse angehörige, kleine Körper gruppenweise die Ebene der Ekliptik durchschneiden.

Da sich diese Erscheinungen jährlich, fast um dieselbe Zeit wiederholen, so heißen sie systematische oder periodische Sternschnuppen, zum Unterschiede von denen, welche vereinzelt auftreten und welche man sporadische nennt.

Wir sind geneigt, die Ersteren ausschließlich den Rückständen des Mars und der Planetoiden zuzuzählen, während wir in den Letzteren Rückstände der **drei** Schalmassen erblicken. Der Elongationswinkel ihrer Bahnebenen müßte darüber entscheiden können.

168.

Die wirklichen Geschwindigkeiten der Sternschnuppen.

Zur Beurtheilung der wirklichen Geschwindigkeiten der Sternschnuppen wollen wir noch einmal darauf zurückkommen, daß nach der Entstehungsweise dieser kleinen Körper, wie sie unsere Theorie darlegt, ihre Bewegung, wie diejenige der Planeten selbst, ihrer Hauptrichtung nach von West nach Osten stattfindet, und daß dieselbe unter einem, sowohl nördlich als südlich von der Ebene der Erdbahn abweichenden Elongationswinkel, der bis zu 90° betragen kann, erfolgt. Von dieser Regel mögen allerdings manche, der früheren Planetoidenschalmasse angehörende Körper eine Ausnahme machen und sich in der That, bezüglich der Bahnbewegung der Erde, als rückläufig zeigen. Sie schneiden dann die Erdbahn aber unter einem Elongationswinkel, der **mehr** als 90° beträgt.

Da wir die Sternschnuppen nur in der Nähe der Erde selbst beobachten können, so findet dieses Schneiden jedenfalls auch in der Nähe der Erdbahnlinie statt, die Sternschnuppen mögen auch an was immer für einer Stelle am Himmel sichtbar werden. — Wir beobachten also die Sternschnuppen **auf der Erde** immer nur bei ihrem **Durchgange durch die Erdbahnebene.**

Da wir ihnen einen etwas **größeren Bahnhalbmesser** wie der Erde zumessen, so muß ihre Geschwindigkeit **kleiner** sein, wie diejenige der Erde in ihrer Bahn. Wir erkannten aber ihre Bahnen, wenn auch nicht als langgestreckte, doch immerhin als Ellipsen; und da die Möglichkeit vorliegt, daß sie uns zum Theil in ihren Perihelien sichtbar werden, so dürfen wir bei ihrer Beobachtung auch die Annahme einer größeren Geschwindigkeit als die der Erde in ihrer Bahn **nicht ausschließen**. Eine andere Ursache, den Sternschnuppen bei ihrer Beobachtung momentan eine **größere** Geschwindigkeit wie der Erde zuzugestehen, liegt in der Einwirkung der Anziehung dieser auf jene.

Diese Anziehung konnte, wenn sie auch im Einzelfall, wegen des raschen Vorübergehens beider Körper an einander, nur ganz unbedeutend wirkte, doch im Laufe der Zeiten zu einer merklichen Größe anwachsen. —

Wir kommen nach diesen Betrachtungen also zu dem allgemeinen Schlusse, daß die Sternschnuppen mit der Erde nahezu **gleiche Geschwindigkeiten** haben, beziehungsweise daß sie die unseres Planeten zum Theil nur um ein Weniges übersteigen, zum Theil ebenso nur wenig hinter ihr zurückbleiben können. —

169.

Ihre scheinbaren Geschwindigkeiten.

Sternschnuppen, welche sich uns in **genau** von West gegen Osten oder auch von Ost gegen Westen gehender Richtung zeigen, dürfen wir, als sich sehr nahe an der Ekliptik herbewegend und gleichsam mit derselben parallel laufend erklären. — Denn wenn es auch möglich wäre, eine solche Sternschnuppe noch 100 Meilen über dem Pole der Ekliptik, also etwa 958 g. M. (= r) über ihrer Ebene erhaben zu beobachten, so würde doch die trigonometrische Tangente ihres Neigungswinkels γ nur eine sehr kleine sein, und γ würde betragen, nämlich:

$$\log r = 2{,}9813655$$
$$\log \delta = 7{,}3016264 \quad (70.)$$
$$\log \operatorname{tg} \gamma = 0{,}6797391 - 5; \quad \gamma = \text{noch nicht } 9''{,}9\ldots$$

Sternschnuppen, von welchen wir annehmen, daß sie sich wie die Erde genau von West nach Osten um die Sonne bewegen und welchen wir bald eine etwas größere, bald eine etwas kleinere

Geschwindigkeit als der Erde zuerkennen, werden Letztere bald einholen, bald von ihr eingeholt werden. Ein solcher Körper nun, welchen die Erde einholt, wird uns, weil wir selbst von der Bewegung der Erde in ihrer Bahn nicht das Geringste wahrnehmen, so erscheinen, als bewege er sich der Erde entgegen, nämlich von Ost nach Westen, während in der That seine Bewegung doch von West nach Osten stattfindet. Ein Körper aber, von welchem die Erde selbst eingeholt wird, wird sich uns auch stets von West nach Osten gehend zeigen.

Aus dieser einfachen Betrachtung, bei welcher es sich bloß um die parallele Bewegung zweier Körper handelt, erhellet schon, welchen Täuschungen wir bei der Beobachtung der Bewegungen der Sternschnuppen überhaupt ausgesetzt sind, und daß wir, wenn sich die Sternschnuppe von der Richtung herzubewegen scheint, nach welcher sich die Erde hinbewegt, noch nicht schließen dürfen, daß die wirkliche Bewegung der Ersteren derjenigen der Erde entgegengesetzt sei.

Nur wenn bei der parallelen Bewegung die Erde von der Sternschnuppe eingeholt wird, ist die scheinbare Bewegungsrichtung der Sternschnuppe auch mit ihrer wirklichen, nämlich von West nach Osten, übereinstimmend. Dagegen wird aber in beiden Fällen die beobachtete Geschwindigkeit der Sternschnuppe nicht mit deren wirklicher Geschwindigkeit übereinstimmen.

Wir werden bezüglich der parallelen Bewegung leicht folgende Regeln aufzustellen haben.

Ist die beobachtete Geschwindigkeit einer mit der Erde parallel sich bewegenden Sternschnuppe gleich B, ihre wirkliche gleich S, und diejenige der Erde in ihrer Bahn gleich E, so ist für die genaue

westöstliche Richtungsbewegung

1) $\quad B = S - E \quad$ oder $\quad S = E + B$

für die

o st w e st l i ch e Richtungsbewegung

aber

2)   B = E — S   ober   S = E — B

Ober, bewegt sich eine Sternschnuppe genau von West nach Osten, so haben wir der bekannten Bewegung der Erde die beobachtete Bewegung der Sternschnuppe h i n z u z u f ü g e n, bei einer scheinbaren Bewegung von Ost nach Westen aber von der Bewegung der Erde die beobachtete Bewegung a b z u z i e h e n.

Erfolgt endlich die Bewegung der Sternschnuppe nicht genau von West nach Osten oder umgekehrt, sondern in nördlich oder südlich hiervon abweichender Richtung, so ist zur Bestimmung der wirklichen Geschwindigkeit der Sternschnuppe auch noch der E l o n g a t i o n s w i n k e l ihrer Bahn mit in die Rechnung einzuführen.

170.

Ihre Elongationswinkel.

Es stelle in Fig. 29. E T in Größe und Richtung die Bahngeschwindigkeit der Erde E vor, desgleichen bezeichne O T in Größe und Richtung die Bahngeschwindigkeit einer Sternschnuppe O.

Ist der Winkel O T E, unter welchem sich beide Richtungen schneiden, $< 90°$, so sind beide Körper in ihrer Hauptrichtung von West nach Osten mit einander übereinstimmend; wäre aber O T E $> 90°$, so müßten wir beide Richtungen als einander gegenläufige betrachten, eine Annahme, welche wohl, nach unseren Ausführungen in (165.), nur für die, aus den Polartheilen der früheren Planetoidenschalmasse verdichteten Körperchen stattfinden könnte.

Nun wird bekanntlich die Geschwindigkeit und Richtung der relativen Bewegung der Sternschnuppe in Bezug auf die Erde in Größe und Richtung durch die Diagonale O E des aus O T und E T construirten Parallelogramms O T E U ausgedrückt. Wenn man statt einer einzigen Sternschnuppe einen Strom solcher Körperchen hat, welche parallele Bahnen mit gleicher Geschwindigkeit beschreiben, so wird sie der Beobachter auf der Erde sich so aufeinander folgen sehen, als ob der Strom die Richtung und Geschwindigkeit O E hätte; er wird also den Radiationspunkt längs der Gesichtslinie sehen, die von E nach O gerichtet ist. Der Winkel O T E ist die wahre Elongation, welche die Richtung der Sternschnuppe mit derjenigen der Erde bildet, während O E T die scheinbare Elongation ist; d. h. diejenige, welche in Wirklichkeit beobachtet wird.

Wir haben also hier fünf Elemente, nämlich:

1) Die Geschwindigkeit E T $= a$ der Erde,
2) die wirkliche Geschwindigkeit O T $= b$ der Sternschnuppe,
3) die scheinbare Geschwindigkeit O E $= c$ der Sternschnuppe,
4) die wirkliche Elongation O T E $= \gamma$,
5) die scheinbare Elongation O E T $= \beta$.

Aus der Betrachtung des Dreiecks O T E lassen sich leicht zwischen diesen fünf Elementen drei Beziehungen feststellen. Sind drei von diesen fünf Elementen gegeben, so lassen sich die beiden anderen leicht herleiten.

Die erste dieser fünf Größen ist stets eine bekannte Größe, die dritte und fünfte ergeben sich durch die Beobachtung, und die zweite und vierte lassen sich dann leicht durch die Rechnung finden.

Wir erhalten:

6) $$b = \sqrt{a^2 + c^2 - 2ac \cdot \cos \beta}$$

7) $$\sin \gamma = \frac{c}{b} \cdot \sin \beta.$$

Man ersieht bei Betrachtung des Dreiecks O T E auf den ersten Blick, daß für die Bedingung

8) $\quad\gamma > \alpha > \beta \quad$ oder $\quad \gamma > \beta > \alpha$

auch sein muß:

9) $\quad c > a > b \quad$ oder $\quad c > b > a.$

Es folgt hieraus:

10) Der Werth c der **scheinbaren** Geschwindigkeit der Sternschnuppe wächst, unter sonst gleichen Umständen mit der Größe des **wirklichen Elongationswinkels** γ. Die scheinbare Geschwindigkeit c der Sternschnuppe kann mithin auch **größer sein wie die wirkliche b**, letztere mag hierbei kleiner, gleich oder größer sein wie die wirkliche Bahngeschwindigkeit a der Erde.

11) Wäre $c = 0$, so würde sich aus 6) finden: $b = a$; die Sternschnuppe würde dann genau mit der Erde gleiche Geschwindigkeit haben, und müßte sich dem Auge als ein unbeweglicher Punkt darstellen.

12) Denken wir uns, der wirkliche Elongationswinkel $OTE = \gamma$ würde größer als 90°, so ist klar, daß die Hauptrichtung der Sternschnuppe mit der Richtung der Erde in ihrer Bahn nicht mehr übereinstimmen kann. Die Sternschnuppe würde dann in ihrer Hauptrichtung eine entgegengesetzte Richtung einhalten, d. h. sie würde sich in dieser Beziehung von Ost nach Westen bewegen — sie würde rückläufig sein.

In diesem Falle würde, weil γ ein stumpfer Winkel des Dreiecks O T E ist, die scheinbare Geschwindigkeit $OE = c$ **stets größer sein müssen**, wie die wirkliche $OT = b$, und zugleich **stets größer wie die Geschwindigkeit** $ET = a$ der Erde in ihrer Bahn.

Ein Hauptunterschied zwischen Recht- und Rückläufigkeit würde also darin bestehen, daß bei ersterer die scheinbare Geschwindigkeit der Sternschnuppe zwar größer sein kann, bei letzterer aber stets größer sein muß.

Für $\gamma = 180°$ würde $c = a + b$ die scheinbare Geschwindigkeit der Sternschnuppe also ihrer wirklichen Geschwindigkeit und der Geschwindigkeit der Erde in ihrer Bahn zusammengenommen gleich sein.

171.

Ihre scheinbare Elongation und Geschwindigkeit im Vergleich zu ihrer wahren.

Um aus dem wahren Elongationswinkel γ und der wahren Geschwindigkeit b einer Sternschnuppe für den scheinbaren Elongationswinkel β und die scheinbare Geschwindigkeit c nahe Vergleichungspunkte zu erhalten, wollen wir Letztere aus Ersteren von 5 zu 5° bestimmen, dabei aber die wahre Geschwindigkeit der Sternschnuppe gleich einer mittleren annehmen, und sie der Geschwindigkeit a der Erde in ihrer Bahn gleich, und zwar gleich 1 setzen.

Da wir die Möglichkeit erkannten, daß sich Sternschnuppen auch rückläufig zeigen, so werden wir unsere Berechnung, von 0° der wahren Elongation anfangend, über 90° ausdehnen und, da uns die Grenze der Rückläufigkeit unbekannt ist, selbst bis zu 180° fortsetzen.

Wir bemerken hierbei, daß in dem vorliegenden Falle, in welchem es sich um die Auflösung eines gleichschenkeligen Dreiecks handelt, in welchem also die Winkel α und β an der Grundlinie c (Fig. 29.) stets einander gleich sind, für $\gamma = 0$, der Werth von $\beta = 90°$ ist.

Wäre dagegen $a > b$, also auch $\alpha > \beta$, so würde, für $\gamma = 0$, auch $\beta = 0$ und $\alpha = 180$ Grad sein; wäre aber $a < b$, also auch $\alpha < b$, so würden wir, für $\gamma = 0$, haben: $\alpha = 0$ und $\beta = 180$ Grad.

Nachstehende Tabelle enthält die Resultate für unseren angenommenen Fall.

Wahre Elongation γ.	Scheinbare Elongation β.	Scheinbare Geschwindigkeit c.	Wahre Elongation γ.	Scheinbare Elongation β.	Scheinbare Geschwindigkeit c.
0	90°. 0′	0,000			
5	87.30	0,087	95	42°. 30	1,475
10	85	0,174	100	40	1,532
15	82.30	0,261	105	37.30	1,586
20	80	0,347	110	35	1,638
25	77.30	0,433	115	32.30	1,687
30	75	0,518	120	30	1,732
35	72.30	0,601	125	27.30	1,774
40	70	0,684	130	25	1,813
45	67.30	0,765	135	22.30	1,848
50	65	0,845	140	20	1,879
55	62.30	0,923	145	17.30	1,907
60	60	1,000	150	15	1,931
65	57.30	1,074	155	12.30	1,953
70	55	1,147	160	10	1,970
75	52.30	1,218	165	7.30	1,983
80	50	1,286	170	5	1,992
85	47.30	1,351	175	2.30	1,998
90	45	$\sqrt{2}$	180	0	2,000

Die hier verzeichneten Werthe von c sind mit der Bahngeschwindigkeit g der Erde (152. 7.) zu multipliciren, um die scheinbaren Geschwindigkeiten c der Sternschnuppen in Meilen ausgedrückt zu erhalten.

Wir ersehen aus dieser Tabelle im Allgemeinen, daß die scheinbaren Elongationen abnehmen und die scheinbaren Geschwindigkeiten zunehmen, wenn die wahren Elongationen wachsen; daß nur der scheinbare Elongationswinkel von 60° dem wahren gleich ist, daß dies aber auch bei diesem gleichsam nur in einem entgegengesetzten Sinne — wie bei den gegenüberliegenden Winkeln an der

Grundlinie eines gleichschenkeligen Dreiecks — der Fall ist, von dessen gleichen Seiten die eine die **wahre**, die andere die **scheinbare** Richtung der Sternschnuppe bezeichnen.

172.
Ihre parabolischen Geschwindigkeiten.

Wir gingen bisher von der Annahme aus, daß sich die Erde nicht in einer Ellipse, sondern in einem Kreise um die Sonne bewegte, und haben unter dieser Voraussetzung in diesem Abschnitte ihre Geschwindigkeit $a = 1$ gesetzt.

Denken wir uns dagegen ihre tangentiale Bewegung in irgend einem Punkte ihrer Bahn plötzlich verstärkt, also größer als 1, so müßten wir von obiger Annahme absehen und könnten eine Kreisbewegung nicht mehr in Betracht ziehen wollen. —

Wäre nun die Geschwindigkeit a größer als 1, aber kleiner als $\sqrt{2}$, so würde die Kreisbahn in eine Ellipse übergehen und die Erde nach einer bestimmten Umlaufsperiode wieder zum Anfangspunkte zurückkehren. Wäre aber $a = \sqrt{2}$, oder a größer als $\sqrt{2}$, so würde die Erde in ihrer Bahn im ersten Falle eine Parabel, im zweiten eine Hyperbel beschreiben und es würde dann keine Rückkehr stattfinden können.

Diese Betrachtung können wir auf alle Körper, welche sich mit einem Halbmesser gleich dem der Erdbahn (oder mit einem diesem nahen Halbmesser) um die Sonne bewegen, übertragen. Es würden also auch die Sternschnuppen, deren **wirkliche** Geschwindigkeit größer als 1, aber kleiner als $\sqrt{2}$ wäre, sich in (weniger oder mehr gestreckten) Ellipsen und, wenn ihre Geschwindigkeit gleich $\sqrt{2}$ oder größer als $\sqrt{2}$ wäre, sich in einer Parabel oder in Hyperbeln um die Sonne bewegen — sich also aus deren Bereich entfernen.

Nun hat man in der That beobachtet, daß sich die meisten Sternschnuppen mit nahezu parabolischer, ja mit hyperbolischer Geschwindigkeit bewegen, und daraus geschlossen, daß ihre Bahnen langgestreckte Ellipsen oder auch Hyperbeln beschreiben.

Wir ersehen indessen aus obiger Tabelle, daß für die wahre Elongation, $\gamma = 60°$, die **scheinbare** Geschwindigkeit der wahren Geschwindigkeit gleich ist, daß Erstere aber von hier aus mit der wahren Elongation wächst, während gleichzeitig die scheinbare Elongation abnimmt. Ferner erhellet, daß sich die **scheinbare** Geschwindigkeit bis zur zunehmenden wahren Elongation von 90° (oder bis zur abnehmenden scheinbaren Elongation von 45°) beständig der parabolischen Geschwindigkeit nähert, sowie, daß wenn die wahre Elongation den Winkel von 90° übersteigt (oder die **scheinbare** Elongation unter den Winkel von 45° herabgeht), die scheinbare Geschwindigkeit sogar in die hyperbolische übergeht. Und alles dies unter der Voraussetzung, daß die Geschwindigkeiten der Erde in ihrer Bahn sowie der Sternschnuppen **einander gleich** seien.

Und da dürfte denn doch die Frage ihre Berechtigung finden, ob man bei jenen Schlüssen nicht die wahre Geschwindigkeit mit der **scheinbaren** verwechselt habe, also Schlüsse auf Letztere gestützt werden, welche nur der Ersteren zukommen. Wir unsererseits plaidiren im Interesse unserer Ausführungen natürlich für eine Verwechselung, d. h. die Beobachtung ergiebt zwar **parabolische und hyperbolische** Geschwindigkeiten — aber die Rechnung reducirt sie nahe auf die Bahngeschwindigkeit der Erde.

Die parabolischen und hyperbolischen Geschwindigkeiten sind nur scheinbare, und mithin bewegen sich die Sternschnuppen weder in **Parabeln (oder langgestreckten Ellipsen)**, noch in **Hyperbeln** um den Sonnenkörper.

173.

Graphische Darstellung einer Sternschnuppenbahn im Raume.

Zur Versinnlichung des über die Sternschnuppenbahnen Abgehandelten bezeichne (Taf. V. Fig. 19.) die mit den Erdkugeln bezeichnete Kreislinie die Erdbahn, die Papierfläche stelle also die Ebene der Ekliptik vor. Hierzu sei (Fig. 18.) die Verticalprojection, also die Gerade E′ E die Ekliptik. In der Horizontalebene bezeichne die Ellipse zur großen Axe A B die Horizontalprojection einer Sternschnuppe. Dieselbe bewegt sich in ihrer Hauptrichtung mit der Erde von West nach Osten. Hat sie nördliche Abweichung, so ist A (𝔄) ihr aufsteigender und B (𝔅) ihr absteigender Knotenpunkt und die Ellipse zur großen Axe A′ B′ (Fig. 18.) ihre Verticalprojection. Hat sie dagegen südliche Abweichung, so ist A (𝔄) ihr absteigender und B (𝔅) ihr aufsteigender Knotenpunkt und die Ellipse zur großen Axe A″ B″ (Fig. 18.) ihre Verticalprojection. Wenn die Sternschnuppenbahn in dem einen Knotenpunkte nahe an der Erde vorübergeführt, so ist dies nicht auch in dem anderen Knotenpunkte nothwendig der Fall, weil ihre Bahnexcentricität mit der der Erde nicht übereinzustimmen braucht. Beide auf Fig. 18. und 19. in Betracht gezogene Sternschnuppen, obgleich mit der Erde rechtläufig, sind unter sich, unter einem nördlich und südlich gleich großen, gegen die Ekliptik geneigten Winkel, entgegenläufig. Ihre Bahnen schneiden sich daher bei jedem Umlaufe einander zweimal, nämlich für unser Beispiel in den Knotenpunkten 𝔄 und 𝔅 (A und B) der Ekliptik.

Da die Erde mit der Sternschnuppe die Hauptrichtung der Bahn gemein hat, so holt immer der geschwindere Körper den minder geschwinden in der Nähe eines Knotenpunktes ein, aber es findet immer an dieser Stelle nur dann ein wirkliches Entgegenkommen beider Bahnen statt, wenn die Sternschnuppe wirklich rückläufig ist. (Schlußsatz 165. 3.)

Ist die Geschwindigkeit oder die Umlaufszeit beider verschieden, so kann auch mit dem nächsten Umlaufe der Erde kein abermaliges Zusammentreffen zwischen ihr und der Sternschnuppe stattfinden; ein solches Zusammentreffen könnte vielmehr hier immer erst nach einigen Umläufen wieder eintreten und würde sich also in dem vorausgesetzten Falle periodisch gestalten.

174.

Graphische Darstellung einer sichtbaren Sternschnuppenbahn.

Es stelle Taf. V. Fig. 16. die Vertical-, und Fig 17. die Horizontalprojection der Erde vor; die Papierfläche sei für letztere die Ebene der Ekliptik, welche sich in der Verticalprojection als Basis, nämlich als Linie EE', projicirt. Die Gerade EE' oben und RR' unten bezeichne die Richtung der Erdbahn, und $P'S$, senkrecht auf RR', sei die Richtung, in welcher sich die Sonne befindet. Also bezeichnet die durch $m'q'$ senkrecht auf $P'S$ und zugleich senkrecht auf die Ebene des Papiers (oder die Ekliptik) errichtete Ebene die Grenze zwischen der Tag- und Nachtseite der Erde. In der Verticalprojection wird die Tagseite von der Nachtseite durch die Ellipse $m''gq''fm''$ getrennt, die sichtbare Nachtseite also durch $ghfq''g$ dargestellt.

Der mit dem Umfange der Kugel in beiden Projectionsebenen gezogene größere concentrische Kreis bedeute die Grenze der Erdatmosphäre. In dem Parallelogramm $OTEU$ stelle die Seite OT in Größe und Richtung die Bahngeschwindigkeit einer Sternschnuppe vor, dieselbe schneidet also die Ebene der Ekliptik unter dem Winkel OTE; ihre *wirkliche* Bewegung geschieht von Nord-West nach Süd-Ost. Die Seite ET des Parallelogramms bezeichne aber nicht allein die Richtung, in welcher sich die Erde in ihrer Bahn bewegt, sondern zugleich auch ihre Geschwindigkeit. —

Es sei überdies $OT < ET$; die Erde hole die Sternschnuppe ein, so wird sich Letztere dem Auge des Beobachters in Größe und Richtung ihrer Bewegung in der Diagonale OE darstellen; ihre *scheinbare* Bewegung wird also ihrer wirklichen in der Hauptrichtung entgegengesetzt sein, sie wird von Nord-Ost nach Süd-West erfolgen; ihre *scheinbare* Geschwindigkeit OE aber wird in vorliegendem Falle *größer* sein, wie ihre *wirkliche* OT.

In Fig. 17. (16.) tritt dann die Sternschnuppe in dem Punkte d' (d'') in die Erdatmosphäre ein und verläßt dieselbe in dem Punkte b' (b'').

Denkt man sich nun durch die sichtbare Sternschnuppenbahn d′b′ (d″b″) und durch den Mittelpunkt P′(P″) der Erde eine Ebene gelegt, so schneidet dieselbe die Kugel in einem größten Kreise ... k′e′l′ ... (... k″e″l″ ...). Die in dieser Ebene von dem Mittelpunkte der Erde auf die Richtung der Sternschnuppe gefällte Senkrechte P′a′ (P″a″) halbirt die sichtbare Sternschnuppenbahn d′b′ (d″b″) in dem Punkte a′ (a″) und geht durch einen Punkt e′ (e″) der Erdoberfläche, der ein Punkt jenes größten Kreises ... k′e′l′ ... (... k″e″l″ ...) ist. — Aber dem Beobachter in e′ (e″) scheint die Sternschnuppe genau im Zenith in der Richtung von Nord-Ost nach Süd-West sich zu bewegen, während sie dem Beobachter in k′ (k″) in Süd-Westen senkrecht zu fallen, und dem in l′ (l″) in Nord-Osten senkrecht aufzusteigen scheint. Bezeichnet der Kreis k′o′p′k′ (k″o″p″k″) den Horizont für den Punkt e′ (e″), so ist ersichtlich, daß für jeden Punkt dieses Kreises die Richtung der Sternschnuppe scheinbar eine andere ist. —

Wir ersehen hieraus, daß sich je nach dem Standpunkte des Beobachters die scheinbare Richtung derselben Sternschnuppe immer in anderer Weise projicirt, und es folgt daraus, daß zu ihrer sicheren Bestimmung ihre Beobachtung mindestens von zwei verschiedenen Standpunkten aus geschehen muß. Die Beobachtung hat aber nicht allein die scheinbare Richtung, sondern auch die scheinbare Geschwindigkeit festzustellen. Die wirkliche Richtung und Geschwindigkeit ergeben sich hiernächst durch eine einfache Rechnung.

In der Fig. 17. ist die Erde in Bezug auf die Lage ihrer Rotationsaxe und ihrer Stellung gegen die Sonne so dargestellt, wie sie sich im Monat August wirklich befindet. Sechs Monate später, im Februar, hat sie aber, bei ungeänderter Lage ihrer Rotationsaxe gegen die Himmelspole, eine entgegengesetzte Stellung gegen die Sonne. Die Sonne steht dann in der Richtung nach S′, die Erde bewegt sich von E′ nach E (von R′ nach R) und Tag- und Nachtseite wechseln in der Figur ihre Lage.

Bezüglich einer Sternschnuppe, welche im Februar mit einer solchen im August eine analoge Bewegung hätte, könnte es sonach nicht schwer fallen, auch jetzt ihre scheinbare Richtung, sowie ihre Projection auf die Erdoberfläche zu bestimmen.

Und dieselbe Bemerkung wird für jeden Punkt der Erdbahn, in welchem die Erdatmosphäre von einer Sternschnuppe geschnitten wird, als zutreffend zu gelten haben.

Die ausgeführte Construction einer Sternschnuppenbahn giebt uns ferner hinlängliche Auskunft über die Möglichkeit des Sichtbarwerdens der in Betracht gezogenen kleinen Körper. Es ist klar, daß, wenn die wahre Bewegung der Sternschnuppe, anstatt in der Linie OT vorsich zu gehen, etwa in der mit ihr parallelen Richtung UE, oder in irgend einer andern mit ihr parallelen Richtung erfolgte, und diese die Ebene EE' der Ekliptik in einem Punkte schneiden würde, den die Erde mit ihrer Atmosphäre bereits verlassen hat, ihr Durchgehen durch die Erdatmosphäre, und mithin auch ihr Sichtbarwerden unmöglich wäre.

1) Wir erkennen demnach als erste Bedingung der Möglichkeit für die Beobachtung einer Sternschnuppe, ihr Schneiden der Ebene der Ekliptik in einem Punkte, der von der Erde noch nicht verlassen ist.

2) Es erklärt sich auch hieraus, warum bei den systematischen Sternschnuppen, oder denjenigen von regelmäßiger Wiederkehr, welche Parallelströme bilden, die Intensität der jährlichen Wiederkünfte nicht constant ist. Denn es ist ersichtlich, daß, wenn auch der Strom bei einem Durchgange durch die Ebene der Ekliptik, vor dem Anlangen der Erde in dem Schneidungspunkte seiner ganzen Breite nach eintrifft, ein geringes Zurückbleiben bei dem folgenden Durchgange uns nur einen Theil des Stromes zur Beobachtung kommen läßt. —

Dasselbe Ergebniß würde allerdings auch bei einem geringen Vorrücken des Stromes eintreten müssen.

3) Wir haben bei der Construction der Sternschnuppen, beziehungsweise bei der Construction des Parallelogramms OTEU, angenommen, daß die Seite OT, welche uns die wahre Geschwindigkeit in Größe und Richtung der Sternschnuppe ausdrückt, die Ekliptik EE' in dem Moment mit ihrem Anfangspunkte T

erreicht, in welchem dieser Punkt selbst von der Erde noch nicht eingeholt ist. Hätte dagegen der Anfangspunkt T der wirklichen Sternschnuppenbahn die Ekliptik EE' noch nicht erreicht, wann die Erde bereits in P" eintrifft, wäre er vielmehr beispielsweise dann erst bis zu dem Punkte O gelangt, so würde auch dieser Punkt sich noch in O' befinden, und die Diagonale O'U, an Größe und Richtung der Diagonale OE gleich, würde die Erdatmosphäre nicht zu schneiden vermögen. Die Sternschnuppe würde also nicht zur Beobachtung kommen können.

Hätte aber im Gegentheil, bei dem Stande der Erde in P", die wahre Bewegung der Sternschnuppe die Ekliptik EE' bereits überschritten, und wäre hierbei der Anfangspunkt T nach T', also O nach dem Endpunkte T gelangt, so würde uns nunmehr die Diagonale TE", welche ebenfalls in Größe und Richtung mit der Diagonale OE übereinstimmt, die scheinbare Größe und Richtung der Sternschnuppe angeben. Es würde in diesem Falle ein wirkliches Durchstreifen der Sternschnuppe durch die Erdatmosphäre stattfinden, welche sich der Beobachtung darstellte.

4) Es folgt aus dieser Betrachtung, daß für die Möglichkeit der Beobachtung von Sternschnuppen, auch wenn sie vor der Erde die Ekliptik durchschneiden, sich doch für Sternschnuppen, welche von Norden kommen, oberhalb und unterhalb der Ebene der Erdbahn verschiedene Grenzen ergeben, die oberhalb enger und unterhalb weiter gesteckt sind.

5) Für Sternschnuppen, welche von Süden kommen, erhalten wir dagegen das entgegengesetzte, aber analoge Ergebniß.

175.

Geschwindigkeitsveränderung der Sternschnuppen durch ihre Bewegung in einem widerstehenden Mittel.

Eine jede gerade Linie projicirt sich bekanntlich auf eine Ebene, sowohl geometrisch wie perspectivisch, stets wieder als eine gerade Linie. Kommt uns von der Bahn einer Sternschnuppe nur ein sehr kleiner Theil zur Beobachtung, so betrachten wir den Theil des Himmelsgewölbes, an welchem uns ein solcher Körper vorüberzugehen scheint, als eine Ebene, und der beobachtete Bahntheil der Sternschnuppe markirt sich als eine kurze gerade Linie. Zeigt uns dagegen die Sternschnuppe einen größeren Theil ihrer Bahn, so erscheint derselbe, wegen seiner Projection an dem Himmelsgewölbe, als ein Theil einer größten Kreislinie. Diese Erscheinungen bilden wohl die R e g e l.

Manche Sternschnuppen zeigen jedoch, wie bereits erwähnt, a u s n a h m s w e i s e Krümmungen von verschiedenartiger Gestalt, und wir haben schon, in (167.) angeführt, daß man allgemein solche unregelmäßige Erscheinungen dem Widerstande des Mittels (nämlich der Erdatmosphäre, in welcher sie sich während ihrer Beobachtung bewegen), zuschreibt. Es wird daher geboten erscheinen, dieses Hinderniß der Bewegung etwas näher in's Auge zu fassen, weil auch die Sternschnuppen von r e g e l m ä ß i g e r Gestalt sich in diesem widerstehenden Mittel bewegen.

Bei dem Durchgange eines festen Körpers durch einen flüssigen werden Theile des Letzteren nicht auszuweichen vermögen und sich v o r dem festen Körper ansammeln. Hierdurch erhält derselbe einen Widerstand, der seine Geschwindigkeit vermindert und es ist begreiflich, daß dieser Widerstand mit der Menge der sich vor dem Körper anhäufenden Flüssigkeit wachsen muß. Je größer nun die Geschwindigkeit des sich bewegenden Körpers ist, desto weniger Zeit bleibt der angesammelten Flüssigkeit, sich wieder von ihm zu entfernen, und desto mehr flüssige Masse wird dem durchgehenden Körper widerstehen. — Das Hinderniß oder der Widerstand wächst also mit der Geschwindigkeit.

Bei s e h r g r o ß e n Geschwindigkeiten wird sich außerdem hinter dem bewegten Körper zugleich ein leerer Raum bilden, weil die Flüssigkeit nicht Zeit hat, sich alsbald wieder zu schließen. Hierdurch wird der Widerstand relativ vergrößert, also die Geschwindigkeit weiter vermindert. —

Das Gesetz, nach welchem sich die Geschwindigkeit eines Körpers in Folge des Widerstandes des Mittels abändert, ist zwar noch nicht befriedigend gelöst, man nimmt jedoch bei einem geringeren Maße der Bewegung im Allgemeinen an, daß der Widerstand eines nämlichen Mittels dem Quadrate der Geschwindigkeit des darin bewegten Körpers proportional sei, bei einem größeren aber bedeutend schneller zunehme.

Es ist indessen bei der Betrachtung des Widerstandes auch noch Rücksicht zu nehmen auf die **Gestalt, Masse und Dichte** des bewegten Körpers.

Setzen wir für zwei bewegte Körper gleiche Dichte und die Kugelgestalt zu den Halbmessern R und r voraus, so werden sich die bezüglichen Widerstände W und w bei gleicher Anfangsgeschwindigkeit zu einander verhalten wie die Flächeninhalte ihrer größten Kreise. Wir werden also haben:

1) $$W : w = R^2 : r^2.$$

Dagegen werden die bezüglichen Kräfte K und k, mit welchen die bewegten Körper dem Mittel widerstehen, im cubischen Verhältnisse der Halbmesser stehen. Es wird also sein:

2) $$K : k = R^3 : r^3.$$

Aus beiden Verhältnissen ergiebt sich:

3) $$\frac{K}{W} : \frac{k}{w} = R : r$$

d. h. die Verhältnisse von Kraft des bewegten Körpers zum Widerstand des Mittels verhalten sich zu einander wie die Halbmesser der bewegten Kugeln.

Es folgt hieraus, daß unter sonst gleichen Umständen der größere Körper den Widerstand des Mittels leichter wältigt, also weniger an seiner Geschwindigkeit durch den Luftwiderstand einbüßt, wie der kleinere.

Die Artillerie hatte schon längst vor Einführung gezogener Geschütze die Wahrheit dieses Satzes praktisch verwerthet, indem sie zur Erhaltung größerer Tragweiten Geschütze größeren Calibers anwendete. Geschosse von größerem Caliber erhalten bei gleichen

Anfangsgeschwindigkeiten gestrecktere Bahnen und erzielen dadurch größere Tragweiten wie solche von kleinerem — eben weil sie weniger an Geschwindigkeit verlieren.

Da wir nun nicht alle Sternschnuppen als von gleicher Größe und gleicher Dichte annehmen können, so folgt, daß auch nicht alle diese Körper bei ihrem Durchgange durch die Erdatmosphäre gleiche Geschwindigkeitsverluste erleiden — selbst unter der Voraussetzung, die Dichte des widerstehenden Mittels wäre an allen Stellen dieselbe.

Der Widerstand der Sternschnuppen, welchen sie durch das widerstehende Mittel der oben geschilderten Atmosphäre erleiden, ist jedoch nicht nach allen Richtungen hin mit demjenigen genau übereinstimmend, welchem Kanonenkugeln bei dem Luftwiderstande ausgesetzt sind. —

Wenn wir die Anfangsgeschwindigkeit einer Kanonenkugel zu etwa 325 Meter annehmen, und die mittlere Bewegung der Sternschnuppen etwa der der Erde in ihrer Bahn gleichsetzen, so zeigt eine einfache Rechnung, daß Letztere Erstere nahe 100 mal an Geschwindigkeit übertrifft.

Dagegen ist das Mittel, welches diese kleinen Himmelskörper durchschneiden, sehr viel dünner wie unsere Luftschichte, in welcher wir mit Geschossen Experimente anstellen — und wir können es dahingestellt sein lassen, ob nicht die größere Geschwindigkeit durch das dünnere Mittel compensirt werde?

176.

Unterschied des Widerstandes zwischen einem stehenden und ruhenden Mittel.

Einen dritten, wesentlichen Punkt bei Vergleichung beider Arten von Widerständen finden wir darin, daß das Mittel, in welchem die Kanonenkugel an Geschwindigkeit verliert, als ein ruhendes anzusehen ist, während die Flüssigkeit, in welcher sich die Sternschnuppe an der Oberfläche der Erde vorüber bewegt, selbst wenn wir von der Umdrehung um ihre Axe absehen, als beweglich gelten muß, weil sie mit der Erde in ihrer Bahn gleiche Geschwindigkeit hat. Es kommt daher bei Beurtheilung des Widerstandes, den eine Sternschnuppe durch ihre Bewegung in der sehr dünnen atmosphärischen Schichte findet, ganz vorzüglich auf den Winkel an, unter welchem diese Schichte geschnitten wird.

Zur Ermittelung des Widerstandes nun, welchen eine Sternschnuppe durch das bewegte Mittel erleidet, sei, in Fig. 30., $UTE = \gamma$ der wahre Elongationswinkel der Sternschnuppenbahn und es bezeichne $ET = a$ die Richtung und wahre Geschwindigkeit der Erde (also auch diejenige der Erdatmosphäre), $UT = b$ dagegen diejenige der Sternschnuppe.

Denken wir uns die Geschwindigkeit ET, mit welcher sich die Erde bewegt, in zwei Theile zerlegt, von welchen nur der eine mit der Richtung UT der Sternschnuppe übereinstimmt, so wird uns, wenn wir EJ auf TH senkrecht fällen, TJ diesen Theil bezeichnen, und es wird also $(UT - TJ =) UJ$ sein, das den Widerstand w des bewegten Mittels für die Sternschnuppe vorstellt. Andererseits bringt $EJ = a \cdot \sin \gamma \; (= \mathfrak{S})$ die Seitencomponente zur Anschauung, welche die Sternschnuppe zwar von ihrer geraden Richtung ablenkt, dabei aber auf die Veränderung der Geschwindigkeit nicht einwirkt. —

Es ist aber $UJ = HJ - HU = HJ - (ET - UT)$, also

1) $$w = a \cdot \operatorname{sinv} \gamma - (a - b).$$

Hieraus folgt

2) $$w = a \left(\frac{b}{a} \mp \cos \gamma \right).$$

Wir wollen zunächst wieder den einfachsten Fall in Betracht ziehen, wenn nämlich die wirklichen Geschwindigkeiten der Erde und Sternschnuppe einander gleich und gleich 1 sind. Für diesen Fall ist dann:

3) $$w = 1 \mp \cos \gamma.$$

Nachstehende Tabelle enthält diese Widerstände von 5 zu 5° für alle Winkel von 0° bis 180° der wahren Elongation unter der Voraussetzung berechnet, daß die Geschwindigkeiten der Erde in ihrer Bahn und der Sternschnuppe einander gleich und gleich 1 seien.

Wahre Elongation γ	Scheinbare Elongation β	Widerstand des Mittels w	Seitencomponente S	Wahre Elongation γ	Scheinbare Elongation β	Widerstand des Mittels w	Seitencomponente S.
0	90°	0,000	0,000				
5	87.30	0,004	0,087	95°	42°30'	1,087	0,996
10	85	0,015	0,174	100	40	1,174	0,985
15	82.30	0,034	0,259	105	37.30	1,259	0,966
20	80	0,060	0,342	110	35	1,242	0,940
25	77.30	0,094	0,423	115	32.30	1,423	0,906
30	75	0,134	0,500	120	30	1,500	0,866
35	72.30	0,181	0,574	125	27.30	1,574	0,819
40	70	0,234	0,643	130	25	1,643	0,766
45	67.30	0,293	0,707	135	22.30	1,707	0,707
50	65	0,357	0,766	140	20	1,766	0,643
55	62.30	0,426	0,819	145	17.30	1,819	0,574
60	60	0,500	0,866	150	15	1,866	0,500
65	57.30	0,577	0,906	155	12.30	1,906	0,423
70	55	0,658	0,940	160	10	1,940	0,342
75	52.30	0,741	0,966	165	7.30	1,966	0,259
80	50	0,826	0,985	170	5	1,985	0,174
85	47.30	0,913	0,996	175	2.30	1,996	0,087
90	45	1,000	1,000	180	0	2,000	0,000

Es geht aus dieser Tabelle bezüglich des Widerstandes eines bewegten Mittels bei gleicher Bahngeschwindigkeit zwischen Erde und Sternschnuppe Folgendes hervor:

1) Für die wahre Elongation von 0° (oder die scheinbare von 90°) ist der Widerstand, welchen die bewegte Flüssigkeit leistet, selbst gleich Null.

2) Von hier aus wächst dieser Widerstand mit der Zunahme der wahren (und der Abnahme der scheinbaren) Elongation beständig. Er ist aber bei einer Elongation von 60° erst halb so groß wie der Widerstand in einer ruhenden Flüssigkeit.

3) Bei der wahren Elongation von 90° (oder der scheinbaren von 45°) ist der Widerstand der bewegten Flüssigkeit demjenigen der ruhenden gleich, und es übersteigt von hier aus mit der Zunahme der wahren (und der Abnahme der scheinbaren) Elongation, bis diese gleich 180° (oder gleich 0°) ist, stets der Widerstand der bewegten Flüssigkeit denjenigen der ruhenden.

4) Dagegen ersehen wir aus der Verticalspalte, welche die Seitencomponente betrifft, daß das Bestreben der Flüssigkeit, die Sternschnuppe nach einer Seite hin abzulenken, mit der Zunahme der wahren Elongation bis zu 90° (oder der Abnahme der scheinbaren bis zu 45°) beständig wächst und von da an bis zu 180° (beziehungsweise 0°) abnimmt. —

5) Vergleichen wir diese Resultate unserer Tabelle bezüglich des Widerstandes mit Fig. 15., so ergiebt sich, daß dieselbe, bei einer regelmäßigen Ablagerung, den Durchgang der Erdbahn durch die von der τ- und t-Linie eingeschlossene Fläche zur Ablagerung II, also zur Marsschalablagerung, schon mit dem wahren Elongationswinkel von 25—26° abgrenzt. Deshalb ist der Widerstand der bewegten Flüssigkeit für alle Sternschnuppen der Ablagerungen II und III ein sehr unbedeutender, der sich beiläufig nur bis zu $1/10$ des Widerstandes einer ruhenden Flüssigkeit erstreckt. — Nur für die Ablagerung I würde sich der Widerstand des bewegten Mittels an Größe dem des ruhenden nähern und bei der Rückläufigkeit der Sternschnuppen ihn sogar übertreffen.

6) Dagegen wächst bei den kleineren wahren Elongationswinkeln das Bestreben des sich bewegenden Mittels, die Sternschnuppe von ihrer geraden Richtung abzulenken, weit stärker, wie der directe Widerstand selbst, und erreicht mit dem wahren Elongationswinkel von 30° bereits eine Höhe, die dem halben Widerstande eines ruhenden Mittels gleichkommt. Wir sind daher geneigt, die Abweichungen von der geraden Linie unter Umständen

mehr der seitlichen Ablenkung, wie der durch directen Widerstand verminderten Geschwindigkeit zuzuschreiben.

7) Wir haben übrigens in dieser Betrachtung die Bewegung der Erdatmosphäre in Folge der Rotation der Erde nicht mitberücksichtigt. Da diese wie die Bahnbewegung gleichfalls von West nach Osten erfolgt, so kann die Rotation der Erdatmosphäre nur dazu beitragen, die Intensität des bereits betrachteten, negativen oder positiven Widerstandes des bewegten Mittels zu verstärken; und obgleich wir ihren unteren Theilen eine größere Dichte beilegen wie ihren oberen, so messen wir doch auch den Letzteren eine Bewegung nach dem Keppler'schen Gesetze (167.) bei, während Erstere ihre Umdrehungsgeschwindigkeit mit der Erde gemein haben. Aus dieser größeren Umdrehungsgeschwindigkeit der **oberen** Schichten gegenüber den **unteren**, erklären wir uns außerdem die größere Lichtintensität der Sternschnuppen in den oberen Schichten, welche durch die Beobachtung festgestellt wurde.

177.

Anomale Bahnbewegungen der Sternschnuppen.

Wenn sich aus dem Gesagten die **regelmäßigen** Krümmungen der Sternschnuppen im Allgemeinen leicht erklären lassen, so fehlen uns doch noch zu viele Einzelheiten, um diesen Gegenstand im Detail auch auf ihre **anomalen** Krümmungsgestaltungen ausdehnen zu können. Wir rechnen dahin: 1) Das noch nicht befriedigt gelöste Problem über die Geschwindigkeitsabnahme eines sich in einem widerstehenden Mittel bewegenden Körpers; 2) die Unbekanntheit der Dichtigkeit der Erdatmosphäre in ihren verschiedenen Schichten; 3) die mangelnde Kenntniß der Gestalt, Größe und des specifischen Gewichtes der einzelnen Sternschnuppen.

Wir können daher auch nur ganz specielle Fälle einer näheren Betrachtung unterziehen und müssen hierbei nochmals bemerken, daß wir den Sternschnuppen zwar eine der Erde nahezu gleiche

Geschwindigkeit beimessen, daß aber die eine die andere immerhin um ein Geringes übersteigen könne.

Nehmen wir dann bei zwei Sternschnuppen die relativen Geschwindigkeiten der einen S, zu 0,9 (nämlich die der Erde E zu 1) und die der anderen $S_{\prime\prime}$ zu 1,1 an, und setzen eine parallele Bewegung dieser drei Körper voraus, so wird die Sternschnuppe S,, nämlich weil sie eine kleinere Geschwindigkeit wie die Erde hat, von dieser in ihrer Bahn eingeholt werden, sich also scheinbar von Ost nach Westen, unter einem Elongationswinkel von $\gamma = 0°$, bewegen.

Aus Formel (176. 2.) ergiebt sich daher der Widerstand des bewegten Mittels $w = - 0,1$, d. h. die Sternschnuppe erfährt in dem betrachteten Falle, anstatt eines Widerstandes einen **Antrieb zur Beschleunigung** in Bezug auf ihre wirkliche Bewegung von West nach Osten.

Kann nun die Sternschnuppe während ihres kurzen Aufenthaltes in der Erdatmosphäre, begünstigt durch ihre Gestalt, Größe und ihr specifisches Gewicht, der Dichte des Mittels gegenüber — diesem Antrieb zur Beschleunigung Folge geben, so wird sich dem Auge des Beobachters scheinbar eine Geschwindigkeits**abnahme**, (statt der wirklichen Geschwindigkeits**zunahme**) darstellen, und die Sternschnuppe sich hierauf scheinbar als ein stillstehender Punkt markiren und dann rückwärts gehend zeigen.

Wir wollen noch nachholen, daß in unserem Falle, weil hier der Widerstand des Mittels ein **negativer** ist, auch die durch die Reibung in der Atmosphäre glühend gewordenen, und durch den Antrieb zur Beschleunigung abgestreiften Partikeln, nur nach der **positiven Seite der Richtung** hin (nämlich nach **der Seite, wohin** sich die Sternschnuppe wirklich bewegt, oder — was dasselbe ist — **woher** sie sich zu bewegen scheint, als Schweif gerichtet und sichtbar sein können.

Die Sternschnuppe $S_{\prime\prime}$ dagegen wird sich auch scheinbar von West nach Osten bewegen, und wird bei ihrem Eintritte in die Erdatmosphäre, nach Formel (176. 2.), auf einen Widerstand stoßen, der gleich $+ 0,1$ ist. Sind auch für sie Gestalt, Größe und specifische Schwere, im Verhältniß zur Dichte des Mittels, von der Art, daß dieſer Widerſtand während ihrem kurzen Aufenthalte in der Erdatmoſphäre zum Austrage kommt, ſo wird ſich ihre Geſchwindigkeit vermindern, und ſie kann ſich dem Auge des Beobachters unter Umſtänden in einer Weiſe zeigen, als habe ſie ihre Bewegung von Weſt nach Oſten verlaſſen und plötzlich eine entgegengeſetzte von Oſt nach Weſten angenommen.

Wir ſind nach dieſen Betrachtungen geneigt zu unterſtellen, daß ſich die Urſache der anomalen Erſcheinungen meiſtens auf den Ausgleich oder den Umſchlag einer geringen Geſchwindigkeitsdifferenz zwiſchen ihnen und der Erde, im Augenblicke der Beobachtung zurückführen laſſe.

Es wären alſo hiernach die anomalen Geſtaltungen der Sternſchnuppenbahnen größtentheils nur ſcheinbare, und eine Rückwärtsbewegung müßte ſich dem Beobachter, unter Betrachtnahme der Tabelle in (171.), als eine deſto raſchere darſtellen, je größer die ſcheinbare Bewegung der Sternſchnuppe ſelbſt iſt, d. h. je größer ihre wahre und je kleiner ihre ſcheinbare Elongation iſt. Und vielleicht laſſen ſich auch, unter Zuziehung der Seitencomponente der Tabelle in (176.), die geſchlängelten Bewegungserſcheinungen mit dem Wechſel in der Geſchwindigkeit zwiſchen der Erde in ihrer Bahn und der Sternſchnuppe erklären.

XIX.

Die Feuerkugeln und Meteoriten.

178.

Die Erd-Sternschnuppen.

Wenn wir den Verlauf der Abtrennung der Planetenschalen von dem Sonnenellipsoide und den Uebergang ihrer unverdichteten Massetheile in verdichtete Körper, wie diesen unsere Theorie deducirte, auf die Mondschalen der Planetenellipsoide übertragen; so kommen wir ganz zu denselben Ergebnissen bei diesen wie bei jenen. Die Monde selbst resultiren alsdann ebenso aus dem Zusammenflusse der in ihre bezügliche Schwerpunktskreisebene der Schale niedergeschlagenen und verdichteten feuerflüssigen Theile, wie die Planeten.

Fehlen Monde an den Stellen, für welche sie die Rechnung nachweist, so dürfen wir mit Gewißheit auch hier unterstellen, daß ein Zusammenfließen der kleinen feuerflüssigen Kugeln zu einer einzigen, wegen eines zu großen Elongationswinkels nicht stattfinden konnte, und daß diese kleinen Körper ihre Bahnen wie die Planetoiden um die Sonne, als Afteroiden um ihre Planeten beschreiben.

Die verdichteten Polartheile der Mondschalmassen aber werden sich, in gleicher Weise wie die Sternschnuppen um die Sonne, als Planeten=Sternschnuppen um ihre Planeten bewegen.

Für die Erde, für welche uns die Rechnung zwischen ihrer Oberfläche und dem Monde noch **sechs** Schalablagerungen nachweist (88. und 89.), werden wir also gleichsam noch sechs Zonen von — sagen wir: **Erd-Asteroiden** vorfinden und die Erde außerdem von unzähligen **Erd-Sternschnuppen** uns umkreist denken müssen. Wir stellen uns weiter sowohl die Erd-Asteroiden wie die Erd-Sternschnuppen als ursprünglich feuerflüssige, mit der Zeit aber erkaltete, kleine Kugeln vor, die sich wegen ihrer geringen Größe unserer Beobachtung entziehen.

Auch werden wir den Erd-Sternschnuppen dasselbe Verhalten unter sich, wie den Sonnen-Sternschnuppen beizumessen haben. Namentlich werden sie nach den Polen hin einander entgegenlaufen und sich in ihren Bahnen kreuzen.

Dieses ihr Verhalten macht es ferner in hohem Grade wahrscheinlich, daß Erd-Sternschnuppen sich bei ihrer Begegnung einander zeitweilig treffen. Durch einen solchen Contact aber werden sie in andere Bahnen gelenkt, ihre Bahnebenen erhalten andere Lagen zur Ebene der Ekliptik und werden unter allen möglichen Winkeln gegen diese geneigt sein können. Aber je nach dem Winkel, unter welchem diese Körper zusammentreffen, werden sie sich bald von der Erde entfernen, bald sich ihr nähern müssen; und es ist im letzteren Falle gar nicht anders denkbar, als daß, weil die Erde unaufhörlich ihr Attractionspunkt verbleibt, eine Annäherung **fortgesetzt** stattfindet und daß solche Erd-Sternschnuppen endlich mit der Erde sich vereinigen.

179.

Bahnhalbmesser der Erd-Sternschnuppen.

Zur Bestimmung des kleinsten Halbmessers r, mit welchem sich die verdichteten Polartheile der früheren Mondschale um die Erde bewegen, erhalten wir, im Hinblicke auf (89. 1.) und den Schlußsatz von 161., aus (43. 4.), alsbald:

1) $$r = \tfrac{1}{2} \mathfrak{k}^{-1} \cdot \mathrm{I}.$$

Für die Mondringschale findet sich also der kleinste Bahn=halbmesser ihrer verdichteten Polartheile, nämlich:

$$\log \tfrac{1}{2} = 0{,}6989700 - 1$$
$$\log \mathfrak{k}^{-1} = 0{,}8092781 - 1$$
$$\log \mathrm{I} = \underline{4{,}7129422} \quad (89.\ 1.)$$

2) $\quad \log r_{\mathrm{I}} = 4{,}2211903; \qquad r_{\mathrm{I}} = 16641{,}42$ g. M.

In gleicher Weise ergeben sich, aus (89. 1.), als die kleinsten Bahnhalbmesser der verdichteten Polartheile der übrigen sechs Ring=schalen, indem wir nach und nach: II, III u. s. w. für I substi=tuiren:

3) $\quad \log r_{\mathrm{II}} = 3{,}9773725 \qquad r_{\mathrm{II}} = 9492{,}322$ g. M.
$\quad \log r_{\mathrm{III}} = 3{,}7335547 \qquad r_{\mathrm{III}} = 5414{,}454\ \ "$
$\quad \log r_{\mathrm{IV}} = 3{,}4897369 \qquad r_{\mathrm{IV}} = 3088{,}424\ \ "$
$\quad \log r_{\mathrm{V}} = 3{,}2459191 \qquad r_{\mathrm{V}} = 1761{,}647\ \ "$
$\quad \log r_{\mathrm{VI}} = 3{,}0021013 \qquad r_{\mathrm{VI}} = 1004{,}850\ \ "$
$\quad \log r_{\mathrm{VII}} = 2{,}7582835 \qquad r_{\mathrm{VII}} = 573{,}170\ \ "$

Vergleichen wir den erhaltenen Werth von r_{VII} mit dem Erd=halbmesser r, in (17. 18.), so ergiebt sich, daß die verdichteten Polartheile der letzten Mondringschale längst mit dem Erdkörper vereinigt sind. Aus dem Werthe von r_{VI} aber geht hervor, daß sich die verdichteten Polartheile der vorletzten Mondringschale etwa (1004 — 858 =) 146 g. M. von der Oberfläche um die Erde bewegen.

180.
Die Feuerkugeln und Meteoriten.

Man wird aus der Darstellung, am Ende von (178.), nicht unschwer erkennen, daß die Bahn einer auf solche Weise mit un=

serem Planeten sich vereinigenden Erd-Sternschnuppe in der Regel nur eine spiralförmige sein könne. — Denn der Stoß, den die miteinander zusammentreffenden Erd-Sternschnuppen gegenseitig erleiden, wird, wegen ihrer sich kreuzenden Bahnen nicht (oder nur schwer) ein solcher werden können, der eine senkrechte Richtungsbewegung zur Erde zuließe. Erfolgt der Stoß so, daß sich der eine dieser Körper von der Erde entfernt, während sich der andere ihr nähert, so wird sich die Anziehungskraft der Erde auf Ersteren successiv vermindern und dieser Körper sich spiralförmig von der Erde entfernen, bis seine Centripetal- und Centrifugalkraft einander gleich sind.

Auf den Anderen wird sich dagegen die Anziehungskraft der Erde beständig vermehren, seine Annäherung an die Erde also spiralförmig mit stets zunehmender Geschwindigkeit erfolgen.

Obgleich wir nun die wirkliche Bahngeschwindigkeit dieser Körper, in (151. 4.), von Hause aus als eine die Bahngeschwindigkeit der Erde übersteigende erkannt haben, so wird ihre scheinbare Bahngeschwindigkeit, weil sie in ihrem Umlaufe um die Sonne die Erde begleiten, nicht von dem Elongationswinkel abhängen, unter welchem ihre Bahnebenen die Ebene der Ekliptik schneiden. Es lassen sich vielmehr bei ihnen die Begriffe von wirklicher und scheinbarer Geschwindigkeit für die Beobachtung nicht wohl von einander trennen.

Daß wir in diesen durch die Carambolage zweier Erd-Sternschnuppen gleichsam auf die Erde herabgestürzten Körpern Meteoriten erkennen, bedarf wohl kaum der Erwähnung.

Dieselbe Betrachtung, welche wir hier bezüglich zweier sich kreuzender Erd-Sternschnuppen anstellten, können wir auch auf zwei sich kreuzende Sonnen-Sternschnuppen übertragen (Fig. 18.) Und wir erkennen die Möglichkeit, daß, obgleich die Sonne ihr Attractionspunkt ist, dennoch die Vereinigung eines solchen aus seiner Bahn gestoßenen Körpers mit der Erde geschieht, wenn der Stoß in der Nähe der Erde nach ihrer Richtung hin erfolgt ist. In diesem Falle haben wir dann zwischen wirklicher und scheinbarer Geschwindigkeit des Meteoriten zu unterscheiden. Auch den

Zusammenstoß zwischen einer Sonnen- und Erd-Sternschnuppe denken wir uns als einen möglichen Fall.

Wir haben zwar bereits, in (165. 4.), für die Erde auf die „freie Gasse" durch die Gruppen der Sternschnuppen hingewiesen; allein, da die Excentricität der Erdbahn veränderlich ist, und es unzweifelhaft die Excentricitäten der Sternschnuppenbahnen ebenfalls sind, so können auch die Bahnen aller dieser Körper nicht für alle Zeiten genau dieselben bleiben. Sie werden sich vielmehr verändern und hierdurch wird die Möglichkeit eintreten, daß Sternschnuppen bei ihrem Durchgange durch die Ebene der Ekliptik doch als Meteoriten direct auf die Erde fallen. Wir brauchen uns hierbei nicht gerade einen senkrechten Fall zur Erde zu denken, derselbe könnte vielmehr unter jedem beliebigen Winkel gegen den Horizont des Beobachters erfolgen.

Es geht aus diesen Betrachtungen hervor, daß wir es eigentlich mit zwei Klassen von Meteoriten zu thun haben, nämlich mit „ausrangirten" Erd- und Sonnen-Sternschnuppen, die sich jedoch beide bei ihrer Annäherung an die Erde, uns zunächst als Feuerkugeln darstellen.

Unsere Deduction über das Wesen der Meteoriten, wonach dieselben größtentheils Sternschnuppen sind, welche durch das Zusammentreffen mit anderen dieser Körper aus ihren Bahnen gewiesen wurden, erklärt auch die Erscheinung der so häufig konischen Gestalt dieser Körper. Denn wenn wir ihnen auch ursprünglich die Kugelgestalt beimessen, so werden sie durch den erhaltenen Stoß zum Theil nur in Trümmern zur Erde gelangen.

181.

Die Endgeschwindigkeiten freifallender Körper aus großen Entfernungen.

Obgleich wir den Bahnen der Meteoriten die Gestalt von Spiralen zuerkennen, so möchte es doch nicht geboten erscheinen, die Natur dieser Linien einer spezielleren Erörterung zu unterziehen, weil es uns nur auf die Bestimmung der Geschwindigkeiten ankömmt, welche sich aus der ursprünglichen Geschwindigkeit und der durch den freien Fall erzeugten zu ergeben haben. Die Endgeschwindigkeit nämlich, mit welcher sich der Meteorit der Erdatmosphäre nähert, ist durchaus nicht von dem Winkel abhängig, unter welchem er als Sternschnuppe von seiner ursprünglichen Bahnbewegung abgelenkt wird. Dieser Winkel bedingt nur die Zahl seiner Umläufe oder der Spiralen, während seine Endgeschwindigkeit allein von seiner Entfernung von der Erdoberfläche und seiner Anfangsgeschwindigkeit abhängig ist.

Bei den aus ihren Bahnen gewiesenen Sternschnuppen, welche sich der Erde als Feuerkugeln oder Meteoriten nähern, sehen wir uns zur Bestimmung dieser Endgeschwindigkeiten genöthigt, wieder auf den freien Fall der Körper aus sehr großen Entfernungen, in (158.), zurückzugreifen.

Es sei zu diesem Zwecke nunmehr, in Fig. 31., M der Mittelpunkt der Erde, r ihr Halbmesser, $(AM =)$ R die ursprüngliche Entfernung der Sternschnuppe oder des Meteoriten von dem Mittelpunkte der Erde; der Punkt B falle nach C, es sei also weiter $(AC =)$ s der (senkrecht) durchlaufene Raum des Meteoriten, u seine Anfangs- und v seine Endgeschwindigkeit, mit welcher er sich der Oberfläche der Erde nähert, so werden wir haben:

1) $\qquad R - s = r \qquad \text{oder} \qquad s = R - r.$

Substituiren wir diesen Werth von s in (158. 9.), so ergiebt sich:

2) $\qquad v^2 = u^2 + 2pr \cdot \dfrac{R-r}{R} \; ;$

oder, schreibt man k für den constanten Factor $2pr$

3) $\qquad v^2 = u^2 + k \cdot \dfrac{R-r}{R} \cdot$

Es ist dann:

$$\log 2 = 0{,}3010300$$
$$\log p = \log p_a = 0{,}9921159 \quad (28.\ 1.)$$
$$\log (1\ M.\ \text{in } \mathfrak{M}.) = 0{,}1295703{-}4 \quad (17.\ 10.)$$
$$\log r = 2{,}9337291 \quad (17.\ 18.)$$

4) $\qquad \log k = 0{,}3564453 ; \qquad\qquad k = 2{,}272193.$

182.

Einfluß der Attraction der Erde auf die Geschwindigkeit der Sonnen-Sternschnuppen.

Benutzen wir obige Formel zunächst zur Bestimmung des Einflusses, welchen die Attraction der Erde auf die Sonnen-Sternschnuppen ausübt.

Es wird nicht bestritten, daß die Sonnen-Sternschnuppen, wenn sie in der Nähe der Erde vorübergehen, Anziehung durch dieselbe erleiden, wodurch ihre Geschwindigkeiten offenbar vergrößert werden müssen. Nach unserer Theorie bewegen sie sich nahezu in Kreisen, deren Ebenen gegen die Ekliptik geneigt sind. Da wir ihnen größere Bahnhalbmesser beimessen wie der Erde, so müssen wir nach dem Keppler'schen Gesetze unterstellen, daß auch ihre anfänglichen Geschwindigkeiten kleiner waren, wie die Bahngeschwindigkeiten der Erde.

Befand sich nun die Erde zur Zeit des Durchganges einer Sternschnuppe durch die Ebene der Erdbahn in deren Nähe, so übte die Erde auf die Vergrößerung der Geschwindigkeit dieses kleinen Körpers jedenfalls einen momentanen Einfluß aus.

Bei oftmaliger Wiederholung eines solchen Ereignisses aber mußte sich die Sonnen-Sternschnuppe allmählig der Erde immer mehr nähern und sich ihre Geschwindigkeit entsprechend vergrößern. Wir erkennen dem zufolge die Möglichkeit, daß endlich die Geschwindigkeit der Sonnen-Sternschnuppe diejenige der Erde an Größe übertroffen habe.

Denken wir uns nun bei dem Durchgange einer Sonnen-Sternschnuppe durch die Ebene der Ekliptik die Erde mit jener und der Sonne eine gerade Linie bildend, und nennen wir die Entfernung der Sternschnuppe von dem Mittelpunkte der Erde R, so ist deren Entfernung von dem Mittelpunkte der Sonne ☉ + R; nennen wir weiter die Umlaufszeit der Sternschnuppe um die Sonne t, so werden wir, nach (69. 3.) haben:

1) $$t^2 = V\,(☉ + R)^3.$$

Bezeichnen wir weiter die ursprüngliche Geschwindigkeit der Sternschnuppe mit u und ihre Endgeschwindigkeit an der Erde mit v, so ist:

2) $$u = \frac{2\pi\,(☉ + R)}{t} = \frac{2\pi\,(☉ + R)}{\sqrt{V\,(☉ + R)^3}}$$

3) $$u^2 = \frac{4\pi^2}{V\,(☉ + R)}.$$

Nehmen wir beispielsweise an, es habe die Entfernung der (Sonnen-) Sternschnuppe von der Oberfläche der Erde, nämlich $R - r$, ursprünglich 100 g. M. betragen, es sei also R = 958,4780 g. M. (17. 18.) gewesen; so erhalten wir zur Bestimmung der Endgeschwindigkeit v, mit welcher sich die Sternschnuppe der Erde nähert, nachstehende numerische Rechnung.

☉ = 20027490 (70.)	log (☉ + R) = 7,3016473
R = 958,478	log V = 0,0933437 − 7
☉ + R = 20028448,478	log (V (☉ + R)) = 0,3949910

$$\log 4\pi^2 = 1{,}5963596$$
$$\log (V(\delta + R)) = 0{,}3949910$$
4) $\quad\log u^2 = 1{,}2013686$; $\qquad u^2 = 15{,}89895$

5) $\quad\begin{cases}\log u = 0{,}6006843\\ u = 3{,}987350\end{cases}$

also die Geschwindigkeit u der Sternschnuppe kleiner wie die Geschwindigkeit g der Erde (152. 7.).

$$\log (R - r) = 2{,}0000000$$
$$\log R = 2{,}9815821$$
$$0{,}0184179 - 1$$
(181. 4.) $\quad\log k = 0{,}3564453$

$0{,}3748632 - 1$; $\quad k \cdot \dfrac{R - r}{R} = 0{,}23706$

6) $\qquad\qquad\qquad\qquad\qquad v^2 = 16{,}13601$

$\quad\log v^2 = 1{,}2077961$

7) $\quad\log v = 0{,}6038980$; $\qquad v = 4{,}016964$;

also die Geschwindigkeit v der Sternschnuppe, bei ihrer Annäherung an die Erde, größer wie die Geschwindigkeit g der Erde (152. 7.).

Unser Beispiel zeigt also, daß die Geschwindigkeit einer sich der Erde nähernden Sonnen-Sternschnuppe die Geschwindigkeit der Erde in ihrer Bahn absolut übertreffen könne. Unterstellen wir nun die wirkliche Geschwindigkeit einer Feuerkugel oder eines Meteoriten als größer wie die Geschwindigkeit der Erde (also größer als 1), so wird, im Hinblicke auf die Tabelle, in (171.), die scheinbare Geschwindigkeit stets größer erscheinen, als uns dort die Werthe von c für die wahren Elongationswinkel γ angeben, d. h. sie wird dann früher sich der parabolischen und der hyperbolischen Geschwindigkeit nähern, und für den immerhin möglichen wahren Elongationswinkel von 180° sogar die doppelte Erdgeschwindigkeit übersteigen.

183.

Die Endgeschwindigkeiten, mit welchen sich die Erd-Sternschnuppen als Meteoriten der Erde nähern.

Bezeichnen wir die Geschwindigkeit, mit welcher sich eine Erd-Sternschnuppe zum Bahnhalbmesser r um die Erde bewegt, mit u und die Zeit ihres Umlaufes mit t, so ist

1) $$u = \frac{2\pi \cdot r}{t} \quad \text{also} \quad u^2 = \frac{4\pi^2 \cdot r^2}{t^2}$$

oder, wenn wir für t^2 seinen Werth, nach (69. 3. und 5.), substituiren:

2) $$u^2 = \frac{4\pi^2}{v_7 \cdot r}.$$

Nennen wir ferner v die Geschwindigkeit, mit welcher sich die durch einen Stoß aus ihrer Bahn gewiesene Erd-Sternschnuppe der Erde nähert, und nehmen wir dabei an, es sei ihre ursprüngliche Geschwindigkeit u durch den Stoß nicht verändert worden, so erhalten wir, wenn wir obige Werthe in Formel (181. 3.) einführen, indem wir dort r für R schreiben:

3) $$v^2 = \frac{4\pi^2}{v_7 \cdot r} + k \cdot \frac{r - r}{r}.$$

Die Geschwindigkeit u der Sternschnuppe ist, nach 2), desto größer, je kleiner der Bahnhalbmesser r ist; und ebenso wächst die Endgeschwindigkeit v mit der Abnahme von r. Um daher in Anwendung unserer Formel 3) auf ein numerisches Beispiel, einen möglichst großen Werth für die Endgeschwindigkeit v zu erzielen, wählen wir einen möglichst kleinen Werth für den Bahnhalbmesser r. Es sei zu dem Ende $r = r_{VI}$, in (179. 3.); also $r - r =$ (1004,850 — 858,478 =) 146,372 g. M. Wir erhalten:

$$\log 4\pi^2 = 1{,}5963596$$

$$\log v_7 = 0{,}6072152-2 \quad (69.\ 4.)$$

$$\log \mathfrak{r} = \underline{3{,}0021013} \quad (179.\ 3.)$$

$$1{,}6093165$$

4) $\quad \log \mathfrak{u}^2 = 0{,}9870431-1 \ ; \quad \dfrac{4\pi^2}{v_7 \cdot \mathfrak{r}} = 0{,}9706062$

$$\log (\mathfrak{r}-r) = 2{,}1654580$$

$$\log \mathfrak{r} = \underline{3{,}0021013}$$

$$0{,}1633567-1$$

$$\log k = \underline{0{,}3564453} \quad (181.\ 4.)$$

5) $\log \left(k \cdot \dfrac{\mathfrak{r}-r}{\mathfrak{r}}\right) = 0{,}5198020-1 \ ; \quad k \cdot \dfrac{\mathfrak{r}-r}{\mathfrak{r}} = 0{,}3309801$

$$\mathfrak{v}^2 = 1{,}3015863$$

$$\log \mathfrak{v}^2 = 0{,}1144730$$

6) $\quad \log \mathfrak{v} = 0{,}0572365 \ ; \quad \mathfrak{v} = 1{,}140871 \text{ g. M.}$

Es ist

$$\log g = 0{,}6006946 \quad (152.\ 7.)$$

daher

7) $\quad \log \dfrac{\mathfrak{v}}{g} = 0{,}4565419-1 \ ; \quad \mathfrak{v} = 0{,}2861158 \cdot g$

Es geht hieraus hervor, daß sich alle durch den Stoß aus ihren Bahnen gewiesenen Erd=Sternschnuppen, welche sich als Feuer=kugeln nach der Erde bewegen, oder als Meteorite auf sie herab=fallen, nur mit einer geringen Endgeschwindigkeit unserem Planeten nähern. Dabei kann diese Annäherung unter jedem beliebigen Winkel gegen die Erdmeridiane erfolgen.

Wir werden daher Meteoriten, welche sich mit einer größeren relativen Geschwindigkeit als 0,2862 oder einer größeren absoluten Geschwindigkeit als 1,141 g. M. in der Secunde nach der Erde bewegen, nicht als aus ihren Bahnen gestoßene Erd=Sternschnuppen gelten lassen können, sondern sämmtlich als „ausrangirte" Sonnen=Sternschnuppen ansehen müssen.

XX.

Das Zodiakallicht und die Polarlichter.

184.

Rückstände der Schalmassen an deren Aequatoren.

Unsere Betrachtung, in (51.5.), hat uns die Erkenntniß verschafft, daß in dem äußersten Kreise einer Ringschale eine Verdichtung der Massetheile nicht stattbaben konnte, weil daselbst bei dem Zusammensturze der Schale ein Druck auf die Schwerpunktskreisebene nicht stattfand.

Die Centripedalkraft, welche auf die Massetheile des äußersten Schalkreises und die in seiner Nähe befindlichen Theile einwirkte, konnte deshalb auch auf die Ablagerung der Schalmasse in die Schwerpunktskreisebene nicht einwirken, es konnte mithin eine Verdichtung der Schalmasse im Aequator oder dem äußersten Schalkreise nicht stattfinden, und die Elemente daselbst mußten ihre Bewegung um ihren Centralkörper ungestört fortsetzen.

Ganz dasselbe folgt aus den Formeln (155.1.) und (159.7.), wenn wir daselbst $\gamma = 0$ setzen. Es ergiebt sich dann:

1) $$\varrho = A$$

2) $$\tau = \frac{\varrho}{2 - \frac{\varrho^3}{A^3}}$$

oder, wenn wir den Werth von A aus 1) in 2) substituiren:

3) $$\tau = \varrho$$

d. h. die Unveränderlichkeit des Aequatorhalbmessers des Grenz= ellipsoides zum Modul λ bei der Ablagerung der Schalmasse, nämlich der Fortbestand dieser Masse am Schaläquator, oder die Erhaltung von selbstständigen Ringen jener flüssigen Materie von ungemein geringer Dichte an den genannten Stellen.

Wir müssen also bei jeder zur regelmäßigen Ablagerung ge= langten Planetenringschale die Erhaltung eines solchen Ringes an ihrem Aequator annehmen. Da wir aber bei dem Losewerden der Schalmasse von dem restirenden Ellipsoide zugleich ein Herausbre= hen derselben aus der Sonnenäquatorebene durch die Centralkraft erkannten, so können wir auch diese leichtflüssigen, freischwebenden Ringe nicht mehr in der Sonnenäquatorebene vorfinden; wir wer= den sie uns vielmehr alle in einer einzigen Ebene liegend als con= centrische Ringe um den Mittelpunkt der Sonne vorstellen müssen, in welcher Ebene selbst die Centralkraft ihren Sitz hat. Die Aequatorebene auch nur eines dieser Ringe wird uns daher schon die Ebene bezeichnen, in welcher wir die Centralkraft zu suchen haben.

Die Ringe selbst aber müssen sich zu einander verhalten wie concentrische Kreise, sie werden dabei alle von West nach Osten um die Sonne rotiren, und die Geschwindigkeit ihrer Bewegung kann nur nach dem Keppler'schen Gesetze erfolgen.

Der uns zunächst gelegene dieser Ringe dürfte unzweifelhaft dem Aequator der früheren Venusschale beigelegt werden müssen, an welcher nach unserer Theorie die Nebelhülle der Erde durch ihren Contact mit der rotirenden Nebelhülle der Sonne selbst ihre Rotation erhielt. Daß dieser rückständige Ring von der Erde aus nach der Sonne zu, also nach innenhin liegen müsse, bedarf wohl kaum der Erwähnung. Nach außenhin bildet dagegen der Aequator der früheren Erdschale selbst den zunächst gelegenen ringförmigen Rückstand, dessen Halbmesser dem Bahnhalbmesser des Mars nahezu gleichkommt.

Es befindet sich also die Erde selbst zwischen diesen beiden einander zunächst gelegenen Ringrückständen, also gleichsam zwischen zwei **concentrischen Kreisen**, und zwar außerhalb, aber in der Nähe der Peripherie des kleineren dieser beiden Kreise.

Wenn alle diese unsere Ausführungen richtig stehen, so müssen uns diese beiden der Erde zunächst gelegenen Ringe auch theilweise zur Beobachtung kommen; denn haben wir auch hier eine Masse von ungemein geringer Dichte in Betrachtung, so finden wir doch in den Kometenschweifen etwas Aehnliches, und jene Ringe müssen ebensogut wie diese, wenn sie von der Sonne beleuchtet werden, sich dem Auge zur Nachtzeit durch ihren Glanz bemerkbar machen.

Und in der That gelangen sie unter den hierzu nöthigen Verhältnissen und bei besonders günstigen Beleuchtungsbedingungen **stückweise** zu unserer Beobachtung und wir benennen sie:

185.

Das Zodiakallicht.

Nach unserer Theorie besteht also das Zodiakallicht aus noch unverdichteten Rückständen der Aequatoren der früheren Venus- und Erdschalmassen, welche von der Sonne beleuchtet werden.

Dem Beobachter können, je nach seinem Standorte und der Durchsichtigkeit der Atmosphäre Theile des einen oder anderen Lichtringes, oder auch Theile **von beiden gleichzeitig** zur Anschauung gelangen. Da beide Lichtringe in **einer Ebene** liegen, der Beschauer aber sich nahezu in derselben Ebene **zwischen** beiden Ringen befindet, so müssen sie sich im Falle gleichzeitiger Sichtbarkeit doch für ihn in eine **einzige** Erscheinung vereinigen, die sich als ein an dem Himmelsgewölbe projicirter Lichtstreifen in der Gestalt eines größten Kreises darstellt.

Lichtintensität und Breite dieses Streifens müssen dann für den Beschauer, je nach seiner Entfernung von den beleuchteten Ringtheilen, nach den Regeln der Perspective variiren. Die ihm zunächst gelegenen Theile des **inneren** Lichtringes (also die der

Sonne von der Erde aus direct zugekehrten Theile desselben) werden alle übrigen in obigen Beziehungen scheinbar übertreffen. Die Lichtintensität und Breite dieses Streifens werden aber von hier aus beständig abnehmen, bis sich der innere Lichtring, wegen seiner Krümmung nach der Sonne hin, der Beschauung am Himmelsgewölbe ganz entzieht, und an der Stelle seines Verschwindens nunmehr das Sichtbarwerden des äußeren Lichtringes beginnt. — Da auch dessen Theile nicht überall gleichweit von der Erde entfernt sind, sondern sein direct der Sonne gegenüberliegende Theil der Erde am nächsten ist, während die Theile, welche sich scheinbar an den inneren Lichtring anschließen, von der Erde am entferntesten liegen, — so wird auch jener zuerst erwähnte Theil des sichtbaren Streifens jenes äußeren Lichtringes die größte Lichtintensität und Breite zeigen. Auch er wird von da an nach beiden Seiten in beiden Beziehungen abnehmen und sich in dem scheinbaren Anschlusse an den inneren Lichtring am schwächsten zeigen.

In den seltensten Fällen wird man übrigens mit den Theilen des inneren Lichtringes, welche sich dem Beobachter als ein Lichtkegel darstellen (dessen Basis in der Sonne liegt und dessen Axe, je nach dem Orte und der Zeit der Beobachtung gegen den Horizont verschiedenartig geneigt ist), gleichzeitig auch Theile des äußeren Lichtringes wahrnehmen. Die Sichtbarwerdung dieser Letzteren wird vielmehr von einer hierzu besonders günstigen Luftbeschaffenheit abhängen.

Bekanntlich werden diese Theile des Zodiakallichtes, welche wir als Aequatortheile der früheren Erdschale betrachten, als „Gegenschein" bezeichnet.

186.

Geometrische Darstellung des Zodiakallichtes.

Zur Versinnlichung des über das Zodiakallicht Gesagten sei, in Fig. 20, S der Mittelpunkt der Sonne, der Kreis zum Durchmesser CSD bezeichne den Aequator der früheren Venusschalmasse oder den inneren Lichtring, und der mit ihm in derselben Ebene liegende, zum Durchmesser ASF den Aequator der früheren Erd= Schalmasse oder den äußeren Lichtring. Die Papierfläche selbst stelle also die gemeinschaftliche Ebene beider Kreise vor, in welcher sich die Centralkraft befindet.

Die bei dem Zusammensturze der Schalmassen nicht verdich= teten Aequatorialtheile (in der Figur also die beiden beschriebenen Kreise) erscheinen uns, von der Sonne beleuchtet, nur unter, für den Standpunkt des Beobachters besonders günstigen, Umständen als **Zodiakallicht**.

Der Erde können wir in diesem Falle nur eine, dem Aequator der Venus=Schalmasse sehr nahe und außerhalb dieses Aequators liegende, Stelle E anweisen und wir wollen annehmen, es sei für **den Beobachter der Ueberblick nicht durch die Erde selbst begrenzt**, sondern er könne ringsum das ganze Himmels= gewölbe übersehen.

Ihm wird dann von dem Aequator der Venus=Schalmasse nur der kleinere, von den Tangenten EB begrenzte Theil BCB sichtbar, der größere Theil BDB aber, als von dem kleineren Theil BCB bedeckt, unsichtbar sein.

In gleicher Weise würde dieser kleinere Theil BCB des Aequators der früheren Venus=Schalmasse den größeren und von denselben Tangenten EB begrenzten Theil BFB des Aequators der früheren Erd=Schalmasse verdecken, es würde also nur der kleinere Theil BAB dieses Aequators dem Beobachter zum An= blicke gelangen.

Es kommt nun darauf an, zu untersuchen, in welcher Weise sich diese beiden sichtbaren Kreisbögen BCB und BAB dem Beschauer in E am Himmel projiciren.

Zu dem Ende stelle der Kreis zum Durchmesser aEc den Durchschnitt des Himmelsgewölbes mit der Ebene der beiden Schal= äquatoren vor. Für den Beobachter in E, welcher sich zwischen zwei concentrischen Kreisbögen befindet, werden dann sowohl die Punkte B, B wie die Punkte B, B in b, b zu liegen scheinen.

Der Bogen B C B, der in Wirklichkeit nach dem Standpunkte des Beschauers convex ist, muß demselben aber wegen seiner Projection an dem Himmelsgewölbe als ein concaver Bogen b c b erscheinen, während der concave Bogen B A B sich ihm auch in der Projection als concaver Bogen in b a b darstellt. Es würden sich dabei die erleuchteten und sichtbaren Theile B E B und B A B für den Beschauer in E als ein einziger continuirlicher Kreis am Himmelsgewölbe ergeben müssen — wenn, wie wir oben vorausgesetzt, demselben durch die Erde selbst kein Hinderniß für seine Beobachtung entgegenstünde. — Da aber ein solches Hinderniß in Wirklichkeit stets seiner Beobachtung entgegensteht, so kann ihm, selbst in dem günstigsten Falle, leider nur die Hälfte des Phänomens zur Anschauung gelangen.

Nicht immer werden übrigens sich beide Ringtheile gleichzeitig der Beobachtung darstellen; ist dieses aber wegen glücklicher Constellation einmal wirklich der Fall, so muß sich ihr Zusammentreffen am Himmelsgewölbe in b unzweifelhaft durch einen Wechsel in der Lichtstärke markiren. —

Es muß nämlich nach den obigen Darlegungen dem Beschauer in E der Theil des Bogens C B, in der Nähe des Endpunktes B, wegen seiner geringeren Entfernung von E, als lichtvoller erscheinen, wie der Theil des Bogens A B in der Nähe des Endpunktes B, der weiter von E entfernt ist.

Wäre dagegen nur der Bogen B A B des Erdschaläquators allein sichtbar, den wir uns bis nahe zur Marsbahn ausgedehnt denken, so müßte sich derselbe als ein stetiger Lichtstreifen am Himmelsgewölbe darstellen, dessen Richtung von der Lage des Horizontes des Beschauers abhängig ist. Zugleich müßte sich der dem Beschauer in E am nächsten liegende Punkt A aus obigen Gründen als von größter Lichtintensität ergeben.

Zeigte sich andererseits nur der Bogen B C des Venus-Schaläquators, der sich dem Beobachter unter dem Winkel b S E darstellt, so würde dieser als eine oben nach B hin verjüngte Pyramide dem Auge erscheinen, deren Axe, je nach dem Horizonte des Beobachters, einen Winkel mit demselben bildet. Eine solche Lichtpyramide müßte sich aber auch gleichzeitig auf der entgegengesetzten Seite zeigen, wenn die Erde selbst nicht ein Hinderniß für deren Beobachtung abgäbe. —

187.
Beobachtung des Zodiakallichtes.

Es drängt sich hier natürlich die Frage auf, ob und in wie weit denn nun die bisher über das Zodiakallicht erhaltenen Beobachtungsresultate mit unserer Theorie übereinstimmen.

Uebrigens lassen sich fast alle astronomischen Handbücher wenig auf die Natur dieser bis jetzt unerklärten Erscheinung ein, und ihre Mittheilungen hierüber weichen zum Theil von einander ab. Manche ignoriren dieses Phänomen sogar gänzlich.

Nun unterstützt die Verschiedenheit dieser Mittheilungen über das Zodiakallicht, — welche sich zwar auf eine Reihe vereinzelter, sich aber gegenseitig ergänzender Beobachtungen zurückführen lassen, — unsere Theorie über seine Natur sehr erwünscht, indem jede von einer andern Seite her mit unserer Erklärungsweise übereinstimmt. Es konnten nur diese Beobachtungen nicht genau dieselben Erscheinungen darbieten, weil sie sich nach Lage des Beobachtungsortes und der Zeit vielfach abstufen, und von einander unterscheiden mußten.

Unter den bezüglichen Angaben interessiren uns namentlich diejenigen, welche sich auf die Entfernung des Zodiakallichtes von der Sonne beziehen, weil sie besonders schlagende Vergleichspunkte mit unseren Ausführungen darbieten.

So sagt die „Populäre Astronomie" von Professor M. L. Frankenheim (Braunschweig 1829) S. 251:

„Es (das Zodiakallicht) erscheint also nur einige Zeit vor „Sonnenaufgang oder nach Sonnenuntergang; in jenem Falle ist „nur ein Theil der westlichen (?), in diesem nur ein Theil der „östlichen (?) Pyramide sichtbar 2c.

„Nach einer leichten Berechnung geht es über die Mars=
„bahn hinaus, und wir befinden uns mitten in der Sonnen=
„atmosphäre."

Die „Wunder des Himmels" von Dr. jur. Thomas Dick (Stuttgart 1848) theilen uns (S. 231) mit:

„Man nimmt an, daß es sich über die Bahn des Merkur,
„sogar bis zu derjenigen der Venus, aber nie bis zur Erd=
„bahn ausbreitet."

Dr. Hermann J. Klein sagt in seiner populären astronomi= schen Encyclopädie (Berlin. 1871.) über das Zodiakallicht:

„Es hat seine Schwierigkeiten, aus den bis jetzt vorliegenden
„Beobachtungen, die wahre Gestalt und Lage des Thierkreislichtes
„abzuleiten. Daß die pyramidale Form nur eine scheinbare und
„eine Projection der wahren, scheiben= oder ringförmigen Gestalt
„ist, unterliegt keinem Zweifel. Schwieriger aber bleibt es, zu
„entscheiden, ob man es in der That mit einer flachgedrückten,
„linsenartigen Scheibe, gleichsam der erweiterten Sonnenatmosphäre
„oder mit einem großen, freischwebenden, mildleuch=
„tenden Ringe von dunstartiger Materie zu thun hat.
„Der ersteren Hypothese stehen mehrere gewichtige Bedenken ent=
„gegen. Eine angenommene Sonnenatmosphäre kann in Folge der
„mit zunehmender Entfernung vom Sonnenmittelpunkte schnell
„wachsenden Schwungkraft bei abnehmender Schwere, sich kaum
„bis zu 0,436 des Merkur=Abstandes erstrecken. Ueber diese Di=
„stanz hinaus kann die Anziehung des Sonnenkörpers der Schwung=
„kraft nicht mehr das Gleichgewicht halten; die einzelnen Theilchen
„müssen vielmehr nach der Tangente der Bewegungsrichtung hin
„entweichen und sich entweder zu kugelförmigen Punkten ballen,
„oder als zusammenhängende Ringe einen selbständigen Umlauf
„fortsetzen. Dieses letztere könnte nun in der That der Fall sein,
„und das Zodiakallicht besteht vielleicht aus einem flachen, nur
„wenig gegen die Ebene der Erdbahn geneigten dunstartigen Ringe,
„der zwischen der Venus= und Marsbahn frei im Welt=
„raume schwebt und durch welchen die Erde in ihrem jährlichen
„Umlaufe um den Anfang des Jahres herum hindurchgeht."

Diese Annahme Klein's (sowie diejenige Frankenheim's) trifft schon mit unseren Ausführungen darin zusammen, daß sie sich unzweifelhaft auf die Beobachtung beider Lichtringe gründet, welche die Angabe Dick's nicht kennt. —

„Die Wunder des Himmels" von J. J. von Littrow (Stuttgart. 1854.) sagen uns über das Zodiakallicht S. 629:

„Dieses der Milchstraße ähnliche, aber hellere Licht erstreckt „sich in der Gestalt eines Kegels, dessen Basis die Sonne ist, und „dessen Axe in der Ekliptik liegt, **selbst noch weit über die „Erdbahn heraus.** Man sieht es am deutlichsten, besonders „in den Tropenländern, in den Monaten April und Mai gleich „nach dem Sonnenuntergang, und im September und Oktober kurz „vor Sonnenaufgang. Es hat die Gestalt eines schmalen Ovals, „dessen große Axe veränderlich scheint, aber wenigstens fünfmal „größer ist, als die kleine. Schon dieses Verhältniß der beiden „Axen zeigt, daß das Zodiakallicht keine Atmosphäre der Sonne „sein kann, bei welcher, nach dem Vorhergehenden, selbst wenn es „am größten, nur gleich 3 zu 2 wäre. Auch läßt sich durch „Rechnung zeigen, daß die Atmosphäre der Sonne, wenn sie existirt, noch lange nicht bis zur Bahn des Merkurs sich erstrecken „kann, da doch das Zodiakallicht **noch über die Erdbahn „hinausreicht.**"

Wir unterstellen, daß sich hier das **Herausreichen der** Erscheinung, **selbst weit über die Erdbahn,** nur auf die Beobachtung der restirenden unverdichteten Aequatorialtheile der früheren Venusschale beziehen kann, während das **Hinausreichen** über die Erdbahn sich auch auf restirende Theile des früheren Erdschaläquators deuten läßt.

Dagegen dürften die Mittheilungen des „**Entwurf einer astronomischen Theorie der Sternschnuppen**" von J. V. Schiaparelli, Director der Königl. Sternwarte zu Mailand (Stettin. 1871.) über das Zodiakallicht mit unserer Theorie im **vollkommensten Einklange** stehen, und diese Mittheilungen erhalten noch dadurch einen besonderen Werth, weil sie auf den eigenen Beobachtungen des Herrn Verfassers beruhen. Dieselben lauten (S. 190):

„Die schöne Lichtpyramide, welche sich im Frühling nach „Sonnenuntergang im Westen und im Herbst vor Sonnenaufgang „im Osten zeigt, ist sehr bekannt. Der Umstand aber, daß diese „Pyramide nicht das ganze Phänomen bildet, sondern nur den „sichtbarsten und den am leichtesten zu beobachtenden Theil desselben „ausmacht, ist vielleicht viel weniger bekannt. Wenn man nämlich „das Zodiakallicht in einer günstigen Gegend, wie es einige der „tropischen Gegenden und auch zuweilen unserer gemäßigten Zonen „sind, beobachtet, so findet man außer dem Hauptscheine, welcher „um die Sonne eine linsenförmige leuchtende Wolke bildet, noch „einen anderen Lichtstreifen von ähnlicher Gestalt, aber ohne Ver= „gleich von viel geringeren scheinbaren Dimensionen und viel blasserem „Lichte; der Mittelpunkt desselben befindet sich constant in dem der „Sonne diametral gegenüberstehenden Punkte der Ekliptik. Die „Deutschen nennen diesen Streifen den Gegenschein, was sich „in anderen Sprachen schwer übersetzen läßt. Dies ist aber noch „nicht Alles. Dieser geringere Schein ist je nach den atmosphärischen „Zuständen bald mehr, bald weniger intensiv, bald mehr, bald „weniger lang; ein geübtes Auge aber wird bei günstigem Zustande „der Luft zuweilen wahrnehmen können, wie das eine oder das „andere seiner äußersten Enden oder auch beide sich verlängern, „bis sie die Enden des Hauptscheines erreichen. Unter dieser Ge= „stalt bildet das Zodiakallicht eine einzige große Lichtzone, die sich „über den ganzen Thierkreis ausdehnt und dessen eines Maximum „der Intensität mit dem Orte der Sonne zusammenfällt (wenigstens „muß man es so annehmen, denn man kann das Zodiakallicht nicht „in der nächsten Nähe der Sonne beobachten), während ein anderes „Maximum, das viel weniger deutlich ist, im entgegengesetzten „Punkte sich befindet: zwei Minima finden an zwei Punkten statt, „welche nach meinen Beobachtungen ungefähr 130° von der Sonne „und 50° von dem Centrum des geringeren Scheines entfernt sein „dürften."

Unverkennbar entspricht diese Beschreibung des Zodiakallichtes durchaus der Vorstellung, welche wir uns von demselben gemacht haben, nämlich daß der Hauptschein mit dem Aequatorringe der früheren Venusschalmasse, der s. g. Gegenschein aber mit dem der früheren Erdschalmasse identisch sind, und daß sich also seine vollkommene Erscheinung gleichsam aus zwei (von der Sonne beleuchteten und von ihr sehr verschieden entfernten, sich aber an dem Himmelsgewölbe als **einen** größten Kreis projiciren­den) **Kreisbögen zusammensetzt.**

Beide Kreisbögen stoßen in den Punkten b des Himmels­gewölbes (Fig. 20.), nämlich in den Minimalpunkten ihrer schein­baren Intensität zusammen, und die Maximalpunkte dieser Intensität liegen in den Punkten a und c. —

Schiaparelli sagt dann weiter:

„Ich will schließlich hinzufügen, daß ich in der Nacht des „3. Mai 1862 gegen $11^h\ 50^m$ das Zodiakallicht in Gestalt **einer** „**continuirlichen Brücke** die ganze sichtbare Halbkugel des „Himmels überziehen sah, indem es in einer Breite von ungefähr „15^0 die Sternbilder der Zwillinge, des Krebses, des Löwen, „der Jungfrau, der Wage und des Scorpions durchstrich."

Wir erkennen in dieser Mittheilung unseren oben erwähnten „stetigen Lichtstreifen am Himmelsgewölbe" wieder. —

Indem wir somit unsere Theorie von dem Wesen des Zodia­kallichtes in allen Hauptpunkten als mit der bis jetzt umfassendsten Beobachtung übereinstimmend fanden, dürfen wir diese Himmels­erscheinung als eines der stärksten Argumente für die Richtigkeit der von uns nach der Laplace'schen Hypothese aufgestellten Schal­ablagerungstheorie — und gleichsam als die „Probe" darüber — ansehen.

Wir brauchen die Erkenntniß seines inneren Wesens nicht mehr zu suchen — denn diese drängt sich uns bei Beurtheilung der Schalrückstände gleichsam von selbst auf! —

Auch ersehen wir, daß es nach dem Abgehandelten leichter ist, das Zodiakallicht zu construiren und zu definiren, als zu beobach­ten, weil sich hierzu nur sehr selten die nothwendigen Bedingungen ergeben. — Wäre aber das Zodiakallicht noch **nicht** beobachtet, so müßten wir darauf ausgehen, seine Beobachtung **jetzt** noch zu machen.

Und indem uns die Formel (184. 3.) das Zodiakallicht als die noch unverwischten Aequatorcontouren früherer Sonnengrenzellipsoide erkennen läßt, schöpfen wir hieraus zugleich die große Zuversicht, daß wir uns auch über das Schicksal der **Polartheile jener Ellipsoide** keiner Täuschung hingaben, und daß wir diese in der That als verdichtete kleine Körper, welche sich nach allen Richtungen hin und mit verschiedenen Halbmessern um die Sonne bewegen, aufzusuchen haben.

188.

Die Polarlichter.

Die Untersuchungen über das Spectrum des Zodiakallichtes ergeben bekanntlich, daß es aus einer hellen Linie besteht, welche mit der Hauptlinie des Spectrums des Nordlichtes identisch ist.

Hiernach dürfte die Vermuthung gerechtfertigt sein, daß das Wesen der Polarlichter auch in seinen Grundstoffen mit dem Zodiakallichte übereinstimme.

Wir können demnach diese Grundstoffe als noch rückständige unverdichtete Polartheile der früheren Mondringschalen betrachten, welche als selbstständige Calotten ihre rotirende Bewegung fortsetzen, obgleich wir für die Ursache des Zurückbleibens dieser Polartheile bis jetzt keine Erklärung aufgefunden haben. Aber vielleicht dürfen wir annehmen, daß sich nach erhaltener Rotation der Erde ihre Luftatmosphäre durch das Aufsteigen von wasserstoffhaltigen Bestandtheilen eher bildete, als das Sinken der Pole der sie umgebenden Nebelmasse vollständig erfolgt war.

Zu der Luftatmosphäre der Erde, deren specifische Schwere wir in ihrer geringsten Abstufung als größer erachten wie diejenige der unverdichteten Rückstände, müssen sich diese aber verhalten wie jede specifisch leichtere Flüssigkeit zu der schwereren — sie müssen auf ihr schwimmen und in Folge der Anziehung einen Druck auf sie ausüben. Ferner muß die Drehungsgeschwindigkeit der rück-

ständigen Nebelmasse eine weit größere sein, wie diejenige der Luft=
atmosphäre an den beiden Polen, welche ihre Drehung mit der
Erde gemeinschaftlich hat. Und legen wir ihr nur die, in (89. 2.),
für die letzte Schalablagerung der Erde gefundene Umdrehungszeit
von etwa 4 Stunden bei, so ist ihre Umdrehungsgeschwindigkeit
etwa 6 mal so groß, wie diejenige der Erdatmosphäre an den beiden
Polen. Die Calotte würde also in 24 Stunden etwa 5 Umläufe
mehr machen, wie die Erdatmosphäre an diesen Stellen.

Durch diesen Mehrbetrag an Geschwindigkeit der Drehung,
der uns die Luftatmosphäre als ruhend annehmen läßt, muß aber
eine beständige Reibung der letzteren an ihrer Oberfläche stattfinden,
und hierdurch das Verhalten beider Körper zu einander zu einem
natürlichen Elektrophor gestaltet werden.

Diese Reibung muß sich vergrößern, sobald die sonst an den
Polen wenig bewegte Atmosphäre, durch irgend welche Einflüsse
an ihrer Oberfläche wellenförmig bewegt wird.

Wir messen also nach diesen Ausführungen die Erscheinungen
der Polarlichter der Reibung bei, welche die Luft=Atmosphäre der
Erde von restirenden Theilen noch unverdichteter und rotirender
Nebelmassen des früheren Erdenellipsoides erleidet.

———

XXI.

Die Kometen.

189.

Die Entstehung der Kometen.

Schon im Schlußsatze von (31) haben wir, unter den daselbst gegebenen Voraussetzungen, erkannt, daß bei dem Contacte zweier gleichartiger, ungemein dünner und flüssiger Massen, von welchen die eine der anderen Rotation mittheilt, in der Aequatorebene der Letzteren Flüssigkeiten abgeschleudert werden. Uebertragen wir diese Betrachtung auf den Contact der Planetenhüllen mit der Sonnennebelmasse, so finden wir dann, daß in den Ebenen der Planetenäquatoren (oder in solchen Ebenen, welche nicht viel von diesen abweichen), durch die erhaltene Rotation der Nebelmasse, beziehungsweise durch die Centrifugalkräfte, welche sich entwickeln, Theile der gedrehten Masse abgeschleudert und in Richtungen fortgeführt werden, welche mit den an die genannten Kreisebenen in den Abschleuderungspunkten gelegten Tangenten zusammenfallen.

Die Geschwindigkeit, mit welcher sich ein solcher abgerissene Massetheil ursprünglich in gerader Richtung zu entfernen strebt, muß der Bahngeschwindigkeit des Planeten, mehr der Rotations=geschwindigkeit seiner äußeren Theile, nahezu gleich sein, wird aber die Summe beider Geschwindigkeiten nicht zu übersteigen vermögen.

Das Beharrungsvermögen wird ihn zwar mit gleichmäßiger Geschwindigkeit fortzubewegen trachten, aber die Anziehung des Mittelpunktes der Sonne wird seine Geschwindigkeit nach und nach vermindern und ihn zugleich (wenn seine Richtung, rückwärts verlängert, nicht durch die Sonne geht), von seiner geradlinigen Richtung ablenken.

Denken wir uns daher durch die Tangente, in welcher sich ein solcher abgerissene Massetheil anfangs bewegt, und durch den Mittelpunkt des Sonnenellipsoides eine Ebene gelegt, so haben wir die Ebene, in welcher die Bewegung dieses abgerissenen Theiles stattfindet, und finden zugleich die Tangente des Planetenäquators auch als Tangente an die Bahn des abgeschleuderten Massetheiles.

Wir haben demnach, weil die geradlinige Bewegung, oder vielmehr die Stärke des erhaltenen „Wurfs", wegen der großen Entfernung des Mittelpunktes der Sonne die Kraft der erhaltenen Anziehung übersteigt, die Bedingungen für die Bahn einer Ellipse, und wegen geringer seitlicher Abweichung die Bedingungen für die Bahn einer **langgestreckten** Ellipse d. h. einer Kometenbahn. Diese Bahn wird um so länger und weniger breit werden, je **größer** die Bahngeschwindigkeit der abgeschleuderten Massetheile und je kleiner der Winkel ist, welchen die Richtung dieser Theile mit der Richtung der Anziehung bilden.

Auf diese Weise haben wir uns nach der Laplace'schen Hypothese über die Entstehung des Sonnensystems consequent die Entstehung der Kometen zu denken; ja, wenn wir unsere Rotationstheorie der Planeten als richtig unterstellen, so wären wir schon durch diese genöthigt, die Existenz von Kometen zu supponiren, selbst wenn ihr Dasein nicht beobachtet wäre, und ihre Entstehungsursache auf die Entstehung der Rotation der Planetennebelhüllen zurückzuführen. — Sie sind also keine **außerhalb des Systems** entstandene Körper, sondern Massetheile, die ursprünglich dem Sonnenellipsoide angehörten, und bei Empfang der Rotation der Planetenkugeln von diesen in ihren Aequatorebenen abgeschleudert wurden. Die Kometen sind gleichsam als die Tangentialspritzer zu betrachten, welche bei erhaltener Rotation der Planeten von diesen oder dem Sonnenellipsoide durch die Centrifugalkraft abgeschleudert wurden, und wir durften daher oben in Bezug auf sie ganz eigentlich von einem „Wurfe" sprechen.

Für unsere Betrachtung spricht auch:
1) ihre große Zahl,
2) ihr feiner Stoff, der sich noch theils in unverdichtetem, theils in nur wenig verdichtetem Zustande vorfindet,
3) ihre Gestalt, die fast bei allen Kometen verschieden ist, aber stets den Spritzern gleichen dürfte, welche Flüssigkeiten, durch die Centrifugalkraft von einer Peripherie abgeschleudert, anzunehmen pflegen.

Die Kometenbahnen.

190.

Vorbemerkungen.

Wir haben nun das Verhalten der bei dem Contacte der Planetenhüllen mit dem Sonnenellipsoide durch die Centrifugalkraft in den Aequatorebenen der Ersteren abgeschleuderten Massetheile einer Untersuchung zu unterziehen.

Schon aus der Art und Weise der Umwandlung der abgelagerten Planetenschalen zu feuerflüssigen Kugeln (VI.) geht hervor, daß sich die Lagen der großen Axen ihrer elliptischen Bahnen gleichsam auf's Zufällige hin ergeben, und daß mithin die Perihelien der entstandenen Planetenkugeln gegen einen bestimmten Punkt des Sonnenäquators keineswegs bestimmte Stellen einnehmen.

Da nun alle Bahnebenen der Planeten bekanntlich nur unter sehr kleinen Winkeln gegen die Ebene der Ekliptik geneigt sind, (S. 74.) können wir ohne merkliche Beeinträchtigung unserer Untersuchungen annehmen, sie fielen alle mit derselben zusammen, und wir sind dann berechtigt, uns die elliptischen Bahnen der Planeten in der Ekliptik selbst in jede Lage gedreht zu denken, wenn nur der Mittelpunkt der Sonne stets ein **Brennpunkt** für sie verbleibt.

Bisher haben wir den Contact der Planetenhülle mit der Nebelmasse des Sonnenellipsoides stets in den Perihelien der Planetenbahnen in Betracht gezogen und angenommen, daß die Planeten mit der sie umhüllenden Flüssigkeit in ihren Aphelien sich ganz außerhalb des Sonnenellipsoides befunden haben können. Hieraus folgt, daß die **Nebelhülle** der Planeten mit der Nebelmasse des Sonnenelipsoides schon in Contact gerathen, noch lange bevor der **Planet selbst** sein Perihel erreicht, und in demselben auch noch lange verblieben sei, nachdem dieser dasselbe wieder verlassen hatte. Eine centrifugale Abschleuderung der rotirenden Masse konnte daher in dem **ganzen** Verlaufe des Contactes, mithin auf einer großen Bahnstrecke des Planeten erfolgt sein.

Wir dürfen also unterstellen, daß der Mittelpunkt des Planeten zwar in dem Perihel seiner Bahn mit einem Punkte der Oberfläche des Sonnenellipsoides zusammengefallen sei, daß er aber vor seinem Eintritte in dasselbe, und nach seinem Austritte aus ihm, außerhalb des Sonnenellipsoides gelegen habe, während seine flüssige Umhüllung fortwährend noch mit der Nebelmasse des Sonnenellipsoides contingirte.

Bei Beurtheilung des Verhaltens der centrifugalabgeschleuderten Massetheile haben wir daher den Contact des Planeten mit dem Sonnenellipsoide nicht allein **in dem Parihel**, sondern auch **vor und nach** demselben einer Betrachtung zu unterziehen.

Der Aequator des Sonnenellipsoides nun schneidet die Ebene der Ekliptik in **zwei Punkten**, den Knotenpunkten, und hat in **zwei Punkten**, den Wendepunkten, den größten Abstand von der Ebene der Ekliptik.

Da wir aber in jedem Punkte der Oberfläche des Sonnenellipsoides, in welchem dieselbe von der Ebene der Ekliptik geschnitten wird, das Perihel eines Planeten annehmen können, so liegt auch die Möglichkeit vor, daß dieses Perihel mit einem Punkte des **Sonnenäquators selbst** zusammentreffe, also mit einem Knotenpunkte.

191.

Kometenbahnen auf der Ekliptik senkrecht stehend.

Denkt man sich, es fände die Abschleuderung der Nebelmasse genau in dem Perihel des Planeten statt, so muß auch der Mittelpunkt des Planeten das Perihel bereits verlassen und der Punkt der Abschleuderung, d. h. der äußerste in der Bahnebene des Planeten liegende Punkt der Oberfläche der Nebelhülle, in dasselbe eingetreten sein. Die durch den Mittelpunkt der Sonne und durch den Punkt der Abschleuderung gelegte, die Nebelhülle des Planeten berührende, Ebene steht dann senkrecht auf der Ekliptik, und die Richtung der Abschleuderung, d. h. die in diesem Berührungspunkte an die Planetennebelhülle gelegte Tangente ist eine Linie dieser berührenden Ebene. Mithin ist auch Letztere die Bahnebene des Kometen und senkrecht auf der Ekliptik stehend.

Zur Veranschaulichung des Gesagten diene folgende Erläuterung der Fig. 24 und 25 Taf. VI. Es sei die Papierfläche der Fig. 24 eine durch die Rotationsaxe zweier Gleichgewichtsellipsoide gelegte Ebene, oder es stelle diese Figur auch die Verticalprojektion zweier dieser Ellipsoide vor und Fig. 25 sei die zugehörige Horizontalprojektion; es bezeichnet also A A die Aequatorebene und B B die Rotationsaxe des Sonnenellipsoides. ET sei die Ebene der Ekliptik, geneigt unter dem Winkel $AST = \alpha$ gegen die Sonnenäquatorebene. Die Knotenlinie dieser letzteren projicirt sich in Fig. 24 im Mittelpunkte S der Ellipsoide, in Fig. 25 aber, in welcher die Papierfläche die Ebene der Ekliptik vorstellt, durch die Linie ☊ S ☋.

Stellen wir uns vor, es sei in dem Punkte π (π'), Fig. 25. in einem Abstande von 90° von den beiden Knotenpunkten ☊ und ☋ das Perihel der Planetenbahn W π Z (w π' z) einer Ellipse zum Brennpunkte S, der Mittelpunkt P (p) des Planeten habe aber dieses Perihel bereits verlassen und der Punkt T (t) seiner Oberfläche sei in dasselbe eingerückt. So wird die an die Aequatorebene des Planeten gelegte Tangente T Q (t q) in der durch den Punkt T (t) gelegten Sonnenmeridianebene liegen, also in Fig. 24. mit der Ebene des Papiers zusammenfallen. In Fig. 25. aber wird diese Tangente die Ebene des Papiers in dem Punkte T (t) schneiden, und sich bezüglich T in der Richtung nach Q unter die Papierebene senken, bezüglich t aber nach q sich über diese Ebene erheben; oder sich in entgegengesetzter Richtung über diese Ebene für T Q erheben, und für t q unter diese Ebene senken.

Denkt man sich daher durch diese Tangente T Q (t q) und den Mittelpunkt der Sonne eine Ebene gelegt, so wird diese Ebene selbst, in welcher sich die abgeschleuderten Theile bewegen, in Fig. 24. mit der Ebene des Papiers zusammenfallen, in Fig. 25. aber senkrecht auf derselben stehen, d. h. die Ebene der Kometenbahn wird sich unter den gestellten Voraussetzungen senkrecht auf der Ebene der Ekliptik befinden.

Die abgeschleuderten Massetheile, durch die Anziehungskraft des Mittelpunktes S von der Richtung T Q (t q) nach K (k) hin abgelenkt, werden die Curve einer Ellipse beschreiben, in dem Aste U V (u v) zurückkehren, sich der Sonne wieder nähern, sie als den Brennpunkt ihrer Bahn einschließen, und endlich in dem Punkte T (t) ihren ersten Umlauf beendigen.

Auf diese Weise, d. h. wenn die Abschleuderung von Masseelementen 90° von den Knoten der Sonnenäquatorebene erfolgt haben wir uns nach der Laplace'schen Hypothese die Entstehung eines Kometen zu denken, dessen Bahnebene **senkrecht auf der Ebene der Ekliptik** steht.

Haben zwei Planeten P und p in der angenommenen Weise eine entgegengesetzte Lage zu einander, so sind die von ihnen abgeschleuderten Kometen einander entgegenläufig.

Die Knotenlinie T M (t m) der Bahnebene des Kometen theilt in dem vorliegenden Falle ihre Bahnebene selbst in zwei ungleiche Theile, von welchen der kleinere M N T oberhalb (für m n t unterhalb), der größere M V U . . . K T unterhalb (für m v u . . . k t oberhalb) der Ebene der Ekliptik liegen.

Es erhellet aus dieser Betrachtung:

1) daß, weil wir jeden Punkt des Umfangs T ☊ E ☊ T, Fig. 25, in welchem die Ebene der Ekliptik das Sonnenellipsoid

schneidet, als das Perihel eines Planeten anzunehmen berechtigt sind, wir auch jeden solchen Punkt als einen **möglichen** (aufsteigenden oder absteigenden) Knotenpunkt einer senkrecht auf der Ekliptik stehenden Knotenbahn betrachten dürfen; sowie

2) daß die Ebene des Winkels RPQ, Fig. 24, welchen die Richtung PQ der **genau** im Perihel abgeschleuderten Nebelmasse mit der Ebene ET der Ekliptik bildet, stets senkrecht auf dieser Letzteren steht; und

3) daß dieser Winkel RPQ selbst in dem Meridiane des restirenden Ellipsoides, der durch die beiden Wendepunkte, A und A, geht, am größten ist, daß er von hier aus nach den Knotenpunkten des Sonnenäquators abnimmt, und in diesen Knotenpunkten selbst gleich Null ist.

192.

Abschleuderung der Nebelmasse in einem Knotenpunkte der Sonnenäquatorebene.

Es stelle, in Fig. 27., die Papierfläche die Ebene der Ekliptik vor, es sei der Kreis zum Mittelpunkte P die Horizontalprojection der Nebelhülle eines Planeten P, und WPZ die Horizontalprojection eines Theiles des Umfanges des Sonnenellipsoides zum Mittelpunkte S, A das Perihel des Planeten und zugleich ein Knotenpunkt des Sonnenäquators, und A𝔄 bezeichne die Richtung der abgeschleuderten Nebelmasse; so ist klar, daß in dem gedachten Falle diese Richtung genau in der Ebene der Ekliptik liegt und mit der Richtung der Sonnenattraction zusammenfällt.

Die abgeschleuderten Massetheile werden also mit der ihnen innewohnenden Geschwindigkeit sich von dem Mittelpunkte der Sonne zu entfernen streben, die Anziehungskraft desselben aber wird dem entgegenwirken und diese Geschwindigkeit beständig vermindern.

Wenn dieselbe auf Null gebracht ist, werden die abgeschleuderten Theile, weil die Attraction fortwährend auf sie wirkt, sich in derselben Linie mit beschleunigter Geschwindigkeit wieder **rückwärts** bewegen, sich also dem Sonnenkörper immer mehr und mehr nähern und endlich auf ihn stürzen, sich also mit ihm vereinigen.

Es ist bemerkenswerth, daß hierbei die zurückfallende Nebelmasse mit derselben Geschwindigkeit auf der Oberfläche der Sonne ankommt, mit der sie auf derselben angelangt sein würde, wenn sie aus dem Abschleuderungspunkte des Planeten der Sonne direct entgegengeschleudert worden wäre. Es erhellet dies aus Formel (158. 9.), weil sich daselbst die Endgeschwindigkeit v nicht ändert, einerlei ob man den Werth von u positiv oder negativ nimmt. Hieraus geht vielmehr hervor, daß ein aufwärts steigender Körper, dessen Geschwindigkeit sich durch die Anziehung beständig vermindert, bis sie gleich Null wird, bei seinem Niederfallen in den Punkt, von welchem er aufstieg, die vorherige Geschwindigkeit u wieder erhält, und daß es also für die Größe der Endgeschwindigkeit v einerlei ist, ob sich der Körper mit einer Anfangsgeschwindigkeit = u auf- oder abwärts bewegte.

Nimmt man übrigens an, der Körper bewege sich aufwärts, so kann man Formel (158. 9.) auch so umwandeln, daß sie die Länge des Wegs angiebt, den ein aufsteigender Körper zurücklegt, bis seine Geschwindigkeit gänzlich vernichtet oder gleich Null ist. — Man gelangt dann zu der

193.

Formel zur Bestimmung des Wegs, welchen die abgeschleuderte Masse in gerader Linie zurücklegt, bis ihre Geschwindigkeit gleich Null wird.

Aufgabe. Ein von einem Himmelskörper aus weiter Entfernung angezogener Körper falle (von A aus), Fig. 31, mit einer Anfangsgeschwindigkeit gleich Null; in dem Punkte A erreicht derselbe eine Geschwindigkeit $= u$. Wie groß ist die Entfernung Q des angezogenen Körpers von dem anziehenden?

Auflösung. Es sei, mit Bezug auf (158), $(AM) = Q$, $(CM) = r$, $(AM) = R$; es bezeichne dort weiter $u = 0$ die Anfangsgeschwindigkeit in A, v die Endgeschwindigkeit in A. Schreibt man demgemäß, in (158.9.), Q anstatt R; 0 anstatt u; u anstatt v; und Q — R anstatt s. so ergiebt sich:

1) $$n^2 = \frac{2\,pr^2\,(Q-R)}{Q.R}$$

2) $$Q = \frac{R}{1 - \dfrac{R\,u^2}{2\,pr^2}}$$

Nehmen wir an, es sei die Geschwindigkeit, mit welcher die Kometenmasse von dem Nebelellipsoide der Planetenkugel abgeschleudert werde, der Bahngeschwindigkeit des Planeten gleich, so erhalten wir, wenn wir in Formel (22.3) u für G schreiben:

3) $$C R^2 = R\,u^2.$$

Dagegen ergiebt sich, aus (15.3.)

4) $$P R^2 = pr^2,$$

in welcher Darstellung selbstredend r den Halbmesser der Sonne, R denjenigen einer Planetenbahn, P die Intensität der Attractionskraft in der Entfernung = R vom Mittelpunkte der Sonne, und p die Fallgeschwindigkeit an deren Oberfläche bezeichnet. Da aber für gleiche Centralbewegung, nach (23.), P = C ist, so folgt aus 3) und 4)

5) $$R\,u^2 = pr^2.$$

Unter der Voraussetzung also, daß die Abschleuderungsgeschwindigkeit der Kometenmasse gleich der Bahngeschwindigkeit des Planeten sei, erhalten wir, aus 2)

6) $$Q = 2R;$$

d. h. die Kometenmasse entfernt sich — unter der gestellten Voraussetzung — bis ihre Geschwindigkeit gleich Null wird, in gerader Linie so weit von dem Abschleuderungspunkte als dieser von dem Mittelpunkte der Sonne entfernt ist.

Da aber, nach unseren Ausführungen, in (189), die Geschwindigkeit der abgeschleuderten Masse **größer** ist, wie diejenige der Planetenbahn, so folgert sich hieraus $Q > 2R$, also auch eine Entfernung des Rückkehrpunktes von dem Abschleuderungspunkte, die größer ist, wie die Entfernung des Letzteren vom Mittelpunkte der Sonne.

Die Bahngeschwindigkeit u des Planeten formulirt sich aus 5)

7) $$u = r\sqrt{\frac{p}{R}}.$$

Wäre es nun möglich, daß die Abschleuderungsgeschwindigkeit u das $\sqrt{2}$-fache der Bahngeschwindigkeit ergeben könnte, so hätten wir für dieselbe

8) $$u = \sqrt{2} \cdot r\sqrt{\frac{p}{R}} \quad \text{oder} \quad u^2 = \frac{2pr^2}{R}$$

und hieraus würde sich aus 2) folgern:

9) $$Q = \frac{R}{0} = \infty \,;$$

es würde dann die abgeschleuderte Masse nicht mehr zur Sonne zurückkehren können.

Da, nach (189.), die Geschwindigkeit, mit welcher sich ein abgerissener Massetheil ursprünglich in gerader Richtung zu entfernen strebte, die Summe der Geschwindigkeiten des Planeten in seiner Bahn und die Rotationsgeschwindigkeit seiner Nebelmasse nicht übersteigen konnte, bei der Erde aber, wie aus (152.) hervorgeht, diese Summe stets kleiner ist, wie g. $\sqrt{2}$, so mußten auch alle durch das Erdenellipsoid bewirkten Abschleuderungen von Nebelmasse wieder durch die Anziehungskraft der Sonne zurückkehren.

Diese Schlußfolgerung können wir auf alle Planeten ausdehnen und es ergiebt sich hieraus, daß sich kein Theil der abgeschleuderten Nebelmasse ursprünglich aus dem Sonnensystem entfernt haben konnte.

194.

Kometenbahnen in der Ekliptik liegend.

Stellt uns in Fig 26 die Papierfläche wieder die Ebene der Ekliptik, der Kreis zum Mittelpunkte P die Horizontalprojection der contingirten Planetenhülle mit dem Sonnenellisoide, und W Z diejenige eines Theiles des Umfanges des Sonnenellipsoides vor, ist dagegen der Mittelpunkt P des Planeten kein Punkt dieses Umfanges, sondern liegt er **außerhalb** desselben, ist außerdem π das Perihel des Planeten, das er um die Größe $P\pi = AD$ bereits überschritten hat; so ist A der Abschleuderungspunkt und die in ihm auf den Halbmesser P A errichtete Senkrechte, also die Tangente A𝔄 des Punktes A, bezeichnet uns die Richtung der Abschleuderung.

Da in dem vorliegenden Falle die Attractionskraft der Sonne offenbar der Richtung der Abschleuderung nicht direct entgegenwirkt, so wird sich die abgeschleuderte Masse auch nicht in einer geraden Linie bewegen, sondern jeden Augenblick eine Ablenkung von der Geraden erleiden, also eine Curve beschreiben. Bezeichnet uns nun A B die Größe und Richtung der Anziehung, A 𝔄 dagegen Größe und Richtung der Abschleuderung für einen gewissen Zeittheil, so wird sich nach Ablauf desselben die abgeschleuderte Masse nicht in dem Punkte 𝔄, sondern in dem Endpunkte K der Diagonale A K des mit den Seiten A B und A 𝔄 construirten Parallelogramms befinden; die abgeschleuderte Masse wird also die Curve A K beschrieben haben.

Es ist klar, daß, so lange wir uns den Theil W Z des Umfanges des Sonnenellipsoides als mit einer geraden Linie nahe zusammenfallend denken, wir uns auch die Anziehungen als parallel wirkende, und die Curve als mit einer Parabel nahe übereinstimmend vorzustellen haben.

Hat aber die abgeschleuderte Masse eine weitere Wegstrecke zurückgelegt, dann sind wir genöthigt, die anfängliche Vorstellung zu verlassen, weil in der That kein Theil des Umfanges des Sonnenellipsoides eine gerade Linie ist, und die Attraction von einem einzigen Punkte aus wirkt. Die Curve wird dann auch von der ursprünglichen parabolischen Gestalt abweichen und in eine elliptische übergehen.

Unter den obengestellten Voraussetzungen wird dann die abgeschleuderte Nebelmasse eine Ellipse in der Ekliptik beschreiben.

195.

Gegen die Ekliptik geneigte Kometenbahnen.

Liegt das Perihel einer Planetenbahn nicht in einem Knotenpunkte des Sonnenäquators, und fällt dabei der Mittelpunkt des Planeten mit einem Punkte der Oberfläche des Sonnenellipsoides zusammen, so steht die durch die Richtung der Abschleuderung und durch den Mittelpunkt der Sonne gelegte Ebene, wie wir in (191.) gesehen haben, auf der Ebene der Ekliptik senkrecht. Liegt hierbei das Perihel oberhalb des Sonnenäquators, also in einem Punkte des Halbkreises ☊E☋, Fig. 25, so wird sich die Abschleuderung stets über die Ekliptik erheben, der Abschleuderungspunkt selbst also der aufsteigende Knotenpunkt der Kometenbahn sein, und ihr größerer Theil wird oberhalb der Ekliptik liegen. Befindet sich aber das Perihel unterhalb des Sonnenäquators, also in einem Punkte des Halbkreises ☊T☋, Fig. 25, so wird sich auch die Abschleuderung stets unter die Ekliptik senken, der Abschleuderungspunkt selbst also der absteigende Knotenpunkt des

Kometen sein, und der größere Theil der Kometenbahn wird unterhalb der Ekliptik liegen.

Wir wollen ersteren Fall zunächst hier in näheren Betracht ziehen, dabei aber annehmen, daß bei dem Contacte im Perihel der Mittelpunkt des Planeten nicht zugleich ein Punkt der Oberfläche des Sonnenellipsoides sei. Es erhält dann die durch die Richtung der Abschleuderung und durch den Mittelpunkt der Sonne gelegte Ebene eine schiefe Lage zur Ekliptik, und da sich die abgeschleuderte Masse in dieser schiefen Ebene bewegt, so bildet die Kometenbahn einen Winkel gegen die Ekliptik.

Zur Veranschaulichung des Gesagten sei, in Fig. 28., der Kreis zum Mittelpunkte P die Horizontalprojection, und der zum Mittelpunkte P' die Verticalprojection einer contingirten Planetenhülle. Für die Horizontalprojection stelle die Fläche des Papiers, und für die Verticalprojection die Linie E'S die Ebene der Ekliptik vor. W Z sei die Horizontalprojection des Umfanges der contingirten Sonnennebelmasse, und die auf derselben errichtete Normale P S gehe durch den Mittelpunkt der Sonne.

Die Abschleuderung der Masse erfolgt dann in der Aequatorebene w P' o, (oder in irgend einer, mit der Ekliptik den Winkel (180^0 — A' A' S) in der Verticalprojection, oder den Winkel (180^0 — A A S) in der Horizontalprojection, bildenden Ebene).

Die abgeschleuderte Masse wird sich also über die Ebene der Ekliptik erheben, durch die Attraction des Sonnenkörpers aber von ihrer geraden Richtung abgelenkt werden, eine elliptische Bahn beschreiben und die Ebene derselben, deren Horizontaltrace E S ist, dann eine schiefe Lage unter dem in die Horizontalprojection umgelegten Winkel A E F zur Ebene der Ekliptik erhalten.

Offenbar zeigt sich in dem betrachteten Falle, in welchem der Mittelpunkt der Planetenhülle außerhalb des Sonnenellipsoides liegt, die abgeschleuderte Masse, der Komet, im Vergleich zur Bahnbewegung des Planeten als rückläufig.

Nehmen wir aber an, es läge der Mittelpunkt der Planetenhülle eine Strecke innerhalb der Nebelmasse des Sonnenellipsoides, so ändert sich unsere Anschauung dahin ab, daß die Tangente des Abschleuderungspunktes in Bezug auf die Richtung der Attraction eine der obigen entgegengesetzte Lage hat. Die Abschleuderung wird dann zwar auch oberhalb der Ebene der Eliptik stattfinden, die Anziehungskraft aber auf der der obigen entgegengesetzten Seite wirken, d. h. der Komet wird **rechtläufig** werden.

Nehmen wir dagegen an, es fände der Contact der Planetenhülle mit dem Sonnenellipsoide in dem Perihel des Planeten **unterhalb** des Sonnenäquators unter den gestellten Voraussetzungen statt, so wird die analoge Betrachtung gerade entgegengesetzte Resultate liefern.

196.

Entstehung der Kometen außerhalb des Perihels.

Wir haben bisher nur solche Kometenbahnen in Betracht gezogen, welche durch eine Abschleuderung der Nebelmasse in dem Perihel des Planeten erzeugt wurden. Eine solche Abschleuderung konnte aber, wie wir, in (190.), erörterten, sowohl **vor dem Eintritte des Planeten in das Perihel, als nach seinem Austritte** aus demselben erfolgen. Ja wir dürfen mit großer Bestimmtheit behaupten, daß sich die Abschleuderungen vor und nach dem Perihel weit öfter ereigneten, wie in dem Perihel selbst, weil der Contact offenbar außerhalb desselben längere Zeit andauerte, wie in dem Punkte der Sonnennähe.

Fällt das Perihel mit einem Knotenpunkte des Sonnenäquators zusammen und findet die Abschleuderung vor oder nach dem Perihel unter einem so kleinen Winkel gegen die Richtung des Sonnenmittelpunktes statt, daß die Richtung der Abschleuderung, rückwärts verlängert, noch in den Bereich des Sonnenkörpers einschneidet, so wird nahezu dasselbe eintreffen, was wir, in (192.), beobachtet haben. Die abgeschleuderte Masse wird dann zwar keine gerade Linie, sondern eine sehr schmale Ellipse beschreiben, die aber durch den Sonnenkörper geht, so daß sich also der Komet schon nach seiner ersten Rückkehr mit der Sonne vereinigt.

Wenden wir die Betrachtung des Contactes vor und nach dem Perihel für alle übrigen Lagen dieses Sonnennähepunktes zum Sonnenäquator an, so finden wir große Uebereinstimmung mit dem Verhalten der Planetenhülle i m Perihel, wobei ihr Mittelpunkt zugleich a u ß e r h a l b der Oberfläche des Sonnenellipsoides liegt, und wir erhalten stets entgegengesetzte Ergebnisse, wenn wir die Abschleuderungen oberhalb und unterhalb der Sonnenäquatorebene in Betracht ziehen. Läßt sich nämlich aus der einen Betrachtung eine rechtläufige Bewegung der abgeschleuderten Masse folgern, so ergiebt sich aus der anderen eine rückläufige Bewegung.

Da wir erfahrungsmäßig die Kometen, wenn auch aus sehr dünner Nebelmasse bestehend, dennoch dichter finden, als uns die Rechnung die Dichtigkeit der Nebelmasse des Sonnenellipsoides angiebt, so dürfen wir wohl annehmen, daß die Kometenmasse im Beginne der Abschleuderung, und durch den Zwang, den bisher eingehaltenen Weg zu verlassen, einen kleinen Geschwindigkeitsverlust erlitten, und sich dadurch verdichtet habe. —

Vielleicht dürfen wir auch Zweifel daran erheben, ob die Abschleuderung der Kometenmasse g e n a u in der Aequatorebene des Planeten, oder nicht vielleicht in einer anderen, etwa auf dem Umfange des Sonnenellipsoides senkrecht stehenden, Ebene der Planetenhülle erfolgt sei? Doch begründet dies keineswegs einen Zweifel daran, daß die Kometen in der That die centrifugalen Abschleuderungen der in Contact gerathenen Planetenhülle mit dem jeweiligen Sonnenellipsoide seien — denn dafür bürgen uns: ihre nur geringen Verdichtungen, die stark elliptischen Formen ihrer Bahnen und ihre Recht= und Rückläufigkeiten.

197.

Ursprung der Kometen in Bezug auf einen bestimmten Planeten.

Wollten wir bestimmen, von welchem Planeten muthmaßlich die Entstehung eines Kometen verursacht worden sei, so hätten wir zunächst dessen Knotenpunkte in Betracht zu ziehen.

Wir wissen, daß der Punkt des Planetenäquators, in welchem die Kometenmasse abgeschleudert wurde, stets ein Knoten der Kometenbahn ist, bald der aufsteigende, bald der absteigende.

Wir hätten also zu untersuchen, ob einer dieser Knoten mit der Bahn eines Planeten zusammenfalle oder vielmehr einer solchen nahe komme — denn die Störungen, welchen die Bahnen der Himmelskörper unterworfen sind, lassen ein stetes Verbleiben der Knotenpunkte der Kometen in den Bahnen der Planeten nicht voraussetzen — um mit großer Wahrscheinlichkeit den Ursprung des Kometen von einem gewissen Planeten zu vermuthen.

So liegen beispielsweise der aufsteigende Knoten des Halley=schen Kometen, der rückläufig ist, sehr nahe an der Marsbahn, der absteigende des Biela'schen und der absteigende des Enke'schen Kometen, die beide rechtläufig sind, sehr nahe an der Erd= beziehungsweise Merkursbahn, und wir können deshalb den ersten als einen Ausfluß von Mars, den zweiten als einen Abriß der Erde und den dritten als einen solchen von Merkur betrachten.

Wir könnten auch wegen der Lage dieser Knoten vermuthen, daß zur Zeit der Bildung des Mars das Perihel dieses Planeten sich unterhalb der Sonnenäquatorebene, das Perihel der Erde aber und das des Merkur bei Erhaltung ihrer Rotationen sich oberhalb derselben befunden haben.

Kometen endlich, deren Bahnen sich durch die Beobachtung als Parabeln darstellen, also so große Excentricitäten haben, daß sich diese aus den Beobachtungen nicht mehr ableiten lassen, müssen nahe in den Perihelien der Planetenbahnen ihre centrifugale Abschleuderung erhalten haben. Endlich können Kometen, deren beide Knotenpunkte diesseits der Planetoidenzone liegen, nur von einem der innern Planeten (einschließlich des Mars) erzeugt sein; liegt aber einer der Knotenpunkte eines Kometen jenseits der Planetoidenzone, so muß seine Entstehung einem der äußeren Planeten, und fällt er in die Planetoidenzone selbst, so dürfte er dem Jupiter beigemessen werden.

Kometen, deren beide Knotenpunkte jenseits der Planetoidenzone liegen, entziehen sich unzweifelhaft ganz unserer Beobachtung.

198.

Vergleichung der Ellipse mit der Parabel.

Bekanntlich nennt man die durch den Brennpunkt S der Parabel, Fig 32., auf die Axe P P' gelegte Senkrechte (PP' = 4 . PS =) 4P, welche die Aeste derselben in den beiden Punkten P und P' schneidet, den Parameter der Parabel. Diese Curve hat also, wie die Kreislinie nur einen Parameter. Wie es aber bei Letzterer einerlei ist, ob man ihren Durchmesser oder ihren Halbmesser als einen solchen betrachtet, so kann man auch bei der Parabel nur die Hälfte obiger Linie, nämlich die in dem Brennpunkte errichtete Ordinate (PS =) 2P als den Parameter bezeichnen. In diesem Falle ist also die Entfernung (PS =) P ihres Brennpunktes S von ihrem Scheitelpunkte P dem halben Parameter gleich. Wir wollen in dem Folgenden diese Vorstellung festhalten.

Die Ellipse hat bekanntlich zwei Parameter und man versteht gewöhnlich darunter die große Halbaxe (PM = P'M =) a und die kleine (RM = R'M =) b. Beide Linien gewähren eine leichte Vergleichung dieser Curve mit dem Kreise zum Halbmesser r.

Will man aber die Ellipse mit der Parabel in Vergleichung bringen, dann sind die beiden Axen der Ersteren nicht mehr zutreffend mit dem Parameter der Letzteren. Um eine Analogie in dieser Beziehung zu erhalten, können wir die in dem einen Brennpunkte S der Ellipse errichtete senkrechte Ordinate (QS =) Q als den einen, und die Entfernung (PS =) P dieses Brennpunktes vom nächsten Scheitelpunkte P als den anderen Parameter uns vorstellen.

Durch beide Linien, Q und P, ist dann die Ellipse eben so sicher bestimmt, wie durch ihre beiden Halbaxen a und b.

Nach dem Obigen werden wir als Gleichung für die Parabel haben

1) $$y^2 = 4P \cdot x.$$

Schreiben wir dann in der Polargleichung der Ellipse

2) $$y^2 = \frac{b^2}{a^2}(2ax - x^2)$$

Q für y und P für x, nämlich:

3) $$Q^2 = \frac{b^2}{a^2}(2aP - P^2)$$

so findet sich, weil

4) $$P = a - \sqrt{a^2 - b^2}$$

ist:

5) $$Q = \frac{b^2}{a}.$$

Aus den Gleichungen 4) und 5) folgt:

6) $$a = \frac{P^2}{2P - Q}$$

7) $$b^2 = \frac{P^2 Q}{2P - Q};$$

und wenn man diese Werthe von a und b in 2) einführt, so ergiebt sich

8) $$y^2 = 2Q \cdot x - \frac{Q(2P - Q)}{P^2} \cdot x^2$$

Es folgt aus 6) und 7) weiter:

9) Für $Q = P$ wird $a = b$, also die Curve ein Kreis.

10) Für $Q < 2P$ ist sie eine Ellipse.

11) Für $Q = 2P$ wird $a = \infty$, oder die Curve zur Parabel.

12) Und für $Q > 2P$ ist die Curve eine Hyperbel.

Wäre es möglich aus den Resultaten der Beobachtungen bei einer Kometenbahn außer der Perihel-Distanz und der Lage der großen Bahnaxe auch den Abstand Q des Kometen von der Sonne bei 90° Anomalie vollkommen genau zu bestimmen, so ließen sich hieraus die beiden Axen der Bahn, und damit seine weiteste Entfernung von der Sonne, sowie seine Umlaufszeit, leicht ableiten.

Leider wachsen bekanntlich die Schwierigkeiten einer solchen Bestimmung mit der Abnahme der Periheldistanz P, und der Astronom ist in den meisten Fällen genöthigt, die Kometenbahn als reine Parabel zu betrachten, wodurch die Bestimmung der Längenaxe wegfällt.

199.

Bestimmung der Ellipse durch die Entfernung eines ihrer Brennpunkte vom nächsten Scheitelpunkte und durch einen Punkt ihres Umfanges.

Indessen wäre es vielleicht möglich, daß sich durch die Beobachtung, außer der Periheldistanz und der Lage der großen Axe der Bahn, auch die rechtwinkeligen Coordinaten $(PN) = x$ und $(KN) = y$ eines Kometen K, Fig. 32, feststellen ließen. In diesem Falle wären also beide Coordinaten x und y bekannte Größen, und es würde nicht schwer halten, die Ordinate $(QS =) Q$ des Brennpunktes S aus der Periheldistanz $(PS =) P$ abzuleiten.

Denn da für die Ellipse $2P > Q$ ist, (198. 10.), so muß auch

1) $$2P = Q + \frac{Q}{m} = \frac{m+1}{m} \cdot Q$$

sein, in welcher Gleichung m eine noch zu bestimmende positive Größe bedeutet.

Es folgt aus ihr:

2) $$P = \frac{m+1}{2m} \cdot Q \quad \text{oder} \quad P^2 = \frac{(m+1)^2}{4m^2} \cdot Q^2.$$

Substituiren wir nun diesen Werth von P in (198. 8.), so wird

3) $$y^2 = 2Q \cdot x - \frac{4m}{(m+1)^2} \cdot x^2$$

Bezeichnen wir ferner die aus der Beobachtung resultirende Abscisse x als das n=fache, und die Ordinate y als das q=fache von P, setzen nämlich:

4) $$x = n \cdot P \qquad \text{und} \qquad y = q \cdot P$$

so ergiebt sich, wenn wir für P seinen Werth aus 2) substituiren

5) $$x = n \cdot \frac{m+1}{2m} \cdot Q.$$

Die Gleichung 3) geht dann über in:

6) $$q^2 = \frac{4m^2}{(m+1)^2} \cdot \frac{(m+1)n - n^2}{m}.$$

Hieraus findet sich endlich:

7) $$m = \frac{q^2 + 2n \cdot [n - 1 + \sqrt{q^2 + (n-1)^2}]}{4n - q^2}.$$

Hat man auf diese Weise m erhalten, so ergeben sich dann leicht die Werthe der beiden Halbaxen a und b, sowie der Excentricität e, nämlich:

8) $$a = \frac{m+1}{2} \cdot P$$

9) $$b = \sqrt{m} \cdot P$$

10) $$e = \frac{m-1}{2} \cdot P.$$

Hätte man die Coordinaten x und y für mehrere Punkte der elliptischen Bahn bestimmt, so würde man für die Beobachtung hierdurch gleichsam eine Controle erhalten, weil alle für m gefundenen Werthe einander gleich sein müssen.

200.

Ansichten, die unserer Theorie entgegenstehen.

Wir glauben, unsere ganze Entstehungstheorie der Planeten, Monde, Kometen und Feuermeteore, consequent und in einfacher Weise auf Grundlage der Laplace'schen Hypothese durchgeführt und erwiesen zu haben, doch stimmen damit die Ansichten Anderer nicht überall überein. — So führte die Ueberzeugung von einer gemeinschaftlichen Entstehungsursache allerdings Laplace auf den Gedanken, daß, vermöge einer ausnehmend großen Wärme, die Atmosphäre der Sonne sich anfänglich über alle Planetenbahnen hinaus erstreckt habe, und daß die Planeten an den successiven Grenzen dieser Atmosphäre, — durch die Verdichtung der Zonen welche sie bei ihrer Erkaltung und Verdichtung auf der Oberfläche der Sonne, in der Ebene ihres Aequators absetzen mußte, — entstanden seien.

Und hiervon weichen unsere Ausführungen von der Hypothese Laplace ab, indem sie nicht die Erkaltung, sondern die Anziehung als Ursache der Verdichtung gelten lassen — ja der ungemein lockeren, um die Sonne in einer so großen Ausdehnung rottirenden Nebelmasse selbst nicht einmal einen besonderen Wärmegrad, vielmehr umgekehrt die erhöhte Wärme erst der Verdichtung der Massetheile beimessen, — aber diese Abweichungen in der Ursache der Verdichtung alteriren keineswegs das Wesen der Sache selbst.

Denn, was auch diese Ursache gewesen sein möchte, immer dürfte doch von vornherein angenommen werden müssen, daß sie nicht in jedem Theile der unverdichteten Masse gleichmäßig vorhanden war, also auch nicht auf alle Theile in ein und derselben Weise wirken konnte. Und diese Betrachtung ist es gerade, die uns auf Rückstände der Sonne, der Planeten und Monde — Sonnen- und Erd-Sternschnuppen geführt hat.

Wir stimmen indessen mit unseren Ausführungen auch sonst nicht überall genau mit dem überein, was uns die astronomischen Schriften in manchen Beziehungen mittheilen.

Schon bei den Kometen stehen wir in einem Gegensatze.

Der parabolische Charakter der langgestreckten Kometenbahnen macht es zwar an und für sich sehr wahrscheinlich, daß er lediglich ein elliptischer sei, weil sich eine Ellipse von sehr großer Excentricität eben so schwer von der Parabel, wie eine solche von sehr kleiner Excentricität von dem Kreise unterscheidet. —

Nun sollen der Beobachtung zu Folge sich Kometen auch in Hyperbeln bewegen. Da indessen noch bei keinem einzigen eine bedeutende Abweichung von der parabolischen zur hyperbolischen Bahn hin nachgewiesen ist, so möchte, in Anbetracht der Schwierigkeiten, welche sich für die Bestimmung der Bahnelemente eines Kometen aus der Beobachtung ergeben, wohl angenommen werden dürfen, daß selbst ein kleiner Fehler der Beobachtung die Gestaltung der parabolischen Bahn irrthümlich zur hyperbolischen veranlaßt haben könne.

Denn wären die Kometen, wie häufig angenommen wird, durchaus außerhalb des Sonnensystems entstanden, also in dasselbe eingeführt, so müßten sich unbedingt die Bahnen der meisten Kometen als von der Parabel sehr bedeutend abweichend gestalten.

Stünden aber selbst die Beobachtungen und Berechnungen schwacher hyperbolischer Bahnen in der That über jeden Zweifel erhaben, dann würde doch unsere Theorie über die Entstehungsweise der Kometen hierdurch immerhin nicht abgeändert werden. Wir würden vielmehr nur daraus folgern, daß jene nahezu parabolischen Bahnen nur durch Störungen in schwach hyperbolische verwandelt wurden, und daß sich die Kometen jetzt erst aus dem Bereiche des Sonnensystems entfernen, nicht aber, daß sie von außen her in dasselbe eingedrungen seien. Solche Störungen könnten wegen der geringen Masse der Kometen möglicherweise außer den Planeten auch von uns unsichtbaren Sternschnuppenströmen bewirkt worden sein.

Was in der angeregten Beziehung von den Kometen gültig ist, möchte in ähnlicher Weise auch von den Sternschnuppen zu gelten haben.

Ein wissenschaftlicher Glaubenssatz trennt in der neuesten Zeit, wegen ihren ungleichen Geschwindigkeiten, die Meteoriten (und

Feuerkugeln) von den Sternschnuppen, indem man zwar beiden Bahnbewegungen um die Sonne beilegt, den ersteren aber hyperbolische und den letzteren parabolische (oder vielmehr langgestreckte elliptische) Bahnen beimißt; erstere als aus dem Weltall kommend betrachtet, und letztere für Kometentheile hält.

Was die als Meteoriten ausgelesenen Sonnen-Sternschnuppen anlangt, so glauben wir, daß ihr Elongationswinkel und ihre mögliche Rückläufigkeit ihre scheinbaren, zum Theil großen Bahngeschwindigkeiten ebensowohl erklären, wie die Annahme einer hyperbolischen Gestalt.

Bezüglich der Sternschnuppen legen unsere Ausführungen diesen Körpern im Allgemeinen zwar stärkere elliptische Bahnen wie der Erde bei, sie schließen aber langgestreckte Ellipsen aus. Sie erkennen ihre Geschwindigkeiten theils als größere, theils als kleinere wie die Bahngeschwindigkeit der Erde, geben ihnen aber ursprünglich keine größeren Unterschiede, als sie in Folge der Verschiedenheit ihrer Bahnhalbmesser nach dem Keppler'schen Gesetze haben würden.

Da man indessen in neuester Zeit aus dem Ergebniß der bisherigen Beobachtungen und Berechnungen, hinsichtlich der Geschwindigkeiten der Sternschnuppen, langgestreckte elliptische Bahnen erkannt haben will, so widerstreiten unsere Ausführungen auch in diesem Punkte den aufgestellten Ansichten. Wenn man indessen bei den **Berechnungen** — wie geboten — in Betracht zieht, daß Erde und Sternschnuppen sich (mit Ausnahme von verdichteten Polartheilen der früheren Planetoidenschalmasse) **absolut nach einerlei Hauptrichtung** hin bewegen, und wenn man danach die scheinbaren Geschwindigkeiten auf die wirklichen reducirt, so würden sich die angeführten Widersprüche sicher zu unseren Gunsten erledigen.

201.

Einfluß der Sternschnuppen auf den Lauf der Kometen.

Nach unseren Ausführungen über die Rückstände der Planeten- und Mondringschalen dürfen wir also kreisende kleinere Körper nach allen Richtungen hin um die Sonne, sowie um die Planeten voraussetzen. Wenn nun auch bei einigen Planeten, wie bei Mars, Venus und Merkur, immerhin M o n d e ganz zu fehlen scheinen, so dürfen wir doch unterstellen, daß sie wenigstens von ihrer nunmehr verdichteten Schalmaterie in vielen kleinen Körpern umkreist werden, die für uns ewig unsichtbar sind. — Ebenso können wir annehmen, daß die Rückstände aller Planetenschalen in gleicher Weise Bahnen um die Sonne beschreiben, und daß die nach unserer Rechnung noch zwischen Merkur und der Sonne befindlichen sechs Planetenschalen also ihrem vollen Inhalte nach sich als kleinere Körper um die Sonne bewegen.

Wir finden in diesen unzähligen Schalrückständen dafür Veranlassung genug, daß sie auf die Bahnen der Kometen bei etwaigem Zusammentreffen Einfluß ausüben können und haben bereits, in (200.), die Umwandlung langgestreckter elliptischer Kometenbahnen in schwache hyperbolische dem Einflusse von Sternschnuppenströmen als möglich und wahrscheinlich zugeschrieben. Wir sind auch geneigt anzunehmen, daß sie es sind, welche die Absidenlinie des Encke'schen Kometen verkürzt und seine Bahn beschleunigt, also seine ursprünglich elliptische Bahn in eine spiralförmige umgewandelt haben.

In gleicher Weise mögen sie die Theilung des Biela'schen Kometen verursacht haben.

Wäre der Aether die Veranlassung dieser Erscheinungen, wie häufig angenommen wird, so wäre nicht wohl erklärlich, warum sein Widerstand bis jetzt noch keine sichtbare Veränderung auf die Bahnen der übrigen Kometen von kurzer Umlaufszeit veranlaßt hätte.

Wir bestreiten durch diese Vermuthungen keineswegs die Annahme eines solchen das Weltall erfüllenden Mediums, denn wir haben den Aether sehr nothwendig zur Undulations-Theorie des Lichtes und zur Erklärung der strahlenden Wärme. Aber wir ziehen es vor, wenigstens die Ursache der obengenannten Erscheinungen auf den zufälligen Einfluß von festeren Körpern zurückzuführen, deren Existenz von uns geistig noch sicherer erkannt ist.

Wir bestreiten auch hiermit in keiner Weise die Möglichkeit, daß Bahnebenen von Kometen und Sternschnuppenströmen sich unter sehr kleinen Winkeln schneiden oder sogar zusammenfallen können, oder daß Kometen und Sternschnuppen in einem Theile ihrer Bahnen mit einander in Berührung kommen und zusammenstoßen, — im Gegentheile, wir halten eine solche Coincidenz bei dem Biela'schen Kometen mit uns unsichtbaren Sternschnuppenströmen in der That für äußerst wahrscheinlich. Aber wir können die Ansicht nicht theilen, daß man Kometen und Sternschnuppenströme auffinden werde, welche im Raume *identische* Bahnen beschreiben, und können uns daher auch derjenigen nicht anschließen, welche die Sternschnuppen für aufgelöste Kometentheile erklärt.

XXII.

Die Oberfläche der Himmelskörper.

202.

Rückblicke.

1) Wenn wir unsere Entstehungstheorie der Planeten und Monde noch einmal überblicken, so resumiren wir, daß die Bewegung der abgelösten Schaltheile nach ihrer Schwerpunktskreisebene hin in verhältnißmäßig kurzer Zeit erfolgt ist, sich also der Uebergang der lockeren Massetheile in verdichtete oder ihre Ablagerung in unzählige feuerflüssige kleine Kugeln in die Schwerpunktskreisebene der Schale, gleichsam plötzlich ergeben hatte.

2) Wir erkannten die Massetheile des inneren Schalkreises als diejenigen, welche wegen ihrer schnellsten Umlaufsbewegung den größten Druck auszuhalten hatten, und folgeweise diesen Kreis als denjenigen, in welchem die Verdichtung am stärksten werden mußte.

3) Von dem inneren nach dem äußeren Schalkreise hin mußte selbstredend der Druck der Massen auf die Schwerpunktskreisebene mit deren Geschwindigkeiten abnehmen. Mithin war dies in gleichem Grade mit der Feuerflüssigkeit der bezüglichen kleinen Körper der Fall.

4) Wir erkannten ferner, daß in der Aequatorialzone der Schale eine Verdichtung der Schalelemente nicht oder kaum stattfand, daß sich vielmehr diese Theile der Schale in unverdichtetem oder nur wenig verdichtetem Zustande dem Aequator des restirenden Ellipsoides genähert haben und sich an die verdichteten Körper anlagerten, während die unverdichteten Theile des äußeren Schaläquators selbst ihre Entfernung von dem Mittelpunkte der Sonne beibehielten.

5) Im Laufe der Zeiten mußten die kleinen feuerflüssigen Körper, weil in einer Ebene liegend, in den Schneidungspunkten ihrer Bahnen zusammentreffen und sich zu einem Körper vereinigen, und das Zusammenfließen je zweier solcher feuerflüssigen Kugeln mußte um so früher erfolgen, je kleiner der Winkel war, unter welchem sich ihre Bahnen zu schneiden hatten.

6) Die Zeit, welche im Ganzen hierzu nothwendig verbraucht wurde, haben wir als „die Dauerhaftigkeit der Ringströme" bezeichnet, und wir haben sie als im umgekehrten Verhältniß der Geschwindigkeiten und im geraden der Bahnhalbmesser — also im Verhältniß der Umlaufszeiten — stehend erkannt.

7) Die Theile der Aequatorialzone der abgelagerten Schale, welche sich dem Aequator des Sonnenellipsoides genähert und an die verdichteten Körper angelagert hatten, mußten nunmehr die zu einer feuerflüssigen Kugel vereinigte Planetenmasse gleich einer Atmosphäre umgeben und diese endlich durch den Contact mit dem rotirenden Sonnenellipsoide selbst Rotation erhalten. Durch die successive Anlagerung dieser rotirenden Nebelmasse aber an die Planetenkugel mußte die Umdrehung um eine Axe auch dieser mitgetheilt werden.

8) Dagegen fanden wir, daß ein Contact der Mondkugeln mit den restirenden Planetenellipsoiden nicht stattfand, weil das restirende Planetenellipsoid bereits eine weitere Ringschale abgelagert hatte. Es ergab sich hiernach, daß die Nebelmasse, welche die Mondkugeln umgab, nicht in Rotation versetzt wurde, und daß also durch ihre successive Anlagerung an die Mondkugeln diese Körper keineswegs Rotation erhielten.

203.

Rückstände der Ringschalen.

Heben wir noch einmal für den Uebergang zum Folgenden aus dem Resumé hervor, daß bei dem Zusammensturze der Schalmasse der Druck auf die Schwerpunktskreisebene der Ringschale nach dem äußeren Schalkreise hin abnahm, bis er darin gleich Null war, und daß mithin nicht alle Massetheile der Schale eine feuerflüssige Verdichtung erhalten konnten. — Die Feuerflüssigkeit mußte vielmehr von dem inneren nach dem äußeren Schalkreise, wenn auch anfangs sehr schwach, abnehmen. Die nicht feuerflüssig verdichteten Massen bildeten also die äußeren Ringströme.

Die ganze hier nochmals erörterte Procedur setzt übrigens ein sehr gleichmäßiges Verhalten der Materie voraus und sie unterstellt durchweg, daß in der That nur in der Schwerpunktskreisebene der Schale die Verdichtung der Masse stattgefunden habe, während doch die Möglichkeit einer Verdichtung von Massetheilen auch außerhalb, (und zwar oberhalb und unterhalb) dieser Ebene, keineswegs ausgeschlossen ist. Auch müssen gewiß schon die bei dem Loswerden der Schale von dem restirenden Sonnenellipsoide durch die Centralkraft bewirkte Herausdrehung der Schwerpunktskreisebene der Schale aus der Sonnenäquatorebene mancherlei Abweichungen in dem regelmäßigen Vollzuge der Umwandlung hervorrufen.

Ferner konnte das Eingreifen des vorhergehenden Planeten in die Ringschalmasse, wie wir dies bei dem Contacte Jupiters mit der Planetoidenschale in größerem Maße erkannt haben, kleine Unregelmäßigkeiten erzeugen, wodurch später die mathematische Genauigkeit der Verdichtung der Schalmasse alterirt wurde.

Wir müssen daher die sonst unerläßlichen stricten Folgerungen aus den (blos) unterstellten Verhältnissen vielfachen Modificationen unterwerfen und dürfen namentlich bei allen Schalablagerungen oberhalb und unterhalb der Schwerpunktskreisebene ebenfalls Verdichtung der Materie voraussetzen. Alsdann müssen wir den so verdichteten Körpern, deren Elemente sich früher parallel mit der Schwerpunktskreisebene der Schale bewegt hatten, eine Bahnebene beimessen, welche nunmehr durch die Sonne geht, die Schwerpunktskreisebene der früheren Ringschale also schneidet.

Diese Körper mußten sich mithin alle in ihrer Hauptrichtung zwar von West nach Osten bewegen, die Bewegung der oberhalb der Schwerpunktskreisebene verdichteten Körper konnte aber nur über Süden, und die der unterhalb dieser Ebene verdichteten Körper über Norden erfolgen.

Hiervon ausgehend können wir mit hoher Wahrscheinlichkeit weiter annehmen, einmal, daß eine Verdichtung von Massen außerhalb der Schwerpunktskreisebene im Allgemeinen häufiger in deren Nähe stattfand, als in deren Ferne, und außerdem, daß eine Anlagerung dieser, außerhalb der Schwerpunktskreisebene verdichteten, Körper an den Hauptkörper sich desto früher ereignen mußte, je kleiner der Winkel war, den die Bahnen jener Körper mit der Bahn des Hauptkörpers selbst bildeten.

Wir kommen hierdurch schließlich zu dem allgemeinen Ergebnisse:

Der Zusammenfluß der feuerflüssig verdichteten Körper erfolgte früher, als die Anlagerungen der nicht feuerflüssig verdichteten Körper; in letzterer Beziehung aber gingen die Anlagerungen größerer Körper denjenigen kleinerer voraus und erfolgten unter einem kleineren Winkel wie diese.

204.

Die Bahnen der Rückstände schneiden die Meridiane des Planeten unter allen möglichen Winkeln.

Denken wir uns den Bahnhalbmesser eines nicht feuerflüssig verdichteten Massetheils größer wie denjenigen, der zu einem Körper vereinigten feuerflüssig verdichteten Schaltheile, so müssen wir wiederum dem Letzteren, seines kleineren Bahnhalbmessers wegen, eine raschere Bahnbewegung beimessen, wie dem Ersteren. Wir müssen aber auch zugleich annehmen, daß bei dem Vorübergange beider Körper an einander, der größere auf den kleineren eine Anziehung ausübe, die, wenn sie auch bei einem einmaligen Vorübergange unmerklich ist, doch im Laufe der Zeit, bei vielmaligen Umläufen, eine Vereinigung des kleineren Körpers mit dem größeren veranlaßte.

Eine solche Vereinigung könnte selbstredend nur in einem Knotenpunkte der Bahn des kleineren Körpers stattfinden, dieser

Punkt allerdings aber in jedem Punkte der Bahn des größeren liegen.

War hierbei der größere Körper, wie bei den Planeten, bereits in Rotation versetzt, und fand die Vereinigung beider Körper in einem Endpunkte der **großen Axe** der Planetenbahn statt, so wird offenbar die Bahnrichtung des kleineren die **Meridiane des größeren Körpers nahezu senkrecht durchschneiden**. Findet dagegen die Vereinigung in einem der Endpunkte der **kleinen Bahnaxe** statt, so wird nun die Bahnrichtung des kleineren Körpers mit einem **Meridiane des größeren nahezu zusammenfallen**.

Es folgt hieraus, wegen des **möglichen** Zusammentreffens der **nicht feuerflüssig** verdichteten Körper in **allen Punkten** der Bahn des großen feuerflüssigen Körpers, eben die Möglichkeit, daß die Meridiane des Letzteren von den Bahnrichtungen jener kleineren Körper unter allen möglichen Winkeln geschnitten werden können.

205.

Die Oberfläche der Erde.

Wenden wir die bisherige Betrachtung auf die Bildung der **Erdoberfläche** an und setzen voraus, es sei, nachdem sie bereits Rotation erhalten hatte, noch $\frac{1}{585}$ ihrer ganzen Masse an **nicht feuerflüssigen** Theilen nicht mit ihr vereinigt gewesen, so folgert sich hieraus, nach einfacher Rechnung nachträglich noch eine Gesammtanlage in der Dicke von 0,5727 g. M. oder im Ganzen von 5300365 Cubikmeilen.

War nun diese Masse in viele einzelne Ringströme vertheilt, so wird deren Bahngeschwindigkeit bei ihrer Annäherung an den Erdkörper der Bahngeschwindigkeit desselben sehr nahe gekommen sein, und die Anlagerung des Ringstromes konnte also allmählig stattfinden. Jeder einzelne Ringstrom konnte sich nach und nach der Erde nähern, und zuerst die Spitze des Stromes mit einem

Punkte der Erdoberfläche zusammenstoßen. Die dieser Spitze folgenden Körper aber konnten wegen der Rotation der Erde nicht mehr an ebendemselben Punkte anlangen, sondern nur successiv benachbarte treffen, so daß sich der Strom in einer Linie an den Erdkörper anlegte. Solche Linien mochten dann aber, je nach dem Punkte des Zusammentreffens in der Ekliptik jede mögliche Richtung in Bezug auf die Erdmeridiane erhalten.

Auf diese Weise denken wir uns nach der Laplace'schen Hypothese die Gebirge entstanden. Wir erkennen also als Ursache ihrer — sagen wir willkürlichen — Richtungen die Umdrehung der Erde um ihre Axe.

Solche größere Anlagerungen nicht feuerflüssiger Körper an die Erdoberfläche mußten anfänglich öfter, später immer in größeren Zwischenzeiten erfolgen. Nichts hindert uns aber, sie auch noch für Zeiten anzunehmen, in welchen auf der Oberfläche der Erde bereits Vegetation herrschte und sich lebende Wesen auf derselben verbreiteten. Im Gegentheile, die Erfahrung belehrt uns über die Verschüttung von lebenden Geschöpfen und von Pflanzen urweltlicher Epochen, welche ebenso gut wie andere Ursachen die Erhaltung ihrer fossilen Reste an manchen Stellen der Erde veranlaßt haben kann.

Hiermit seien übrigens nachträgliche mechanische Veränderungen der Erdoberfläche bezüglich ihrer Höhen und Tiefen, und insbesondere die Fortbewegung des ursprünglich angeschütteten Gebirgsmaterials als Moränen durch Gletscher keineswegs verkannt.

Nehmen wir an, es hätten jene Anlagerungen an den Erdkörper nicht auf einmal, sondern nach und nach, nämlich in verschiedenen Zeitperioden (schichtenweise) stattgefunden, so erhalten wir eine vollständige Erklärung darüber, warum diese Schichten allenthalben in der Erdrinde dieselbe Reihenfolge einhalten und woher es z. B. komme, daß die Steinkohlenlager, welche doch die einstige Erdoberfläche markiren, da man ihre Massen als vegetabilischen Ursprungs erkennt, noch beiläufig ein Dutzend weitere Schichten in einer und derselben Reihenfolge über sich haben.

Diese Ansicht, wonach sich unsere ganze Erdrinde auf die bereits verdichtete, und mehr oder weniger noch heiße, Erdmasse anlagerte, und also ihre Substanzen größtentheils ihre concreten Gebilde durch Verdichtung und Zusammenziehung ihrer Elemente außerhalb der Erdkugel empfangen haben würden, widerstreitet weder dem Plutonismus, noch dem Neptunismus, ja es möchte keine andere Hypothese geeigneter erscheinen, beide Lehren mit einander zu vereinigen, wie gerade sie. Sie erklärt auch die Erscheinung, daß die Gestalt der Erde von der eines regelmäßigen Ellipsoides stellenweise abweicht.

Noch wollen wir hier anmerken, daß die Wahrnehmung, wonach sich kreuzende Gebirgszüge in ihren Kreuzungspunkten in der Regel am höchsten gestaltet sind, unsere Theorie über ihre Bildungsweise nur unterstützt.

206.

Die Oberfläche des Mondes.

Ist unsere Theorie richtig, daß die Entstehung unserer Gebirge und ihrer gestreckten Formen mit der Umdrehung der Erde um ihre Axe im Zusammenhange steht, so können umgekehrt Längengebirge, wie sie die Erde hat, auf einem Himmelskörper, dem die Umdrehung um eine Axe fehlt, nicht wohl vorkommen.

Wir haben zwar auch bei dem Monde eine gewisse Drehung um eine Axe anerkannt, da diese Drehung aber mit seinem Umlaufe zusammenfällt, so ist dieselbe für Körper, deren Bahnbewegung mit der des Mondes wirklich oder nahezu parallel läuft, gleich Null, und wir können ihn deshalb, in Bezug auf jene Körper, als ohne Rotation und sich nur in gerader Linie fortbewegend, ansehen.

Da jedoch die Rückstände der Mondschale zu dem Monde dasselbe Verhalten beobachten wie die Rückstände der Erdschale zur Erde, so werden jene auch, indem sie gleich dem Monde die Erde umkreisen, jeweilig mit dem Monde in den Knotenpunkten ihrer Bahn zusammentreffen und sich mit ihm vereinigen. Die Ströme solcher Rückstände werden sich jedoch, weil der Mond in Bezug auf sie keine Axendrehung hat, nicht **nebeneinander** anlagern können, sondern sich nur je an ein und derselben Stelle zu **einem Berge** anhäufen. Hatte der Mond selbst seine Feuerflüssigkeit hierbei noch nicht durchaus verloren, war also die Masse des Mondes an ihrer Oberfläche bei dem bezeichneten Vorgange noch teigartig, so werden sich die aufgehäuften Berge in die Mondmasse eingesenkt haben und ihre Gipfel zum Theil gleich Inseln jetzt an der Mondoberfläche hervorragen. Und da offenbar die Fußränder dieser Berge auf ihre Unterlage einen geringeren Druck ausüben wie die übrige Masse, so können jene an der Oberfläche erhaben bleiben, während diese sich einsenkt.

Durch dieses Verhalten der an den Mondkörper sich anlagernden verdichteten Rückstände der früheren Mondschale wird seine Oberfläche also nicht von Gebirgszügen, sondern nur von **Ringgebirgen** bedeckt, und es ist das Charakteristische des Aussehens unserer Erdoberfläche, gegenüber derjenigen des Mondes gerade darauf zurückzuführen, daß die Erde eine Drehung um eine Axe erhalten hat, welche dem Monde in dieser Art mangelt.

Wir stehen mit dieser unserer Theorie über die Entstehung der Ringgebirge des Mondes durch Aufschüttungen mit derjenigen im Gegensatze, welche diese Gebirge als Erhebungen aus seiner Masse durch vulcanische Ursachen erklärt.

XXIII.

Die Sonne.

207.

Ist die Sonne ein Planet höherer Ordnung?

Wir können uns eine kosmische Nebelmasse, unter der Voraussetzung, daß eine äußere Anziehung wegen allzugroßer Entfernung eines anziehenden Körpers auf sie kaum stattfinde, nahezu in Ruhe denken. Wir werden ihr dann, nach (8.), die Kugelgestalt beimessen.

Wir vermögen aber einer solchen Nebelmasse nicht eine rotirende Bewegung nach dem Keppler'schen Gesetze beizulegen, ohne daß wir eine äußere Ursache erkennen, welche sie veranlaßt. — Ebensowenig ist, im Hinblicke auf (126.), ersichtlich, auf welche Weise dieser kosmische Nebel eine pericentrische Verdichtung „durch Gravitation der Masse nach ihrem Mittelpunkte" erhalten könne.

Kant und Laplace schlossen aus der Erscheinung der gleichartigen Bewegung aller zum Sonnensystem gehörigen Himmelskörper auf eine gemeinschaftliche Ursache und fanden dieselbe in der Rotation einer den Sonnenkörper umgebenden Flüssigkeit von ungemein geringer Dichte von West nach Osten. —

Eine solche Rotation der Sonnennebelmasse konnte aber unmöglich von aller Ewigkeit her stattfinden, weil sonst auch das

Planetensystem selbst von Ewigkeit her bestehen müßte, während nach unseren Begriffen der Uebergang aus dem leichtflüssigen Zustand in den sehr verdichteten dieser Himmelskörper nur das Product eines *endlichen* Zeitabschnittes sein kann.

Wir müssen daher in dieser Rotation, welche die Ursache des Bestehens der Planeten ist, die Wirkung einer weiteren Ursache erkennen, und wir fragen gewiß mit Recht, was war denn die Ursache dieser Ursache? oder was verschaffte der Sonnennebelmasse die Umdrehung um eine Are nach dem Keppler'schen Gesetze? —

Wir sahen die Monde sich aus den Schalen bilden, welche sich von den *Planetenellipsoiden*, und die Planeten aus denjenigen entstehen, welche sich von dem *Sonnenellipsoide* abgelöst hatten. Wir wissen ferner aus der Beobachtung ihrer Flecken, daß sich die Sonne (in der Zeit von etwa 25½ Tagen) um ihre Are dreht, und daß ihr gleichzeitig auch eine Bahnbewegung zukommt. Wenn es nun weiter zutrifft, daß ihre Bahnebene die Plejaden durchschneidet, so ergiebt sich auch ein Winkel der Sonnenäquatorebene mit ihrer Bahnebene, also eine schiefe Stellung ihrer Rotationsare zu dieser, gerade wie bei den Planeten.

Diese Merkmale sprechen somit insgesammt für eine Entstehung der Sonne, welche derjenigen der Planeten gleicht, und ließen sie demnach gleichsam als einen Planeten höherer Ordnung betrachten. —

Wir könnten uns auch zur Rechtfertigung dieser Bezeichnung sehr wohl vorstellen, daß die Sonne sich zuerst als Ringschale von ihrem Centralkörper (der Centralsonne) abgelöst, sich in der Aequatorebene derselben als verdichtete Masse niedergeschlagen und dann im Laufe der Jahrtausende zu *einem* Körper vereinigt habe, und daß hierdurch der Mittelpunkt des Centralkörpers ein *Brennpunkt* für die nunmehr elliptische Bahn der Kugel geworden sei. — Ebenso schließlich, daß der Contact der Sonne mit dem um seine Are rotirenden Centralkörper, in dem — sagen wir: Central-Perihel ihrer Bahn — die Rotation der Nebelmasse der Sonnenkugel verursacht habe und daß so wiederum die Bahnbewegungen der Planeten vorgezeichnet wurden.

Allein diese Vorstellung, welche wir uns von der Entstehung des Sonnenkörpers zu machen geneigt sein könnten, und welche darin gipfelte, daß wir uns die Sonne mit ihren Planeten und Monden zu der Centralsonne in dasselbe Verhältniß gesetzt dächten, wie etwa ein mit Monden behafteter Planet zu dem Sonnensystem, — diese Vorstellung wird leider durch die Ergebnisse der Beobachtung nicht unterstützt. Denn diese ließ uns bis jetzt weder eine Centralsonne finden, noch weitere Sonnen, welche sich um diese bewegen. Ja der Mangel jeder bemerkbaren Einwirkung eines Centralkörpers auf den Lauf der Planeten hat Viele dahin geführt, den Gedanken an einen solchen Centralkörper völlig aufzugeben. —

Im Ganzen wäre auch mit der oben erwähnten Hypothese wenig gewonnen; denn könnten wir das Rotiren der Sonnennebelmasse um eine Axe auch glaubhaft durch den Contact mit der rotirenden Nebelmasse einer Centralsonne erklären, so müßten wir doch immer wieder eine andere Ursache dafür aufsuchen, welche der Nebelmasse der Centralsonne ihre Umdrehung um eine Axe verschafft u. s. w. Die Ursache aller Ursachen wiche damit immer nur zurück, ohne sich jemals greifen zu lassen.

Außerdem würde uns dieser Weg schließlich dahin führen, in dem ganzen Fixsternecomplex ein einziges zusammengehöriges System zu erblicken, während es doch erfahrungsmäßig feststehen soll, daß derselbe aus bloßen Partialsystemen zusammengesetzt ist.

Aus diesen Gründen sehen wir uns also genöthigt, der Vorstellung, es sei die Sonne **ein Planet höherer Ordnung**, oder vielmehr, es sei ihre Entstehung auf eine **Central sonne** oder einen **Central körper** zurückzuführen, zu entsagen.

Indem wir uns übrigens vorbehalten, eine andere Erklärung für die Rotation der Sonnenmasse aufzusuchen, werden wir nichtsdestoweniger den Gedanken an eine unser Sonnensystem beherrschende **Central kraft** so lange beibehalten dürfen, als uns nicht durch die Beobachtung festgestellt sein wird, daß die Sonne sich stets in einer und derselben geraden Richtung in ihrer Bahn bewegt. So lange diese Bahn für eine krummlinige zu gelten hat, wird auch die Annahme einer Central kraft, welche natürlich nicht der Ausfluß einer Central sonne zu sein braucht, nicht zu entbehren sein.

208.

Hypothese über die Entstehung des Sonnenkörpers.

Kehren wir nun zur Ursache der Rotation der Sonne zurück, und recapituliren dabei folgende Sätze:

Jedem Körper, dem eine Rotation innewohnt, muß dieselbe von einem andern Körper mitgetheilt worden sein.

Eine feste Masse kann nur durch den Stoß einer andern Masse, dessen Richtung nicht durch ihren Mittelpunkt geht, Umdrehung um eine Axe erhalten. Einer Nebelmasse aber muß der Impuls zur Umdrehung um eine Axe in jedem ihrer Elemente mitgetheilt werden. (20.).

Eine Nebelmasse kann mithin nur durch eine andere Nebelmasse Rotation erhalten.

Betrachten wir zunächst nur zwei kosmische Nebelmassen und nehmen wir an, es wirke die eine auf die andere benachbarte Nebelmasse durch Anziehung bemerkbar ein, so werden wir, weil die Anziehung eine gegenseitige ist, beide Nebelmassen in Bewegung finden, und da die Kraft der Anziehung im umgekehrten quadratischen Verhältniß der Entfernungen steht, so werden wir auch die einander näher liegenden Elemente beider Nebelmassen in stärkerer Bewegung finden, wie die von einander entfernteren, und wir können daher für beide Nebelmassen die Kugelform nicht mehr unterstellen, sondern wir werden für jede eine langgestreckte Gestalt annehmen müssen.

Die Geschwindigkeiten, mit welchen sich die Elemente beider Nebelmassen gegen einander bewegen, wird sich in demselben Maße vergrößern, in welchem die Quadrate ihrer Entfernungen abneh=

men — sie werden also mit dem Näherrücken beider Massen zunehmen. Bei dem Zusammenstoße ihrer sich zunächst gegenüberstehenden Theile aber wird Hemmung der beiderseitigen Geschwindigkeiten der contingirten Massetheile eintreten und durch den Verlust an Geschwindigkeit wird Verdichtung der Elemente erfolgen und sich Wärme und Licht entwickeln. —

Führen wir eine **dritte** Nebelmasse auf dieselbe Weise in unsere Betrachtung ein, so wird offenbar die Bewegung der drei Massen nicht direct gegeneinander, wie bei zweien, sondern nach ihrem gemeinschaftlichen Schwerpunkte hin, gerichtet sein müssen. Die Massetheile der einzelnen Nebel werden also **schief** auf einander treffen und die verdichteten das Bestreben erhalten, sich um den **gemeinschaftlichen Schwerpunkt** zu bewegen. Dieses Bestreben könnte etwa so erfolgen, daß die bereits verdichteten Theile sich in Kreisen oder auch in Spiralen um den Schwerpunkt des Ganzen bewegten. Für die noch unverdichteten Elemente der Nebelmasse würden ihre Attractionspunkte zunächst in ihren eigenen verdichteten Elementen noch liegen bleiben, sie würden deshalb denselben in deren Bahnen **folgen** — und zwar mit Geschwindigkeiten, welche durch das Attractionsgesetz bedingt sind. Bewegten sich die verdichteten Theile statt in **Kreisen**, in **Spirallinien**, was Beides nach Obigem möglich wäre, so müßten sie sich alle zu einem einzigen Körper, d. i. zu **einer** Sonne vereinigen. Bewegten sie sich dagegen in **Kreisen** und zwar von verschiedenen Halbmessern um den gemeinschaftlichen Schwerpunkt, so könnte die Vereinigung zu **einem** Körper nicht stattfinden und sie würden also **vielfache** Sonnen bilden.

Die wirkliche Existenz kosmischer Spiralnebel ist bekanntlich durch das Riesenteleskop von Lord Rosse, das in mehreren solcher unverdichteten Körpern, welche man früher als Doppelnebel erkannte, nunmehr Spiralnebel zeigte, über jeden Zweifel gesetzt. Und wir können uns sehr wohl den Sonnenkörper als durch den Zusammenfluß solcher verdichteter Nebelmassetheile entstanden denken, welche sich in **Spiralen** um ihren gemeinschaftlichen Schwerpunkt bewegt hatten und zu **einem** Körper zusammenflossen.

Was die noch unverdichteten Theile dieser Massen anlangt, so mußten sie ihre **spiralförmige** Bewegung um den verdichteten Körper nach dem Attractionsgesetze fortsetzen, aber die anfänglich kreiselnde Bewegung ihrer Elemente mußte im Laufe der Zeiten in eine kreisende Bewegung übergehen. Diese hatte nach dem Keppler'schen Gesetze stattzufinden, und es stellte sich endlich ein Gleichgewichtszustand an der Oberfläche ein.

Hierbei wollen wir noch in Betracht ziehen, daß durch die ausnehmend große Hitze des verdichteten Sonnenkörpers auf die ihm zunächst gelegenen Nebeltheile eine größere Wärme übertragen werden mußte, wie auf die entfernteren, daß sich also auch jene in einem Zustande weit geringerer Dichte befunden haben mußten, wie diese. (139. 10.)

So wurde der Zustand herbeigeführt, in welchem sich nach der Hypothese von Kant und Laplace das Sonnensystem vor Bildung der Planeten befand. Gestützt auf denselben, haben wir nur in dem Abgehandelten die noch ungemein dünne, leichtflüssige und den Sonnenkörper umgebende, Nebelmasse in Betracht gezogen und ihre Veränderungen nach physikalischen Gesetzen abzuleiten versucht.

Es ist nach dem Dargelegten ersichtlich, daß wir die Entstehung des Sonnensystems streng genommen auf das bis jetzt noch ungelöste „**Problem der drei Körper**" — dieselben jedoch als **kosmische Nebel** betrachtet — zurückführen.

XXIV.

Vergleichende Rückblicke auf die erste Auflage dieser Schrift.

209.

Die Laplace'sche Hypothese.

Die Laplace'sche Hypothese über die Entstehung des Sonnensystems läßt sich in folgende einfache Sätze zusammenfassen:

1) Es ist gewiß, daß der Entstehung der Planeten und Monde eine **gemeinschaftliche Ursache** zu Grunde liegt.

2) Diese gemeinschaftliche Ursache konnte nur **eine die Sonne umgebende Flüssigkeit** von ungeheurer Ausdehnung gewesen sein, die alle diese Körper umfaßt hat.

3) Es ist zu vermuthen, daß bei der Verdichtung dieser **Sonnenatmosphäre** die Planeten an derer jeweiligen Grenze, und daß die Monde an der jeweiligen Grenze der Planetenatmosphären entstanden sind.

4) Die Ursache der Verdichtung der die Sonne umgebenden Flüssigkeit ist auf die **Erkaltung der Zonen der Sonnenatmospäre** zurückzuführen.

Den ersten dieser Sätze formuliren wir wie einen Erfahrungssatz, weil er längst nicht mehr die Bedeutung einer Hypothese hat. Auch der Astronom, der eine gemeinschaftliche Ursache nur als die wahrscheinlichste aller Entstehungshypothesen erklärt, huldigt ihm unwillkürlich, wie der Wahrheit, daß sich die Erde um die Sonne bewegt. Namentlich nimmt er hieraus die Gewißheit, daß jeder neue Planet, den er etwa entdecken wird, eine Bewegung von West nach Osten hat, sollte derselbe auch bei seiner ersten Auffindung sich scheinbar in entgegengesetzter Richtung bewegen, wie sich denn auch z. B. Neptun bei seiner Entdeckung wirklich rückläufig gezeigt haben soll.

Wenn aber dieser erste Satz so unumstößlich feststeht, so erhält auch der zweite Satz einen so hohen Grad von Wahrscheinlichkeit, daß er der Gewißheit wenigstens sehr nahe kommt.

Es erschien uns daher auch als der einzig richtige Weg zur Erklärung der Entstehung des Sonnensystems, von ihm auszugehen, und uns Planeten und Monde in einem aufgelockerten, die Sonne als eine Flüssigkeit umgebenden, Zustande vorzustellen. Da wir aber jetzt alle Planeten sich in einer und derselben Richtung von West nach Osten bewegend, vorfinden, so war nichts natürlicher, als diese Umdrehungsbewegung auch schon der aufgelockerten Masse beizulegen, ja das Keppler'sche Gesetz selbst, nach welchem sich die Planeten um die Sonne, und die Monde um ihre Planeten bewegen, auf sie zu übertragen.

Wir mußten also vorerst **eine sich um ihre Axe drehende Flüssigkeit** in Betracht ziehen, um aus ihrem nothwendigen Verhalten alle jene Erscheinungen mit Gründen zu folgern, welche sich der Beobachtung bereits als sichere Thatsachen darstellen. Daß wir der eigenen Beobachtung hierzu nicht nochmals bedürfen, möchte über jedem Zweifel erhaben sein, da diese Thatsachen ja bereits in unzähligen astronomischen Schriften niedergelegt sind.

So hatten wir denn unsere Untersuchungen über diesen Gegenstand in der Ueberzeugung veröffentlicht, daß sie im Wesentlichen die Laplace'sche Hypothese in richtiger Weise erweitern und alle Himmelserscheinungen einfach erklären würden, unbekümmert darum, daß wohl das Detail der Ausführungen selbst Manches zu wünschen übrig laſſe. Wir hegten dabei die Hoffnung, daß das Mangelhafte von dem aufmerkſamen Leſer ſelbſt erfaßt und daraus weitere Annäherungen an die Wahrheit gewonnen würden.

210.

Das Verhalten der Aequatorebene der rotirenden Nebelmaſſe bei dem Sinken ihrer Pole.

Wir waren bemüht, nicht einzig das Mögliche, ſondern das Wahrſcheinliche unſeren Rechnungsoperationen zu Grunde zu legen und, obgleich ihre Reſultate im Allgemeinen nur als beiläufige anzuſehen ſind, ſo führten ſie doch zuweilen auf andere, und wie wir glauben, richtigere Betrachtungen. Wir zogen hierbei ſtets diejenigen Erklärungsgründe vor, mit welchen zugleich die möglichſt größte Menge der Erſcheinungen in Verbindung gebracht werden konnte.

So erſchien es uns z. B. anfangs zweifelhaft, ob bei dem Sinken der Pole der unverdichteten Nebelmaſſe gleichzeitig eine Ausdehnung am Aequator ſtattfinde oder nicht. Hätten wir eine **bereits verdichtete** flüſſige Maſſe (mit noch größerer pericentriſcher Verdichtung) in Betracht zu ziehen, ſo wäre bei dem Sinken der Pole eine gleichzeitige Vergrößerung der Aequatorebene **nicht zweifelhaft**. Da wir aber eine ungemein dünne Flüſſigkeit in Betracht zogen, ſo entſtand allerdings die Frage, ob nicht bei dem Sinken der Pole ein Ineinanderſchieben der durch die pericentriſche Verdichtung angezogenen Elemente der Nebelmaſſe ſtattfinde, wodurch das Beharrungsvermögen der rotirenden Aequatornebelmaſſe nicht alterirt würde.

Nehmen wir nun einmal an, es fände wirklich auch für die in Betracht gezogene ungemein lockere Nebelmaſſe bei dem Sinken der Pole eine Ausdehnung des Aequators ſtatt:

Es ſei dann A der Aequatorhalbmeſſer eines Grenzellipſoides zum Modul $\varkappa$, B die zugehörige halbe Rotationsaxe (alſo $B = \mathfrak{k}^{-1} \cdot A$;

(43. 4.)). Durch die Verkleinerung dieser halben Rotationsaxe bis zur Größe $\mathfrak{B}$, nämlich bis zum Uebergange des Ellipsoides in ein Grenzellipsoid zum Modul λ, wird sich der Aequatorhalbmesser vergrößern bis zur Größe $\mathfrak{A}$, (es würde also sein: $\mathfrak{B} = 1^{-1} \cdot \mathfrak{A}$ (43. 10), daselbst $\mathfrak{A}$ für A geschrieben).

Da sich nun der cubische Inhalt des Ellipsoides durch die Veränderung seiner Axen **nicht ändert**, so werden wir haben:

1) $$A^2 B = \mathfrak{A}^2 \mathfrak{B}$$

oder

2) $$A^3 \cdot \sqrt{1 + \lambda^2} = \mathfrak{A}^3 \cdot \sqrt{1 + \varkappa^2}.$$

Es sei dann, nach Ablagerung der äußeren Schale, $\mathfrak{a}$ der Aequatorhalbmesser des restirenden Ellipsoides zum Modul $\varkappa$, also

3) $$\mathfrak{A} = \sqrt{\frac{1 + \lambda^2}{1 + \varkappa^2}} \cdot \mathfrak{a}$$

(43. 2.; indem wir daselbst $\mathfrak{A}$ für A, und $\mathfrak{a}$ für $\mathfrak{A}$ schreiben), und mithin:

4) $$\mathfrak{A}^3 = \left[\frac{1 + \lambda^2}{1 + \varkappa^2} \right]^{\frac{3}{2}} \cdot \mathfrak{a}^3$$

daher folgt aus 2) und 4)

5) $$\mathfrak{a} = \sqrt[3]{\frac{1 + \varkappa^2}{1 + \lambda^2}} \cdot A = k \cdot A = 0{,}6877883;$$
$$\log k = 0{,}8374547 - 1.$$

Gehen wir nunmehr wieder, wie in (72.), vom Neptun aus, so ergeben sich die theoretischen Entfernungen der aufeinanderfolgenden Planeten, wie folgt:

6) log k = 0,8374547 − 1

log I = 8,7795602	I = 601949550 g. M.
log II = 8,6170149	II = 414 014000 „
log III = 8,4544696	III = 284 753800 „
log IV = 8,2919243	IV = 195 850300 „
log V = 8,1293790	V = 134 703500 „
log VI = 7,9668337	VI = 92 647500 „
log VII = 7,8042884	VII = 63 721860 „
log VIII = 7,6417431	VIII = 43 827140 „
log IX = 7,4791978	IX = 30 143790 „

Wir finden also in diesem Falle die theoretischen Entfernungen aller Planeten weit größer als die wirklichen; es würde sich z. B. für den 9. Planeten, Merkur, eine nahe vierfach größere Entfernung ergeben, als sie in der Wirklichkeit stattfindet. Wir finden nämlich für ihn, analog (73.):

$$\frac{IX}{\male} = 3{,}888206.$$

Dieser handgreiflichen Absurdität gegenüber mußten wir also die oben einen Augenblick angenommene Hypothese, daß bei dem Sinken der Pole gleichzeitig eine Ausdehnung am Aequator stattfinde, durchaus fallen lassen, und wir erhielten alsdann angenäherte oder mittlere und somit befriedigende Resultate.

211.

Der Aequatorhalbmesser des Jupiterellipsoides ist in der ersten Auflage dieser Schrift zu groß gefunden. Die Hypothese über die Erkaltung der Zonen.

Eine andere Unzukömmlichkeit aber ist unserer Aufmerksamkeit entgangen und hat Aufnahme in der ersten Auflage gefunden. Das dort (109. 5.) gefundene Rechnungsresultat, das dem Jupiter jenseits seiner vier bekannten Monde noch weitere z e h n Monde oder vielmehr Ringschalablagerungen beimißt, hat uns aber auf dieselbe hingeleitet. — Die Nebelmasse dieses Planeten würde nämlich nach jener Rechnung eine solche äquatoriale Ausdehnung gehabt haben, daß selbst die Erdschale von ihr destruirt worden wäre. Da wir aber nicht nur die Erde, sondern zwischen ihr und Jupiter auch noch einen weiteren Planeten, Mars, aus regelmäßiger Schalablagerung hervorgegangen sahen, so kann nur ein tiefes Eingreifen in die Planetoidenschale, also eine g e r i n g e r e Zahl als zehn Monde, zugegeben werden.

Wir haben in dieser Beziehung schon auf Seite 155 der ersten Auflage einen Zweifel geäußert und Mängel an unseren Rechnungsoperationen vermuthet. Der wahre Grund unseres Irrthums ist aber nicht in solchen Mängeln, sondern vielmehr in der falschen Unterstellung zu suchen, als habe die Verdichtung der abgelagerten Schalmasse oder die Bildung des Planeten in dem S c h w e r p u n k t s k r e i s e dieser Schale stattgefunden; eine Annahme, welche durch die Anziehungskraft der pericentrischen Verdichtung der Masse gänzlich ausgeschlossen wird.

Bei näherer Betrachtung sahen wir uns denn auch, aus jetzt in dieser Schrift entwickelten Gründen, genöthigt, die größte Verdichtung, sowie den Zusammenfluß der verdichteten (feuerflüssigen) Elemente positiv in dem i n n e r e n S c h a l k r e i s e anstatt in dem S c h w e r p u n k t s k r e i s e zu finden, und hiermit ergab die Rechnung alsbald zutreffend einen Aequatorhalbmesser für die Jupiternebelmasse, der sie nur etwa bis zum vierten Theile der Planetoidenschale in diese eingreifen ließ und also bloß d i e s e destruiren konnte.

Somit glauben wir denn für den d r i t t e n Satz der Laplace'schen Hypothese, nämlich für die Vermuthung, daß die Planeten an der jeweiligen Grenze des Sonnenkörpers entstanden seien, eine festere Begründung gefunden zu haben, während wir dem vierten Satze, der die Zonenerkaltung der Sonnenatmosphäre als die Ursache ihrer Verdichtung und der Entstehung der Planeten erklärt, in keiner Weise beistimmen.

Beim ersten Anblicke scheint zwar auch die Hypothese über die Erkaltung der Zonen sehr einfach construirt zu sein, bei näherer Betrachtung aber ist sie es nicht.

Sie setzt nämlich voraus, daß die ungeheure Ausdehnung der Zonen auf der Erwärmung der Materie beruhe. — Nun zeigt uns zwar die Experimental=Physik, daß man alle Körper, selbst die Metalle, durch Hitze in Gase zu verwandeln im Stande ist, und man hat wohl, (gestützt auf diese Erfahrung, die uns die große Theilbarkeit der Materie nachweist), die Vertheilung der zum Sonnensystem gehörigen Stoffe in dem ungeheuern Raume, welcher sich weit über die Bahn des Neptun erstreckt, einer außerordentlichen Hitze zugeschrieben. Allein die Experimental=Physik zeigt uns ferner, welch große Menge von Brennstoff — sagen wir Wärmestoff — dazu nothwendig sei, die Materie in Gase umzugestalten. — Bei der Annahme, daß die außerordentlich große Ausdehnung, und mithin Verdünnung der Materie die Folge einer außerordentlich großen Hitze gewesen sei, (welche diejenige des Sonnenkörpers unzähligemal übertreffen mußte), hätten wir daher noch die Ursache dieser Letzteren nachzuweisen, und dies ist es, was uns die Erkaltungs=Hypothese als keine so einfache erscheinen läßt.

Auch die ungemein dünne Materie der Kometenschweife und des Zodiakallichtes, deren Temperatur doch nur ein kleiner Bruchtheil der Sonnenwärme selbst sein kann, erregt unser Bedenken gegen die Annahme, daß wir die Ursache der Ausdehnung der die Sonne uranfänglich umgebenden Nebelmasse in einer ausnehmend großen Wärme zu suchen haben. Denn Kometenschweife und Zodiakallicht liefern uns den Beleg dafür, daß die Materie sehr wohl ungemein ausgedehnt sein könne, ohne daß wir die Ursache ihrer Ausdehnung nur in einer immensen Hitze zu suchen haben. Und somit wird auch unser Bedenken gegen die Erkaltungshypothese überhaupt erregt.

Namentlich wird aber diese Hypothese dadurch zu einer sehr zweifelhaften, daß wir die Masse nach ihrer Erkaltung und Verdichtung gar nicht wesentlich erkaltet vorfinden, sondern in einem Zustande, den wir (wenigstens bei der Sonne) noch immer als einen feuerflüssigen bezeichnen müssen.

Wir glauben im Gegensatze zu der Erkaltungstheorie im Verlaufe der hier vorliegenden Abhandlung mathematisch nachgewiesen zu haben, daß die Verdichtung der Materie (von welchem Temperaturgrade sie auch immerhin gewesen sein möge) oder die Bildung der zum Sonnensystem gehörigen Himmelskörper, einzig und allein durch **Verlust an räumlicher Bewegung** bewirkt worden sei, wodurch sich die Hypothese von der Erkaltung der Zonen von selbst ausschließt.

Vielleicht hätten wir in dieser Beziehung mit mehr Recht unsere Ausführungen in XVII. (Schalrückstände.) denjenigen in VI. (Schalablagerungen.) vorangestellt.

212.

Schlüsse, die aus unserer Berichtigung zu ziehen sind.

1) Die Annahme der Verdichtung der Nebelmasse im Schwerpunktskreise der Schale (in der ersten Auflage) war zwar nicht von Einfluß auf die erzielten Resultate bezüglich **der Entfernungen der Planeten unter sich und von der Sonne**, weil mit dieser Annahme die Verhältnisse dieser Entfernungen, auf die es uns beim Nachweise ihres Gesetzes allein ankam, nicht verändert wurden.

Aber durch die Erkenntniß des Zusammenfließens der verdichteten Schalmasse an der Grenze des restirenden Ellipsoides erhalten die Aequatorialausdehnungen des Letzteren größere Abmessungen, ihre Rotationsgeschwindigkeiten (G) (141.) werden daher kleiner, mithin ergeben sich die Differenzen (g—G) zwischen der Bahngeschwindigkeit (g) der Planeten im Perihel und der Rotationsgeschwindigkeit (G) des restirenden Ellipsoides an der Stelle des Contactes größer, und folglich wird auch die Zahl (n) der abgelagerten Mondringschalen kleiner.*)

---

*) Seite 153 der ersten und S. 221 dieser Auflage.

Mit dem Größerwerden der Aequatorhalbmesser der Ellipsoide mußten sich nur nothwendig auch die halben Rotationsaxen vergrößern, und folglich müssen daraus wiederum größere Zeitperioden für das Sinken der Pole und der Dauerhaftigkeiten der Ringströme resultiren.

2) Allein mit der Erkenntniß, daß die Verdichtung der Schalmasse nicht in dem Schwerpunktskreise stattgefunden habe, mußte zugleich eine andere von uns früher vertretene Vorstellung, nämlich diejenige, daß die Schalmasse in unverdichtetem Zustande in einen regelmäßigen Ring von kreisförmigem Querschnitt (wie bei dem Plateau'schen Versuche — der Oeltropfen), übergegangen sei, und daß ihre Verdichtung, sei es an einer oder auch an mehreren Stellen nach und nach stattgefunden habe, hinfällig werden.

Wir glauben in der Ansicht, daß die Erde einstens eine feuerflüssige Kugel gewesen sei, ebensowenig einen Gegner zu finden, als wir gegen die Behauptung, daß in ihrem Mittelpunkte keine Anziehung stattfinde, einem Widerspruche begegnen werden, obgleich in beiden Beziehungen niemals directe Beobachtungen uns Erkenntniß verschaffen konnten. Denn wie sich letztere Behauptung gleichsam auf mathematische Wahrheiten zurückführen läßt, so dürfte sich erstere nicht allein auf die Kugelgestalt der Erde berufen, sondern auch in der Analogie anderer Himmelskörper eine Unterstützung finden.

Der Uebergang aber einer so ungemein dünnflüssigen Nebelmasse, wie wir sie vor Bildung der Planeten in den Schalen vorfinden, in einen äußerst verdichteten und wie wir gewiß mit Recht annehmen, feuerflüssigen Zustand, konnte nicht das bloße Werk der successiven Anziehung der einzelnen Moleculen sein. Er muß vielmehr einem plötzlichen, katastrophenartigen Zusammensturze der Schalmasse zugeschrieben werden, hervorgerufen durch eine plötzliche Hemmung ihrer ungeheuern Geschwindigkeiten — wofür wir die Gründe in dieser zweiten Auflage unserer Schrift entwickelt haben.

3) Aus diesem plötzlichen Uebergange der dünnflüssigen Nebelmasse in den sehr verdichteten feuerflüssigen Zustand, den

wir gleichsam wie einen Krystallisationsproceß betrachten, folgern wir aber weiter, daß, wenn die Ablagerung aller feuerflüssigen Elemente, aus irgend welcher Ursache, nicht in einer und derselben Ebene oder nahezu gleichen Ebenen erfolgte, ein **Zusammenfluß aller zu einem einzigen Körper ebenfalls nicht statthaben konnte**. —

Auch in diesen Ausführungen unterscheidet sich unsere zweite Auflage der Schrift von der ersten, in welcher wir das Fehlen von Monden und das Fehlen von noch weiteren sechs Planeten zwischen Merkur und der Sonne einem Wiederauffaugen der Schalmaterie durch den Hauptkörper zugeschrieben haben. Indem wir danach jetzt das Fehlen dieser Körper auf die gleichen oder ähnlichen Gründe zurückführen, die uns früher nur eine Lücke zwischen Jupiter und Mars erkennen ließ, haben wir alle Ursache, die scheinbar fehlenden Körper als nicht **verschwunden**, sondern als noch in vielen einzelnen Körperchen, welche sich unserer Beobachtung entziehen, um ihren Hauptkörper fortwährend bewegend uns vorzustellen.

Diese Berichtigungen unserer früheren Betrachtungen folgerten sich der Reihe nach aus der schon erwähnten irrthümlichen Annahme von zehn weiteren Monden Jupiters jenseits der bekannten vier Monde.

4) Wir wurden hierdurch endlich zur Betrachtung von **Rückständen der Schalen** geführt und fanden sie als Sternschnuppen, Meteoriten, Zodiakallicht und Polarlichter. — Bezüglich der Sternschnuppen, deren Erklärung wir noch in der ersten Ausgabe unserer Schrift (S. 174) als Rückstände des „Erdenringes" betrachteten, glauben wir durch unsere neuesten Ausführungen auf dem Wege der Deduction einer positiven Erkenntniß nahe gerückt zu sein. Eine unwiderlegliche Beweiseskraft der Richtigkeit unserer Ansichten freilich kann erst gewonnen werden, wenn wir auch auf dem Wege der Induction zu denselben Resultaten gelangen, und genauere Berechnungen über die absoluten Geschwindigkeiten dieser Körper, diese in der That als mit unseren Ausführungen zutreffend erkennen lassen — insofern wir nicht schon die Existenz des Zodiakallichtes als eine solche Beweiseskraft anerkennen wollen.

Sollte übrigens durch die Beobachtung auch eine theilweise Rückläufigkeit der verdichteten Polartheile der Marsschale festgestellt werden, so würde hierdurch noch keineswegs die Richtigkeit unserer Ausführungen in Zweifel zu ziehen sein.

213.
Weitere Abänderungen.

1) **Bezüglich des Uebertrags von Rotation der Nebelmasse des Hauptkörpers an die Nebelmasse des Nebenkörpers.**

In der ersten Auflage haben wir das Keppler'sche Gesetz aus der gleichen Centralbewegung abgeleitet, in der zweiten aber dasselbe als für sich bestehend aufgestellt und aus ihm nachgewiesen, daß gleiche Centralbewegungen sich auf gleiche Ursachen zurückführen lassen. In engem Zusammenhange hiermit steht der Uebertrag von Rotation einer Nebelmasse an eine andere, welcher sie mangelte, durch den Contact beider Nebelmassen. Wir haben diesen Gegenstand jetzt, in (31. 32. und 33.), näher ausgeführt, nachdem wir ihn früher schon, in (16.), kurz zusammengefaßt hatten. Es sind also die Stellen 31. 32. und 33. dieser Auflage nur eine Amplification der Stelle 16. der ersten Auflage.

2) **Bezüglich der Masse des Mondes.**

Nach Mädler's Angaben*) beträgt die mittlere Entfernung (R) des Mondes von der Erde 51802 g. M. und seinen wahren Umlauf (T) um dieselbe vollendet der Mond in der Zeit von $27^T\ 7^{St}\ 43^M\ 11^S,5 = 27^T,321661 = 2\,360\,591^S,51$.

Beide Angaben (der Entfernung und der Umlaufszeit) stimmen aber nach dem Keppler'schen Gesetze nicht genau mit dem freien Fall der Körper an der Oberfläche der Erde überein. —

Denken wir uns, es bewegte sich ein Körper um eine Kugel, welche mit der Erde gleiches Volumen und gleiche Dichte hat, in einem Kreise, so daß also gleiche Centralbewegung stattfände, so

---
*) Der Wunderbau des Weltalls. Berlin 1861.

müßte auch für jede Entfernung Gleichheit zwischen Centripetal- und Centrifugalkraft stattfinden. Diese Gleichheit müßte auch dann stattzhaben, wenn der sich um die Erde bewegende Körper einen Abstand vom Centrum hätte, der dem Halbmesser der Kugel gleich käme. In diesem Falle könnte seine Centrifugalkraft (c) nur der Centripetalkraft (p) an der Oberfläche der Kugel selbst gleich sein. Sie würde also für die Erde, nach (28. 1.), $p_\alpha = 9{,}8201$ Meter betragen. Hieraus folgt aber für den Halbmesser $r = 858{,}4780$ g. M. (17. 18.) der Kugel eine Umlaufszeit t des Körpers, nämlich:

$$t^2 = 4\pi^2 \cdot \frac{r}{c} \qquad (22.\ 5.)$$

und es folgt, nach dem dritten Keppler'schen Gesetze, weiter:

$$\Re = r \cdot \sqrt[3]{\frac{T^2}{4\pi^2} \cdot \frac{c}{r}}$$

oder, wenn man die numerischen Werthe einführt:

$$\Re = 51634{,}76 \text{ g. M.}$$

Diesen Werth haben wir für die Entfernung des Mondes von der Erde, in (69. 4.), (daselbst $\Re$ für r geschrieben), und zwar nur der einheitlichen Rechnung wegen, eingeführt. Wir fanden dann, in (69. 5.), für v_7 eine Größe, aus welcher, in (79. 4.) für u_7 derselbe Werth resultirt, wie für h, in (29. 1.). Hieraus ergab sich weiter, in (80. 4.), wie natürlich, die Masse der Erde $m_7 = 1$.

Mit diesen Ausführungen läßt aber das, in (73.) der ersten Auflage, für die Erdmasse gefundene Resultat $M = 1{,}0083$ sich nicht vereinigen, und wir können deshalb unsere (daselbst) ausgesprochene Ansicht, daß die Formel $M = \frac{u}{h}$ die Gesammtmasse eines Systems bezeichne, nicht aufrecht erhalten. Vielmehr darf dort die Größe M in der That nur die Masse des

Hauptkörpers bezeichnen, und unser früher fehlerhaft erhaltenes Resultat muß also mit den, nach dem Keppler'schen Gesetze **nicht genau** unter einander übereinstimmenden Annahmen der **Umlaufszeit** des Mondes, seiner **Entfernung** von der Erde und der an der Oberfläche der Letzteren stattfindenden **Fallgeschwindigkeit** erklärt werden.

3) **Bezüglich der Entfernungen der Monde Jupiters und Saturns.**

Auch die Entfernungen der Monde des Jupiter und Saturn haben wir in dieser Ausgabe unserer Schrift durchgehends kürzer angegeben, wie in der früheren. Wir legten bei ihrer jetzigen Bestimmung die astronomischen Angaben des von Littrow'schen Kalenders für alle Stände (1876.) zu Grunde, nach welchen (S. 44.) die mittlere Entfernung des innersten Jupitermondes 0,002819 und, nach (S. 45.), diejenige des innersten Saturnmondes 0,00124 Theile des Erdbahnhalbmessers betragen. Die Entfernungen der übrigen Monde sind dann aus ihren bekannten Umlaufszeiten nach dem Keppler'schen Gesetze berechnet. Da nun nach den neuesten astronomischen Bestimmungen der Erdbahnhalbmesser selbst kürzer angegeben wird, wie früher, so mußte dieser Unterschied sich auch auf die Halbmesser der Mondbahnen übertragen. Diese kleineren Halbmesser sind indessen für das Gesetz der Entfernungen der Monde von ihren Hauptkörpern (gleichwie für dasjenige der Planeten von der Sonne) durchaus irrelevant.

4) **Bezüglich der Mondbahnen des Uranus.** Die Erscheinung, daß die Mondbahnen des Uranus nahezu senkrecht auf der Bahnebene dieses Planeten stehen, haben wir früher damit zu erklären versucht, es haben zwischen Neptun und Saturn zwei Ringablagerungen bestanden und es habe die innere als solche noch bestanden, als die äußere bereits in eine verdichtete Kugel übergegangen gewesen sei. Die Nebelhülle der Letzteren hätte dann Rotation, anstatt an dem restirenden Sonnenellipsoide, an dem inneren Ringe empfangen.

Diese Erklärungsweise steht im Zwiespalte mit unserer jetzigen Erkenntniß von dem **plötzlichen Uebergange** der Nebelmasse in verdichtete kleine Körper. Wir haben sie daher ebenfalls verlassen und mit der Hypothese in Einklang gebracht, welche wir für das Herausdrehen der losen Ringschalen aus der Aequatorebene des Hauptkörpers im Allgemeinen aufstellen.

5) **Bezüglich der Kometen.** Die Natur der Kometen ergiebt sich als ein natürlicher Ausfluß unserer Theorie über die Rotation der Planeten von selbst. Wenn man Letztere annimmt, kann man die Erstere nicht bestreiten. Umgekehrt könnte man die Existenz der Kometen als einen Beleg für die Richtigkeit unserer Rotationstheorie ansehen. Wir haben in dieser Beziehung in der jetzigen Auflage zwar keine mit der früheren im Widerspruche stehende Ansichten vertreten, sahen uns aber nichtsdestoweniger in der Lage, einige mathematisch nicht correcte Ausführungen abzuändern.

6) **Bezüglich der Planetoiden.** Wir wollen hier noch anfügen, daß wir noch einen weiteren Grund der excentrischen Bahnen der Planeten in der Centralkraft selbst finden. Wir haben dieser Kraft auf die Planetenschalen, sowie der Sonne auf die Mondschalen in (48.), eine analoge Einwirkung zugeschrieben, wie dem Monde auf die Gestalt des Meeres. Durch diese Einwirkung mußten die kreisförmigen Gestalten der Nebelellipsoide Aenderungen erleiden, sie mußten länglich werden, und hierdurch die Bahnen der in die Schwerpunktskreisebenen niedergeschlagenen verdichteten Elemente selbst elliptische Formen erhalten. Durch ihren Zusammenfluß zu einem Körper aber mußten diese elliptischen Bahnen sich, nach (65.), wieder der Kreisform nähern. Da bei den Planetoiden ein solcher Zusammenfluß nicht stattfand, so behielten diese Himmelskörper größere excentrische Bahnen wie die Planeten.

214.

Schlußbemerkungen.

Wir können, analog mit Lamont, der in seiner Theorie des Erdmagnetismus auf einen Gegensatz zwischen astronomischen und meteorologischen Fächern hindeutet, die Himmelserscheinungen, für welche wir den mathematischen Calcul angewendet haben, überhaupt in zwei wesentlich verschiedene Klassen zerfallen lassen. Nämlich in solche Erscheinungen, für welche nur ein **einziges Gesetz** besteht, d. h. eine beschränkte Anzahl scharf begrenzter Bedingungen zu Grunde liege, welche das Resultat in jedem **einzelnen Falle genau** bestimmt — und in solche, bei welchen neben einigen **regelmäßig** wiederkehrenden Ursachen eine unendliche Anzahl **zufälliger** Einflüsse bald mehr, bald weniger kräftig mitwirken, die daher nur im **Allgemeinen** das Gesetzliche im Verlaufe der Erscheinung wahrnehmen lassen. —

Zu der ersten Klasse zählen wir: das Beharrungsvermögen der Materie, das Newton'sche Gravitationsgesetz und die Keppler'schen Bewegungsgesetze — zu der zweiten Klasse dagegen: 1) das, bereits von Lagrange aufgestellte, Gesetz (112. 5.) über die Dichte der Planeten*); 2) das aus der Laplace'schen Formel (37. 3.) der Grenzellipsoide abgeleitete Gesetz der Entfernungen der Planeten und Monde unter sich und von ihrem Hauptkörper; 3) das Rotationsgesetz (130. 7.) welches Homogenität der Masse voraussetzt. 4) Endlich gehört auch unsere aufgestellte Theorie über das Wesen der Sternschnuppen und der Meteoriten dieser zweiten Klasse an 2c.

Für alle diese Erscheinungen haben wir wohl die Gesetzlichkeit ihrer Entstehung im Allgemeinen durch Mittelwerthe, welche aus den Rechnungen resultirten, nachgewiesen; dagegen auch gefunden, daß sie einem scharf ausgeprägten Gesetze nicht unterworfen sind. — Die Abweichungen von einem solchen sind wohl insbesondere auf die Ungleichartigkeit der Materie, welche unseren Rechnungen zum Grunde lag, zurückzuführen, während diese Ungleichartigkeit bei dem Beharrungsvermögen, dem Newton'schen Gravitationsgesetze, und folglich auch bei den Keppler'schen Bewegungsgesetzen, keinen Einfluß ausübt.

Es war daher auch nothwendig, daß wir da, wo es sich um eine Erscheinung der ersten Klassen handelte, überall genaue Rech-

---

*) S. Astronomie par Jérome le Français (La Lande). Paris 1792. pos. 3565.

nungsresultate erzielten, während diese Resultate bei den Erscheinungen der zweiten Klasse uns schon genügen durften, wenn wir sie nur als annähernde bezeichnen konnten. Selbst kleinere Rechnungsfehler würden unserer Theorie im Ganzen bei Letzterer keinen Abtrag thun.

Gehen wir deshalb auch vielleicht zu weit, wenn wir die Erscheinungen der zweiten Klasse als „Gesetze" bezeichnen, da ihnen doch die scharf ausgeprägten Merkmale von Gesetzen abgehen, so wird der Zweck unserer Arbeit immerhin erreicht sein, wenn man in den abgehandelten Erscheinungen wenigstens die — wie wir glauben — nachgewiesene Gesetzlichkeit im Allgemeinen anerkennen will, und sie mindestens in ihrem Zusammenhange als eine wichtige Erweiterung der von Kant und Laplace aufgestellten Hypothese betrachten kann.

XXV.

Anhang.

215.

Die „Stoßhypothese" zur Erzeugung der Bewegung der Himmelskörper.

Wir haben im Schlußsatze zu (20.) die Ansicht ausgesprochen, daß die s. g. „Stoßhypothese", (bei welcher die bewegende Kraft bekanntlich auch als „Wurf= oder Projectil=Kraft" bezeichnet wird), nur als Nothbehelf*) für die Ursache der Rotation der Himmels= körper von den Astronomen gebraucht, aber in der That nicht ernstlich geglaubt werde. Es scheint indessen, daß wir uns in diesem Ausspruche einem Irrthume hingegeben haben, denn wir finden in der neuesten Auflage eines berühmten astronomischen Werkes bestimmtest ausgesprochen, daß, wenn wir die tägliche Ro= tation der Erde als bewiesen voraussetzen würden, wir dann die Ursache derselben nur in einem momentanen Stoße

---

*) So sagt z. B. G. B. Airy's Populäre Astronomie (aus dem Englischen übersetzt von K. L. Edlem von Littrow, Adjuncten an der K. K. Sternwarte zu Wien, ic. ic. Stuttgart. 1839. Seite 17.): „Die Planeten bewegen sich, und „es ist von keiner Bedeutung für unsere Untersuchung zu wissen, wie sie diese „Bewegung erhielten, aber für den Zweck der Rechnung ist es angemessen „anzunehmen, daß sie irgend einmal einen Impuls derselben Art erhielten, „wie ihn ein Stein erhält, wenn er geworfen wird; und dies ist der Sinn des „Wortes: „Wurf= oder Projectil=Kraft."

finden könnten, den die Erde im Augenblicke ihrer Entstehung durch eine äußere Kraft erhalten habe.

Wir unsererseits vermögen uns bei dieser hier mit so großer Zuversicht aufgestellten Behauptung jedoch nicht zu beruhigen und wollen versuchen, unser Bedenken dagegen darzulegen.

Wir glauben nämlich alle Ursache zu der Annahme zu haben, daß die Erde (wie auch alle Planeten und Monde) „im Augenblicke ihrer Entstehung" ein (feuer=) flüssiger Körper war, und glauben gegen diese Annahme keinen Widerspruch zu finden. Denn schon ihre Abplattung spricht ja für einen Zustand, der ihre einzelnen Theile als leicht verschiebbare erkennen läßt. Da diese Abplattung aber offenbar erst eine Folge ihrer Rotation ist, so mußte die Erde (sowie sämmtliche Planeten und Monde) auch den Stoß, der ihre Bewegung erzeugte, vor ihrer Abplattung, also während ihres noch flüssigen Zustandes, erhalten haben. Nun sind wir nicht im Stande, uns eine Kraft ohne Materie vorzustellen — es wird daher erlaubt sein, statt des gebrauchten Ausdruckes „Kraft" den Begriff von „Masse" zu substituiren.

Denken wir uns aber eine Masse in einer derartigen Geschwindigkeit, daß durch ihren Zusammenstoß mit der Erde Letztere in Bewegung gesetzt und ihr dabei eine Bahngeschwindigkeit von etwa 4 Meilen in der Secunde mitgetheilt worden wäre, so müßte nach unserer Ueberzeugung die flüssige Erde durch den plötzlichen Stoß dieser Masse in Atome auseinander geschleudert worden sein.

Es drängt sich natürlich dieselbe Betrachtung auch bei sämmtlichen Planeten und Monden, ihre Feuerflüssigkeit vorausgesetzt, auf, und sie scheint den Trägern der „Stoßhypothese" ebenfalls einige Sorge zu machen, da sie den „momentanen Stoß", den die Erde im Augenblicke ihrer Entstehung durch eine äußere Kraft nach ihrer Ansicht erhalten haben soll, dahin zu modificiren versuchen, daß die Bewegung der Erde z. B. von der Anziehung irgend eines Körpers außer ihr entstanden sein könne. Letztere Erklärung des Beginns der Bewegung ist aber — wo möglich — noch unfaßlicher wie die Annahme eines directen Stoßes selbst, denn die Anziehung wird stets nur einen Einfluß auf den Schwerpunkt des angezogenen Körpers zu äußern vermögen, aber niemals eine Drehung dieses Körpers veranlassen können. Und selbst bei dieser Anziehung hätte immer auch eine Mitwirkung des Sonnenkörpers stattfinden müssen, wobei das Parallelogramm der Kräfte noch keineswegs eine Rotation des gestoßenen oder angezogenen Körpers darzulegen im Stande wäre.

Wir sehen uns also genöthigt, die Möglichkeit einer bloßen Anziehung ganz fallen zu lassen und müssen jedenfalls zu dem wirklichen directen Stoße durch einen fremden Körper wieder zurückgreifen, und zwar in der Art, als hätte jeder Planet und jeder Mond wie eine Billardkugel einen solchen Stoß von einer anderen Kugel wirklich erhalten, der ihr die Rotation um eine Axe und zugleich die Revolution um den Hauptkörper mittheilte. Dies und nichts anderes ist denn auch der eigentliche Gedanke, welcher jener Hypothese zu Grunde liegt. Um nun den Werth oder Unwerth dieser Annahme gehörig beurtheilen zu können, braucht man sich nur die Frage vorzulegen, in welcher Weise denn dieser Stoß hätte stattfinden müssen, um (— indem wir von einer Auflösung des gestoßenen Körpers in Atome hierbei absehen —) diejenige Wirkung hervorzubringen, die wir an der Bewegung dieser Körper beobachten? —

Die Bedingungen hierfür sind unstreitig folgende schwer zu vereinigende Voraussetzungen:

1) Daß die Richtung des Stoßes für alle gestoßenen Körper einer und derselben Kategorie nahezu in einer und derselben Ebene und senkrecht auf die gerade Verbindungslinie des gestoßenen Körpers mit dem Mittelpunkte des Hauptkörpers erfolgte.

2) Daß die Richtung des Stoßes nicht durch den Mittelpunkt des gestoßenen Körpers ging, sondern durch einen Punkt, der von dem Schwerpunkte desjenigen Körpers, um welchen der gestoßene zu revolviren angewiesen werden sollte, weiter ablag wie der Mittelpunkt des gestoßenen Körpers selbst; widrigenfalls wenigstens die Rotation des gestoßenen Körpers in entgegengesetztem Sinne hätte stattfinden müssen.

3) Daß dabei die Kraft des Stoßes, also die Masse und Geschwindigkeit des stoßenden Körpers, für jeden einzelnen Planeten, sowie für jeden Trabanten eines und desselben Planeten, ein solches Verhältniß zu dem gestoßenen gehabt habe, welches alle revolvirenden Körper um ihren Hauptkörper nach dem Keppler'schen Gesetze in Bewegung setzte. — Die Kraft des stoßenden Körpers, d. h. dessen Masse und Geschwindigkeit, mußte also nicht allein zu dem gestoßenen, sondern auch zu dem Hauptkörper, um welchen die Bewegung erfolgen sollte, gewissermaßen regulirt sein.

4) Bei den Monden insbesondere mußten alle diese für ihre Bewegungen maßgebenden Factoren noch außerdem so angeordnet werden, daß ihre eigenen Rotationen mit ihren Revolutionen zusammenfielen.

Ein zufälliger Stoß, wie ihn der Astronom uns doch zu schildern versucht, wenn er den genau centrischen Stoß „unter den unzähligen anderen möglichen Fällen" als „unwahrscheinlich" darstellt, konnte alle diese Bedingungen gewiß nicht in sich vereinigen, und wenden wir die Wahrscheinlichkeitsrechnung auf diese Hypothese an, so potenzirt sich deren Unwahrscheinlichkeit mit der Zahl der rotirenden und revolvirenden Körper, sie führt uns also zu dem Gegentheil von dem Ergebniß, das wir in (3.) erhielten, als wir diesen Calcul auf die Entstehungsursache der Planeten anwendeten.

Sie ist daher nur dann, wenn man dem Stoße eine Absicht und einen festen Plan zu Grunde legt, mithin nur von dem teleologischen Standpunkte aus, als eine harmlose Hypothese zu betrachten, sie bauscht sich aber zu einer wahren wissenschaftlichen Monstrosität auf, sobald man diesen Standpunkt verläßt. Und sie leidet dann noch weiter an dem Gebrechen, daß sie in jedem einzelnen Falle wieder eines besonderen hypothetischen Körpers bedarf, der zur Erklärung des Stoßes absolut nothwendig ist, und von welchem man nicht weiß, woher er gekommen ist, noch wohin er ging.

Wir glauben also mit vollstem Rechte die Stoßhypothese im Schlußsatze von (20.) nur als einen „Nothbehelf" bezeichnet zu haben, um das Bestreben der Himmelskörper zu erklären, sich nach der Richtung ihrer jeweiligen Bahntangente zu bewegen.

Genauer betrachtet erweist sich die Stoßhypothese als ein Ueberbleibsel der früheren teleologischen Anschauungsweise, nach welcher man die Umläufe der Satelliten um ihren Hauptkörper direct einem Stoß durch den „**Finger Gottes**" oder die „**Hand der Allmacht**" zugeschrieben hat, also alle diese Umläufe auf eine **einzige** Ursache sehr bequem zurückführte, eine Ursache, die man auch — etwas weniger anschaulich — auf den bloßen „**Willen des höchsten Wesens**" übertrug.

So legt Voltaire, dessen theistische Anschauung noch jetzt vielfältig verkannt wird, in seinen Dialogen (Les adorateurs ou les louanges de dieu) dem ersten Anbeter die Worte in den Mund:

„Jenes höchste Wesen hat keine Cuben, keine kleinen Würfel „genommen, um daraus die Erde, die Planeten, das Licht, die „magnetische Materie zu bilden, wie der schimärische Descartes*) „es in seinem Romane, den er Philosophie nennt, vorgestellt hat, „sondern es hat **gewollt**, daß die ganze Materie unabänderlich „gegen einen Mittelpunkt im directen Verhältnisse von ihrer Masse, „und im umgekehrten quadratischen Verhältnisse ihrer Entfernung „von diesem Mittelpunkte gravitire. Es hat **verordnet**, daß der „Mittelpunkt unserer kleinen Welt in der Sonne sei, und daß sich „alle Planeten so um ihn herumdrehen sollten, daß die Würfel „ihrer Entfernungen sich immer wie die Quadrate ihrer Umlaufs- „zeiten verhielten. ꝛc."

Offenbar ist diese Anschauungsweise nur eine Umschreibung und Erweiterung der Stelle der Genesis: „Es werde Licht!" mithin eine tief religiöse — fast könnte man sie eine kirchliche nennen —

---

*) Descartes war bekanntlich der erste, der die Bewegungen der Himmelskörper auf ein mechanisches Princip zurückzuführen suchte. Nach diesem Princip sollte alle Bewegung von Wirbeln eines feinen Stoffes herrühren, in dessen Mittelpunkt sich die Hauptkörper befänden. Der Wirbel des Hauptkörpers sollte seine Satelliten in Bewegung setzen. Nachdem Newton die himmlischen Bewegungen durch die Lehre von der allgemeinen Schwere bereits seit fünfzig Jahren bewiesen hatte, suchte sie Voltaire in seinen Schriften seinen Landsleuten begreiflich zu machen, und die „Wirbelhypothese" räumte der „Stoßhypothese" den Platz ein.

eine w i s s e n s c h a f t l i c h e aber ist sie gewiß nicht. Ebensowenig ist dies aber, wie gesagt, auch die „Stoßhypothese" des Astronomen, obgleich uns der Letztere zu deren Beglaubigung sogar für jeden einzelnen Satelliten den Punkt berechnet, in welchem der Stoß stattgefunden haben mußte, und ungeachtet diese Hypothese dem Zwecke der Rechnung vollkommen Genüge leistet.

Es wird daher an der Zeit sein, daß die Leser allen Ernstes gegen dieses astronomische Dogma protestiren, gegen dieses Dogma, das nur dann als zulässig erscheinen dürfte, wenn wir die himmlischen Erscheinungen als wirkliche „Wunder des Himmels" zu betrachten, auch in der That den Glauben oder die Neigung hätten.

Der Erste, der es wagte, gegen die „Stoßhypothese" aufzutreten, ist, nach unserem Wissen, Herr Dr. Albrecht Troska zu Leobschütz in Schlesien, der (Bezug nehmend auf §. 59*) von Mädler's „Weltall." Berlin. 1861.) in einer, 1872 erschienenen, Broschüre: „Neue Hypothesen" — sich folgendermaßen gegen dieselbe ausspricht:

„Es scheint mir aber unbedenklich, daß diese Theorie voll„kommen unhaltbar ist und daß die astronomische Wissenschaft, „wenn ihr nicht alle weiteren größeren Fortschritte für eine vielleicht „lange Reihe von Jahren verschlossen bleiben sollen, diese allen

---

*) §. 59. Wir haben im Bisherigen die Körper als von der Anziehungskraft allein afficirt betrachtet: es kommt jetzt darauf an, diejenigen Bewegungen kennen zu lernen, welche durch die vereinte Wirkung der Schwerkraft und einer ursprünglichen geradlinig und gleichförmig gedachten Bewegung hervorgehen, wie sie an den Weltkörpern sich zeigen. Häufig hat man diese ursprüngliche Bewegung Centrifugalkraft genannt, und im Gegensatz zu ihr die Schwerkraft als Centripetalkraft bezeichnet, was aber Unbequemlichkeiten und Mißverständnisse herbeizuführen geeignet ist. Diese Centrifugalkraft ist nicht immer und nothwendig eine den Mittelpunkt fliehende und noch weniger ist ihre Richtung der Centripetalkraft entgegengesetzt. Der Ausdruck Tangentialkraft ist passender und drückt die Richtung derselben bestimmter und schärfer aus; es ist jedoch richtiger, sie gar nicht als besondere Kraft zu bezeichnen, da sie nicht wie die Schwerkraft in jedem Augenblick aufs Neue wirkt, sondern eher als ein ursprünglicher Impuls (Stoß) betrachtet werden kann, der selbst nur ein einziges Mal stattfand und sich nicht weiter wiederholt, dessen Wirkung aber gleichwohl und zwar constant fortbauert, so daß als eigentliche Kraft nur die Attraction selbst übrig bleibt.

„physikalischen Gesetzen widerstrebende und deshalb nur durch die „Annahme eines Wunders begründete Ansicht mit Energie zu „beseitigen hat."

Wenn nun auch der Herr Verfasser dieser Broschure mit unseren Ausführungen nicht übereinstimmt, da er die Fähigkeit der Satelliten, sich um ihren Hauptkörper zu bewegen, namentlich der Rotationskraft des Hauptkörpers selbst zuschreibt, während wir die Entstehung der Rotation der Materie, auf die Zeit ihres unverdichteten Zustandes zurückführen und sie in diesem Zustande durch das Ineinandergreifen zweier Nebelmassen von verschiedener Bewegungsrichtung erklären, — so müssen wir ihm doch die Palme zuerkennen, zuerst gegen die s. g. „Stoßhypothese" Verwahrung eingelegt zu haben.

216.

Unsere Ausführungen werden von dieser Hypothese nicht berührt.

Doch legen wir nicht dem Astronomen allein eine Hypothese zur Last, die er im Grunde genommen, nur von dem Physiker überkommen hat! —

„Der Ursprung der Welt ist eine geschichtliche Thatsache, worüber uns die Documente fehlen" — sagt Lamont. Er kann also kein Gegenstand der Beobachtung sein und entzieht sich somit dem eigentlichen Gebiete der Astronomie, deren Zweck „immer dahin geht, nicht eigentlich das Vergangene zu erforschen, sondern den Zusammenhang des Bestehenden einzusehen, und durch wahrscheinliche Schlüsse die Verhältnisse des Weltgebäudes zu ergründen, wo die gewöhnlichen Mittel astronomischer Forschung nicht mehr ausreichen. Und was die nähere Untersuchung der Weltkörper selbst betrifft, so gehören dazu, (wenn wir auch nur auf den nächsten Körper, den Mond, uns beschränken wollen), nicht blos Fernröhre von der zwanzigfachen Größe der jetzigen, sondern auch eine ruhigere und reinere Atmosphäre, als diejenige ist, die gegenwärtig unseren Planeten umgiebt. Dies ist die Ansicht der Astronomen von Profession."

Indem wir uns dieser Ansicht der Astronomen von Profession durchaus anschließen und weder von größeren Fernröhren, noch einer ruhigeren und reineren Atmosphäre die Herbeischaffung jener fehlenden Documente erwarten, glauben wir anfügen zu dürfen: Keine noch so ofte, **lange und genaue Beobachtung der Planeten, der Monde, der Kometen, der Feuermeteore, des Zodiakallichtes** 2c. könnte uns Auskunft geben über den Ursprung dieser Erscheinungen. Nur von der mathematischen Speculation dürfen wir verhoffen, daß sie uns zur Auflösung jener Räthsel den Schlüssel liefere, ohne jedoch hierbei gleich an die Probleme: der Parallellinien, der Trisection des Winkels, der Quadratur des Kreises, oder gar an das Perpetuum Mobile zu denken. Hierbei werden wir uns aber mit dem Attractionsgesetze und dem Beharrungsvermögen der Materie zu begnügen, und auf die s. g. Stoßhypothese zu verzichten haben, in welcher wir mit Troska nur ein Hinderniß für alle weiteren größeren Fortschritte in der Wissenschaft, (namentlich aber für die Ausbildung der Kant-Laplace'schen Hypothese), zu erkennen vermögen. Wir werden weiter den einfachen Urzustand der Materie, wie er von Kant und Laplace gedacht wurde, — nämlich den ihrer äußersten Verdünnung als ursprünglichen (1.) festhalten. Auf welche Weise die Materie in diesen unverdichteten Urzustand gelangt, ob dies aus einem verdichteten geschehen sei, und ob ein Wechsel zwischen verdünntem und verdichtetem Zustande öfter oder gar unzähligemal stattgefunden habe, ist hierbei ganz irrelevant.

Da aber die verdünnte Materie in gleicher Weise wie die verdichtete der Anziehung unterliegt, so können wir sie uns ohne **Bewegung** nicht wohl vorstellen, und da ferner die Anziehung der Masse eine **gegenseitige** ist, so mußten sich die Theile zweier oder mehrerer Nebelmassen **gegeneinander** bewegen und mit einander **zusammentreffen**.

Durch diesen Contact entstand wieder **Hemmung** in der Bewegung der unverdichteten Materie, und damit **Verlust an Geschwindigkeit** — also **Verdichtung, Wärme und Licht**. Aber auch **Rotation** der contingirten Nebelmasse mußte da erfolgen, wo bewegte Ströme der unverdichteten Materie in schiefer Richtung aufeinander stießen, und durch das Beharrungsvermögen mußte die erzeugte Umlaufsbewegung auch dann noch der Masse verbleiben, nachdem sie durch weiter erfolgte Bewegungshemmungen und Geschwindigkeitsverluste ebenfalls in den verdichteten Zustand übergegangen war.

Auf diese Weise haben wir uns die Entstehung der Spiralnebel erklärt, und aus einem solchen sich unser Sonnensystem bilden lassen. Nach unseren Ausführungen ging also die Rotation der die Sonne umgebenden Nebelmasse deren Verdichtung voraus, d. h. ihre Verdichtung erfolgte erst zu einer Zeit, in welcher der unverdichteten Masse die Bewegung um die Sonne bereits innewohnte. Mit anderen Worten: es wurde aus der rotirenden Bewegung der Nebelmasse der Hauptkörper nachträglich die umlaufende Bewegung ihrer Satelliten. Dagegen stellte sich andererseits die Rotation der verdichteten Planeten um eine Axe durch die Anlagerung von unverdichteter Masse ein, welche ebenfalls eine Umdrehungsbewegung hatte, die ihr an der Grenze des restirenden Sonnenellipsoides, also von einer anderen bereits rotirenden Nebelmasse, mitgetheilt worden war, während den Monden eine Drehung um ihre Axe nicht mitgetheilt wurde, weil deren sie anfänglich einhüllende Nebelmasse eine Axendrehung von dem restirenden Planetenellipsoide nicht erhalten konnte.

Unsere Vorstellung von der Entstehung der rotirenden und revolvirenden Bewegung der Himmelskörper wird somit überhaupt von der „Wurf- oder Stoßhypothese" nicht berührt, die wir nur nöthig haben zur Erklärung der Kometen, der Feuerkugeln und Meteoriten.

Man könnte den hier gegen die Stoßhypothese vorgetragenen Gründen vielleicht entgegenhalten, daß unsere ganzen Ausführungen diese Hypothese ja gerade begründeten, weil es einerlei sei, ob die Materie in ihrem verdichteten Zustande den Impuls zur Drehung erhalten habe, oder ob dieser Impuls derselben in unverdichtetem — und zwar in jedem ihrer Elemente — mitgetheilt worden sei.

381

Eine solche Entgegnung könnte uns insofern erwünscht sein, als sie mindestens die Ueberzeugung von der Wahrheit unserer Ausführungen bezüglich der Bewegungsursache der Himmelskörper unseres Sonnensystems bei dem Gegner voraussetzte. Und als sich an diese Ueberzeugung dann nothwendig auch die Erkenntniß der Wahrheit über die abgehandelte Natur der Kometen, der Sternschnuppen, der Meteoriten und des Zobiakallichtes anknüpfte.

Dagegen würde darin die Ansicht, daß die Tangentialkraft nicht als „besondere Kraft" zu gelten habe, noch nicht eingeschlossen sein. —

Bei der Entstehung unseres Weltgebäudes ist eben (— außer dem Raume, der Materie und der Zeit —) Alles bloße Centripetal- und Centrifugalkraft.

Berichtigungen.

		anstatt:		setze:	
S. 39.	Formel 2)	$\frac{-r}{-b} \cdot \cos \alpha$		$\frac{-r}{-b}$; $\cos \alpha$	
„ 52.	Formel 3)	„ a	„	a	
„ 54.	Z. 9. v. o.	„ mit ber	„	mit ber ber	
„ 61.	Z. 4. v. o.	„ A J H B	„	A J H B	
„ 63.	Z. 9. v. o.	„ ein Ring	„	eine Schale	
„ 63.	Z. 5. v. u.	„ a	„	λ	
„ 66.	Z. 11. v. u.	„ $\mathfrak{A}^{1-a} \cdot B$	„	$\mathfrak{A}^{1-a} \cdot B_1$	
„ 69.	Z. 2. v. u.	„ B : ϱ	„	B ; ϱ	
„ 71.	Z. 2. v. u.	„ Aequatorhalb=	„	Aequatorburch=	
„ 79.	Z. 13. v. o.	„ ist	„	sind	
„ 81.	Z. 8. v. u.	„ Ringmasse	„	Schalmasse	
„ 81.	Z. 13. v. u.	„ Ringmasse	„	Schalmasse	
„ 85.	Z. 11. v. o.	„ Axe	„	Axen	
„ 103.	Z. 1. v. u.	„ b	„	e	
„ 117.	Z. 12. v. u.	„ bie	„	ben	
„ 119.	Z. 11. v. u.	„ Planeten=	„	Sonnen=	
„ 124.	Letzte Ziffer von log M.	Anstatt 2	„	5	
„ 126.	Letzte Ziffer von log M.	Anstatt 2	„	5	
„ 126.	Letzte Ziffer von log P.	Anstatt 3	„	6	
„ 166.	Z. 13. v. o. füge bei: Jahre.				
„ 169.	Z. 13. von u. anstatt: des Monbringes setze: der Monbschale.				
„ 251.	Formel 8)	„ $\mathfrak{z} =$	„	$\mathfrak{z} = \mathfrak{r}.$	

analog der Formel (159. 6.)

In Taf. I. Fig. 4. fälle K L' senkrecht auf K S.
„ „ VI. „ 28. in der Verticalprojection: anstatt E setze E' und anstatt A setze A'.